湖北蜜源植物志

HUBEI MIYUAN ZHIWU ZHI

黄大钱　刘胜祥　主编

长江出版传媒
湖北科学技术出版社

图书在版编目（CIP）数据

湖北蜜源植物志/黄大钱,刘胜祥主编. -- 武汉:湖北
科学技术出版社, 2021.6
　　ISBN 978-7-5706-1387-8

　　Ⅰ．①湖… Ⅱ．①黄… ②刘… Ⅲ．①蜜粉源植物－
植物志－湖北 Ⅳ．①S897

　　中国版本图书馆 CIP 数据核字(2021)第 062503 号

责任编辑：赵襄玲　王小芳　袁瑞旌　　　　　　　　　　封面设计：胡　博

出版发行：湖北科学技术出版社　　　　　　　　　　电话：027-87679468

地　　址：武汉市雄楚大街 268 号　　　　　　　　　　邮编：430070
　　　　　　（湖北出版文化城 B 座 13-14 层）

网　　址：http://www.hbstp.com.cn

印　　刷：湖北新华印务有限公司　　　　　　　　　　邮编：430035

787×1092　　1/16　　　　　　　　　　24 印张　　　　　500 千字

2021 年 6 月第 1 版　　　　　　　　　　2021 年 6 月第 1 次印刷

　　　　　　　　　　　　　　　　　　　　　　　　　　定价：280.00 元

本书如有印装质量问题　可找本社市场部更换

《湖北蜜源植物志》编辑委员会

编写说明

1. 本书记载了湖北地区常见蜜源植物 502 种（含亚种、变种等种下类群，下同），本书将蜜源植物分为主要蜜源植物、粉源植物、有毒蜜源植物、辅助蜜源植物，其中主要蜜源植物依据开花泌蜜的时间，又分为春季蜜源植物、夏季蜜源植物、秋季蜜源植物和冬季蜜源植物。共收录主要蜜源植物 81 种、辅助蜜源植物 397 种、粉源植物 15 种、有毒蜜源植物 9 种；主要蜜源植物中，春季蜜源植物 10 种、夏季蜜源植物 41 种、秋季蜜源植物 15 种、冬季蜜源植物 15 种，共收录蜜源植物图片 696 幅。

2. 本书编写的目的是以图文并茂的形式，较系统地记载湖北地区常见蜜源植物种类，介绍其形态特征、分布、生境及开花泌蜜习性等。所收物种既参考了书籍文献资料，同时也采纳了一线养蜂工作者的近几年的实际观测发现的蜜源植物。

3. 本书按照主要蜜源植物、有毒蜜源植物、粉源植物、辅助蜜源植物进行排序。各章节内物种排序及物种拉丁名与 FOC（Flora of China）分类系统一致，植物识别特征及生境特点参考《中国植物志》；分布参考《湖北植物大全》，别名参考《湖北药用植物志》。

4. 各物种种类之下，记载了植物的中文名、拉丁名及其所隶属的科名属名、别名、生境及分布等，还查阅了各物种花粉粒形态以及主要蜜源植物的开花泌蜜习性。

5. 由于湖北东西南北各地气候、海拔等自然因子差异比较大，植物开花时间各地均有差异。书中的植物花期难以反映具体一个县市的植物开花时间，仅作参考之用。书中"单株开花时间"是黄大钱先生在五峰长期观察蜜源植物的成果，仅供各地参考。

6. 由于植物开花有"跨季"现象，四季蜜源植物常常难以反映一些植物的开花季节，如山茶科柃属植物冬春季开花。本书仍然按国内传统蜂产业划分四季蜜源植物的习惯，但是每种植物的花期仍然按实际开花时间描述。

序　一

　　湖北省版图面积 18.59 万 km²，山地、丘陵、岗地和平原兼有，气候和植被均有南北。

　　过渡的特征，蜜源植物十分丰富，一年四季花开花落，适宜发展养蜂业。鄂西、神农架等多地优美的自然风光，名冠东西。养蜂业是一项很适于经济落后地区脱贫致富的养殖业，是现代生态农业的重要组成部分。蜂产品是具有一定保健和医疗作用的天然产品。养蜂业的稳定发展对于促进农民增收、提高农作物产量具有重要作用，蜂类在农业（例如瓜果的繁殖）和自然生态系统中提供的传粉服务，创造了巨大的生态价值。

　　蜜源植物是养蜂生产的物质基础，是决定蜂群发展快慢、产量高低和养蜂成败的主要因素。因此，加强对蜜源植物的研究，普及蜜源植物的知识，是当前发展养蜂生产的一项重要措施。湖北省已针对蜜源植物开展过一些调查和研究并获得了一定的成果，相关资料散见于各种养蜂或植物学书刊中。养蜂工作者迫切需要有一本较为完整的本底蜜源植物专著，《湖北蜜源植物志》的成功编纂则填补了这个空白。值得一提的是，本书的编委会成员、县养蜂协会秘书长黄大钱先生对当地蜜源植物进行长期观察记录，取得了大量有价值的一手资料，如实记录了部分植物单株花期等数据，发现了许多未被记载的蜜源植物，丰富了湖北蜜源植物的种类；同时促进了当地养蜂业的快速发展。该志也对湖北省有毒蜜源植物种类与分布进行了调查，为今后减少或预防食用蜂蜜中毒事件的发生提供了重要的参考。

　　《湖北蜜源植物志》编委会成员多次到湖北省各地进行了蜜源植物资源的调查研究，先后采集了大量植物标本并拍摄了照片。在标本鉴定和编志的过程中，华中师范大学、中科院武汉植物园等单位研究植物分类的同行们付出了大量的心血。该志具有较高的科普性和实用性，详尽地介绍了湖北蜜源植物的种类、数量、分布、简要识别特征、花期及泌蜜习性等。该志书资料翔实，图文并茂，充分展现了湖北蜜源植物的资源状况；相信广大养蜂生产者、生态环保工作者等都会从中受益。

蜜蜂帮助植物传宗接代，同时酿制了香甜的花蜜被人类享用。发展养蜂业，就是践行"绿水青山就是金山银山"的生态文明发展理念。《湖北蜜源植物志》的适时出版，将为乡村振兴、生态文明建设做出更大贡献！

华中师范大学　教授

2021 年 5 月 20 日于桂子山

┃序　二┃

　　蜜源植物，顾名思义就是蜜的来源植物。但在这里的"蜜"不只是狭义的代表花蜜，也能泛指花粉、树脂等蜜蜂采集物，虽然蚜虫等昆虫也可以为蜜蜂提供蜜源（蜜露），但蜜蜂的主要食材来源还是蜜源植物的花。世间万物相辅相成，植物为蜜蜂提供采集物，而蜜蜂则帮助蜜源植物传播花粉，繁殖后代，这样就维持了生态平衡。弄清蜜源植物的种类，就可以对蜜源植物的成分乃至蜂产品成分的研究提供条件，对蜜源植物的保护开发利用和种植发展，提供科学依据。

　　湖北省地域宽阔，既有神秘原始、森林广袤的山区，也有湖泊密布、宽广辽阔的平原。湖北的植被具有南北过渡特征，所处位置属于南北气候过渡带，得天独厚的自然条件形成了丰富的蜜源资源。根据多年的调查，在湖北境内常见蜜粉源植物 500 余种，其中主要蜜源植物有 80 余种，农作物、果树和蔬菜种植面积也很大，十分适宜发展养蜂业。在湖北省许多地方，养蜂已经成为农民脱贫致富的重要途径。

　　湖北蜜源植物种类繁多，资源丰富，在江汉平原一带和长江中下游地区，主要为意大利蜜蜂的饲养；鄂东、鄂东南、鄂西、鄂北、鄂西北，主要为中华蜜蜂的养殖。目前记载蜜源植物的书籍和资料所记载种类以平原蜜源植物为主。《湖北蜜源植物志》一书在编撰过程中，编委会对一线养蜂工作者进行了走访调查，特别是黄大钱等人对鄂西南五峰土家族自治县发现的多种尚未记录的野生蜜源植物进行了系统的整理与收集，拍摄了一批蜜蜂采蜜的照片资料，同时编写团队涵盖了传粉生物学、植物学、昆虫学等多专业的专家学者，为本书的科学性提供了保障。

　　《湖北蜜源植物志》以多年积累的蜜源植物资源文献资料为依托，以一线养蜂工作者的多年工作积累为补充，以专家学者学术研究为指导，填补了湖北省蜜源植物无志书记载的空缺。其内容包括蜜源植物的开花泌蜜习性，传粉机制，每种蜜源植物的基本形态特征，蜂蜜分类及特性的描写，内容全面且深入浅出，是一部具有较高科学性、科普性和实用性的著作，对于促进湖北养蜂产业发展、农民脱贫致富、指导广大养蜂工作者具有重要的科学意义。

文牧

湖北省五峰土家族自治县政协主席

前　言

　　1986—1990 年，国家"七五"攻关项目——神农架及三峡地区作物种质资源调查中开展了对湖北西部蜜源植物的调查。这是湖北省第一次以蜜源植物资源为专题调查对象所进行的工作。我当时参加的是特用植物调查组，由于多个专题的调查人员吃住行都在一起，每到一地，大家分头找自己负责的调查目标，回到住地后，大家交流收获与见闻，中国农业科学院养蜂研究所任再金先生等人对蜜源植物的研究开始引起了我的兴趣。1989 年，在编写《植物资源学》教材时，我将我国的蜜源植物作为食用植物资源中的一个类型进行了介绍。很遗憾的是，当时查遍了学校图书馆图书，仅找到徐万林先生编著的《中国蜜源植物》。

　　湖北五峰后河国家级自然保护区管理局退休干部、林业工程师黄大钱先生，从小生活在湖北西部大山的怀抱。1997 年，黄大钱先生作为五峰后河自然保护区科学考察的组织者和考察人员，带领我们走遍了大山的每一个角落。他常常能够准确地找到许多植物分布的详细地点，被考察队员们称为植物的"活地图"。黄大钱先生在长达几十年的养蜂过程中，细心观察蜜蜂采蜜的每一棵树、每一株草，发现了许多未被记载的蜜源植物，观察到每株蜜源植物的花期时间，发现了一批国家珍稀濒危植物类群中的蜜源植物。

　　在编写《通城植物志》的过程中，通城县农业局原局长（现为县人大副主任）王传雷带我们走访了许多养蜂户，实地调查了湖北东部以柃木属植物为主的丰富的冬季蜜源资源。当地称这些柃木属植物为"野桂花"。

　　养蜂产业除了蜜蜂采集花粉后产生的蜂产品自身创造的直接价值外，其最大效益则是为农作物授粉，使农作物提高产量。随着人们生活水平的不断提高，人们对蜂蜜及系列产品的需要越来越多，养蜂从传统农户养殖向产业化方向发展，特别是近 10 年，各级政府把养蜂作为农民脱贫致富的重要途径后，湖北养蜂产业得到了迅速的发展。目前，湖北蜜源植物资源家底不清，严重制约着养蜂业规模化发展。

　　湖北植物资源长达百年的历史资料积累、任再金先生等人在 20 世纪 80 年代对湖北西部蜜源植物系统全面的本底调查、湖北东部野桂花蜜的系统研究为编写《湖北蜜源植物志》

奠定了坚实的基础。湖北省养蜂人员丰富的实践经验为《湖北蜜源植物志》的编写提供了丰富的原材料。本志以武汉市伊美净科技发展有限公司植物技术团队为主要编写人员，华中师范大学黄双全教授传粉生物学研究团队，华中师范大学刘胜祥原植物资源学研究室人员，以及具有丰富养蜂经验的技术人员和湖北省蜂业管理人员参加了志书的编写工作。

据初步统计，常见湖北蜜源植物有 502 种，隶属 307 属 107 科。其中，主要蜜源植物 81 种，春季蜜源植物 10 种、夏季蜜源植物 41 种、秋季蜜源植物 15 种、冬季蜜源植物 15 种。辅助蜜源植物 397 种。

《湖北蜜源植物志》对湖北省自然和社会环境、全省养蜂产业的历史与现状、全省蜜源植物资源现状、蜜蜂的种类与分类、传粉生物学以及各类蜜源植物进行了描述。本志书填补了湖北蜜源植物资源的空白，它将对湖北省养蜂业科学快速发展起到重要作用。

在志书的编写过程中，得到了湖北省农业农村厅党组成员李顺清总农艺师、董文忠二级巡视员、欧阳书文二级巡视员、熊明清处长、樊丹研究员，湖北省养蜂学会，五峰土家族自治县县委、县人民政府、县中蜂产业发展领导小组、县政协主席文牧，通城县政府和通城县农业农村局的大力支持；也得到了中国科学院武汉植物园吴金清研究员、华中师范大学黄双全教授、黄冈师范学院方元平教授、河南科技学院孟丽教授、通城县人大常委会副主任王传雷农艺师的技术支持，在此深表谢意！

《湖北蜜源植物志》得到了五峰土家族自治县县委、县人民政府、县中蜂产业领导小组和武汉市伊美净科技发展有限公司的资助出版。在此深表谢意！

虽然编者们力求做到图文的科学性与完整性，但是难免挂一漏万。对于本志中出现的疏漏之处，恳请专家同行及读者给予指正。

刘胜祥

2020 年 12 月

武昌桂子山

目　录

8 辅助蜜源植物 ··································· 124

1 湖北自然环境概况

1.1 地理位置

湖北省，位于中国中部偏南、长江中游，洞庭湖以北，故名湖北，简称"鄂"，省会武汉。湖北介于北纬 29° 25′~33° 20′，东经 108° 21′~116° 07′，东连安徽，南邻江西、湖南，西连重庆，西北与陕西为邻，北接河南。湖北东、西、北三面环山，中部为"鱼米之乡"的江汉平原。南面以洞庭湖之隔，与湖南省相邻。湖北省土地面积 18.59 万 km²，占全国总面积的 1.94%。

1.2 地质地貌

湖北省正处于中国地势第二级阶梯向第三级阶梯过渡地带，地貌类型多样，山地、丘陵、岗地和平原兼备。地势高低相差悬殊，西部号称"华中屋脊"的神农架最高峰神农顶，海拔 3105m；东部平原的监利县谭家渊附近，地面高程为零。湖北省地势呈三面高起、中间低平、向南敞开、北有缺口的不完整盆地，西、北、东三面被武陵山、巫山、大巴山、武当山、桐柏山、大别山、幕阜山等山地环绕，山前丘陵岗地广布，中南部为江汉平原，与湖南省洞庭湖平原连成一片，地势平坦，土壤肥沃，除平原边缘岗地外，海拔多在 35m以下，略呈由西北向东南倾斜的趋势。

湖北省地势大致为东、西、北三面环山，中间低平，略呈向南敞开的不完整盆地。在全省总面积中，山地占 56%，丘陵占 24%，平原湖区占 20%。

湖北省山地大致分为四大块。西北山地为秦岭东延部分和大巴山的东段。秦岭东延部分称武当山脉，呈北西—南东走向，岭脊海拔一般在 1000m 以上，最高处为武当山天柱峰，海拔 1621m。大巴山东段由神农架、荆山、巫山组成。神农架最高峰为神农顶，海拔 3105m，素有"华中第一峰"之称。荆山呈北西—南东走向，其地势向南趋降为海拔 250~500m 的丘陵地带。巫山地质复杂，水流侵蚀作用强烈，一般相对高度在700~1500m，局部达 2000 余 m。长江自西向东横贯其间，形成长江三峡，水利资源极其丰富。西南山地为云贵高原的东北延伸部分，主要有大娄山和武陵山，呈北东—南西走向，一般海拔高度 700~1000m，最高处狮子垴海拔 2152m。东北山地为绵亘于豫、鄂、皖边境的桐柏山、大别山脉，呈北西—南东走向。桐柏山主峰太白顶海拔1140m，大别山主峰天堂寨海拔1729m。东南山地为蜿蜒于湘、鄂、赣边境的幕阜山脉，略呈西南—东北走向，主峰老鸦尖海拔1656m。

湖北省丘陵分布以鄂中、鄂东北最为集中。鄂中丘陵包括荆山与大别山之间的江汉河谷丘陵，大洪山与桐柏山之间的水流域丘陵。鄂东北丘陵以低丘为主，地势起伏较小，丘间沟谷开阔，土层较厚，宜农宜林。

湖北省内主要平原为江汉平原和鄂东沿江平原。江汉平原由长江及其支流汉江冲积而成，是比较典型的河积—湖积平原，面积4万多km^2，整个地势由西北微向东南倾斜，地面平坦，湖泊密布，河网交织。大部分地面海拔20～100m。鄂东沿江平原也是江湖冲积平原，主要分布在嘉鱼至黄梅沿长江一带，为长江中游平原的组成部分。

1.3　土壤

湖北省地带性土壤分布与生物气候带相适应，地带性土壤主要分为3个类型：红壤、黄壤和黄棕壤。

红壤主要分布于鄂东南海拔800m以下低山、丘陵或垅岗，鄂西南海拔500m以下丘陵、台地或盆地。该分布区包括咸宁市和恩施自治州各县市以及黄石、鄂州、武昌、洪山、江夏、青山、汉阳、汉南、蔡甸、武穴、黄梅、石首、公安、松滋等县（市、区）。红壤营养状况是有机质含量较低，严重缺磷、硼，大部分缺氮、钾，局部缺锌、铜、锰、铁。

黄壤分布于鄂西南（恩施土家族苗族自治州和宜昌市）海拔500～1200m的中山区，居基带红壤之上，山地黄棕壤之下。土壤层次分异明显，呈酸性，有机质含量较高，平均比红壤高22.4%，其他矿质氧分与红壤相近或略丰，富铝化作用、淋溶作用和黏粒淀积现象较为明显。

黄棕壤是发育于北亚热带，低山丘陵地区的地带性土壤，分布区域比较广泛，包括鄂东北、鄂西北、鄂北岗地及鄂东丘陵地区黄棕壤是棕壤向黄壤、红壤过渡类型的土壤，兼有黄壤、红壤和棕壤特点，其林溶作用比较明显。多表现较为严重的水土侵蚀，该土壤的农业垦种历史较长，利用方式多种多样，一般质地黏重，土体紧实。

此外，因母质、水文地质及人类活动等影响，还有石灰石、紫色土、石质土、潮土、沼泽土和水稻土等非地带性土壤类型。

1.4　气候

湖北全省除山区高地外，都属于亚热带季风气候。光能资源较充足，热量资源较丰富，无霜期长、降水充沛、雨热同季，但因全省南北纬度相差4°多，东西经度相差约8°，加之复杂多样的地貌类型，对气候要素又产生明显再分配作用，使得湖北全省不仅南北气候有别、东西气候迥异，而且兼有北亚热带、中亚热带以及南温带、中温带等多种气候类型，致使各地表现出显著的地域差别。由于每年的季风进退的迟早和强度变化不一，降水与温度年际变化差异较大，湖北省也常发生干旱、洪涝、连绵阴雨、低温冷害、冰雹、大风等气候灾害。

（1）全省年均日照时数。为1200~2200h，日照百分率为25%~50%，它的变化情况及地区分布特点是东高西低、北高南低、鄂西南最少。

（2）全省年总辐射量。为357~478.8kJ/cm²，从地域分布特点看，西低东高，南低北高，鄂东北最高，鄂西最低，变化极显著。

（3）全省年平均日温。为15~17℃，最冷月1月的平均气温为1~−5℃，最热月7月的平均气温为27~30℃，极端低温为−21℃，极端高温为41.6℃，并且南高北低，呈西北向东南逐渐递增的趋势。无霜期大体是南长北短，鄂北为230天左右，江汉平原为250~270天，三峡河谷最长，达300天以上。

（4）全省平均年降水量。为800~2000mm。其中鄂东南及鄂西南山区降水量较多，为1100~2000mm；江汉平原次之，为1000~1400mm；鄂西北和鄂北岗地最少，为600~1000mm。从降水的季节分配上看，以夏季降水最多，约占全年降水量的40%，冬季降水量较少，占7%~10%。

（5）主要灾害性天气。有干旱、洪涝、低温冷害、连阴雨等。

干旱：四季都有发生。干旱分伏秋旱、春夏旱、秋旱和秋冬旱，以秋旱（7—9月）频次最多，旱期范围广，危害重，分布呈径向，东多西少，鄂东北最重，鄂西南较轻。

洪涝：有初夏洪涝（5月下旬至6月中旬），梅雨期洪涝（6月下旬至7月中旬），盛夏洪涝（7月下旬至8月），秋涝（9月）。

低温冷害：冷害时期是3月下旬至4月上、中旬的寒潮，5月的低温，9月的秋寒，2月下旬至3月上旬的"倒春寒"。

连阴雨：分春、秋连阴雨。春连阴雨呈纬向分布，南重北轻；秋连阴雨主要呈径向分布，但东西之差甚大，特别是鄂西北山区阴雨频次多、时间长、雨量大。农田地下水为高，水害面积大。

1.5 水文

湖北境内除长江、汉江干流外，省内各级河流河长5km以上的有4228条，另有中小河流1193条，河流总长5.92万km，其中河长在100km以上的河流41条。长江自西向东，流贯省内26个县市，西起巴东县鳊鱼溪河口入境，东至黄梅滨江出境，流程1041km。境内的长江支流有汉水、沮水、漳水、清江、东荆河、陆水、滠水、倒水、举水、巴水、浠水、富水等。其中，汉水为长江中游最大支流，在湖北境内由西北趋东南，流经13个县市，由陕西白河县将军河进入湖北郧西县，至武汉汇入长江，流程858km。

湖北素有"千湖之省"之称。境内湖泊主要分布在江汉平原上。面积百亩以上的湖泊800余个，湖泊总面积2983.5km²。面积大于100km²的湖泊有洪湖、长湖、梁子湖、斧头湖。

根据地下水赋存的含水介质情况、储存和运移的空间形态特征，全省地下水基本可归结为松散岩类孔隙水、碎屑岩等裂隙孔隙水、碎屑岩为裂隙水及碳酸盐岩类岩溶水等四种基本类型。

松散岩类孔隙水。分布于江汉平原河流一级阶梯或河漫滩，含水岩组主要由第四系全新统粉细砂及砂砾石组成，潜水面含水层厚3～10m，水位埋深0.5～5m。

碎屑岩等裂隙孔隙水。分布于江汉盆地和南襄盆地，含水岩组由上第三系，下更新统松散、半松散、半胶结的砂（岩）、砂砾石（岩）组成，含水层水位埋深及富水性变化较大，岗地区潜水面含水层埋深10～20m，水位埋深15～35m，平原区潜水面含水层埋深大于47m，水位埋深0～6m。

碎屑岩为裂隙水。广泛分布于丘陵山区，主要由元古界—下震旦统，中、上三叠统，侏罗系、白垩—第三次岩浆各含水岩组组成，透水性和富水性差。

碳酸盐岩类岩溶水，主要分布于鄂西南、鄂西、鄂东南和大洪山地区，由上震旦统—奥陶系和石岩—下三叠统的各含水岩组构成，地下水赋存与碳酸盐岩裂隙、溶隙、孔洞和管道中。

1.6 动植物资源

1.6.1 植物资源

（1）区系。据初步统计，湖北省有维管束植物241科1457属6076种，约占全国种数的18%；其中蕨类植物41科102属426种；裸子植物9科29属100种；被子植物191科1326属5550种。

湖北省分布有国家重点保护野生植物有57种，其中一级13种、二级44种。

（2）植被。参考《湖北植物区系特点与植物分布概况的研究》（郑重，1983），湖北省植被分布情况可划分为5个区。

鄂西南山区：包括宜昌、襄阳一线以西，神农架山脉以南地区，西接四川，北接鄂西北山地，东连江汉平原，南邻湘西山地。本区属中亚热带气候带，植物种类丰富，且有间断分布的原始森林。海拔1000m以下的山坡沟谷，有小片常绿阔叶林。常绿树种有钩锥、栲、曼青冈、青冈栎、乌冈栎、川桂、猴樟、山楠、楠木、白兰花、木荷、黄杞等，以及木犀科、槭树科、蔷薇科等科中的一些常绿种类。在较湿润的谷地中常有杉木林，大部分低山较干旱地带有马尾松林。在石灰岩山地则有柏木林。低山河谷地带，尤其是长江三峡和清江河谷两岸，气候温暖湿润，适宜柑橘类生长，盛产柑、橘、柚、橙等水果。海拔 800～1200m 处有的地方有黄杉分布。海拔 1000～1500m 的山地为常绿阔叶落叶阔叶混交林，组成的木本植物有水青冈（*Fagus*）、栎属（*Quercus*）、山胡椒（*Lindera*）、檫木（*Sassafras*）、柃木（*Eurya*）、山茶（*Camellia*）、厚皮香（*Ternstroemia*）、木兰（*Magnolia*）、鹅掌楸（*Liriodendron*）、珙桐（*Davidia*）等，以及蔷薇科、榛科、漆树科、槭树科等科植物。海拔 1500m 以上为落叶阔叶林带，主要的落叶树种有水青冈、亮叶桦、鹅耳枥、枫杨、野核桃、槭、灯台树、枹栎、花楸等。海拔 2000m 以上有巴山冷杉。在冷杉林被砍伐后通常出现有杜鹃等组成的灌丛。主要蜜源植物树种有曼青冈、乌冈栎、木荷、栎属、山胡椒、檫木、柃木、山茶、枫杨、野核桃、槭、灯台树、枹栎、花楸等。

鄂西北山区：包括宜昌、襄樊一线以西，神农架山脉及以北地区，南接鄂西南山区，西与四川、陕西相邻，北靠陕西、河南，东连鄂东北低山丘陵区，东南邻江汉平原。本区植被有明显的垂直地带性，大致呈现出海拔 1500m 以下为常绿阔叶和落叶阔叶林带范围，局部地段有零星分布常绿阔叶林。主要蜜粉源植物有黑壳楠、短柄枹栎、栓皮栎、响叶杨、山杨、椅杨、枫杨、化香树、马尾松、华山松、巴山松等，此外还有杜鹃、忍冬、小檗等组成的灌丛，亦有珙桐、香果树等珍贵植物分布，多零星生长在中低海拔地区。

鄂东南低山丘陵区：本区为幕府山脉向北倾斜的部分，东南与江西接界，西南靠湖南，西北部与江汉平原相连，东北部以长江尾界与鄂东北低山丘陵区相邻。海拔 800m 以下有常绿树分布，常见有苦槠、乌楣栲、柯、青冈、大叶青冈、浙樟、紫楠、乌药、杨梅等；阔叶落叶树有茅栗、白栎、锥、小叶栎、大穗鹅耳枥、江南桤木、黄山木兰等；针叶树主要有马尾松、金钱松、华山松等。海拔 600m 左右的低山广泛有杉木林、500～800m 的山腰多有大面积的毛竹林。山顶为矮林灌丛草甸。主要蜜源树种有茅栗、栓皮栎、化香树、枫香树、乌桕、华山松等。

鄂东北低山丘陵区：本区是秦岭向东的余脉，东部与北部以淮阳山脉为分水岭与河南、安徽两省相连，西南部接江汉平原，南部临鄂东南低山丘陵区；本区植物分布主要在东部山地，即大别山南麓。海拔 600m 以下为落叶阔叶常绿阔叶混交林，600～1200m 为落叶阔叶林，1200m 以上为灌丛和草甸。常绿阔叶林主要以苦槠、青冈等；落叶阔叶树主要有茅栗、栓皮栎、白栎、黄山栎树、椆栎、榉树、大叶朴、板栗、化香树、山胡桃、枫香树、乌桕等；针叶树主要有马尾松、华山松等，分布于海拔 1200m 以下的山坡，海拔 800～1200m 多为华山松；灌丛多为檵木、金缕梅、乌饭树、牛鼻栓、绣线菊等。主要蜜源树种有华山松、茅栗、栓皮栎、化香树、枫香树、乌桕等。

江汉平原区：江汉平原是长江和汉江冲积而成的广阔平地，地势低平，局部有零星孤立的小山丘散布。山丘自然植被主要为次生林和灌丛，常见木本植物有茅栗、苦槠、麻栎、小叶栎、枫杨、化香树、山胡椒、盐肤木、野茉莉、野鸦椿等。本区水域面积很大，占本区总面积1/4以上，水生植被丰富，水生植物种类较多，分布广泛，主要有莲、芦苇、菰、慈姑、凤眼蓝、芡实、菱、眼子菜、金鱼藻、黑藻等。

此外，江汉平原人口密集，栽培种类繁多，除农作物外，长江的栽培木本植物有200余种。其中蜜粉源植物主要有垂柳、构树、荷花玉兰、悬铃木、枇杷、桃、合欢、紫荆、槐、刺槐、臭椿、楝、香椿、乌桕、重阳木、黄杨、枸骨、栾树、拐枣、梧桐、油茶、柽柳、石榴、紫薇、木犀、女贞、厚壳树、马尾松、湿地松、杉木、侧柏、毛白杨、响叶杨等。

1.6.2 动物资源

动物区系组成上属东洋界华东区，具有种类多、分布广的特点，是我国动物资源最丰富的地区之一。据调查，陆生脊椎动物有667种，其中两栖类46种，爬行类58种，鸟类454种，哺乳动物类109种。

水生动物目前已查明的鱼类有176种，其中经济鱼类有50余种，这些鱼类当中，中华鲟、团头鲂等闻名全国。全省鱼苗资源丰富，长江干流主要产卵场36处，其中半数以上在湖北境内。

湖北省被国家列为重点保护的野生动物199种（2021）。其中哺乳纲5目12科28种，包括川金丝猴、白鳍豚、长江江豚、麋鹿等；鸟纲16目35科143种，包括白鹤、黑鹳、东方白鹳、青头潜鸭、小天鹅、白冠长尾雉等；爬行纲1目1科1种，为平胸龟；两栖纲2目4科7种，包括大鲵、中国小鲵、秦巴巴鲵、虎纹蛙等；硬骨鱼纲4目7科13种，包括中华鲟、长江鲟、鯮、白鲟、胭脂鱼等；昆虫纲2目3科4种，包括金裳凤蝶、中华虎凤蝶、阳彩臂金龟、戴叉犀金龟；双壳纲1目1科3种；包括背瘤丽蚌、绢丝丽蚌、刻裂丽蚌。上述湖北省国家重点保护的野生动物中，国家一级的有50种；国家二级的有149种。

1.7 社会经济状况

1.7.1 行政区划、人口、民族

全省分12个地级市，1个自治州，1个林区，3个省直管市。地级市依次是武汉市、黄石市、十堰市、宜昌市、襄阳市、鄂州市、荆门市、孝感市、荆州市、黄冈市、咸宁市、随州市，自治州为恩施土家族苗族自治州，林区为神农架林区，3个省直管县级行政单位分别为天门、仙桃和潜江。市（州）辖36个县，2个自治县，25个县级市，39个市辖区。

根据《湖北统计年鉴2020》，湖北省常住人口为5927.00万人，其中城镇人口3615.47万人，乡村人口2311.53万人（表1.1）。常住总人口中，男性人口为3009.5万人，占总人口数50.78%，女性人口为2917.5万人，占总人口数49.22%。相比2018年，全省人口自然增长率为4.27‰。

表 1.1　湖北省行政区划表

市州	县（市、区）名称	户籍人口（万人）	常住人口（万人）	面积（km²）
全省		6177.84	5927.00	
武汉市	江岸区、江汉区、硚口区、汉阳区、武昌区、青山区、洪山区、东西湖区、蔡甸区、江夏区、黄陂区、新洲区、汉南区	906.40	1121.20	8569
黄石市	下陆区、黄石港区、西塞山区、铁山区、大冶市、阳新县	273.34	247.17	4583
十堰市	茅箭区、张湾区、郧阳区、丹江口市、郧西县、竹山县、竹溪县、房县	346.07	339.80	23666
宜昌市	西陵区、伍家岗区、点军区、猇亭区、夷陵区、宜都市、当阳市、枝江市、远安县、兴山县、秭归县、长阳土家族自治县、五峰土家族自治县	390.94	413.79	21230
襄阳市	襄城区、樊城区、襄州区、老河口市、枣阳市、宜城市、南漳县、谷城县、保康县	589.78	568.00	19728
鄂州市	鄂城区、梁子湖区、华容区	111.56	105.97	1596
荆门市	东宝区、掇刀区、钟祥市、京山市、沙洋县	290.95	289.75	12404
孝感市	孝南区、应城市、安陆市、汉川市、孝昌县、大悟县、云梦县	515.15	492.10	8904
荆州市	沙市区、荆州区、石首市、洪湖市、松滋市、公安县、监利县、江陵县	637.16	557.01	14242
黄冈市	黄州区、麻城市、武穴市、团风县、红安县、罗田县、英山县、浠水县、蕲春县、黄梅县	737.81	633.30	17457
咸宁市	咸安区、赤壁市、嘉鱼县、通城县、崇阳县、通山县	305.28	254.84	9752
随州市	曾都区、广水市、随县	249.48	222.10	9614
恩施土家族苗族自治州	恩施市、利川市、建始县、巴东县、宣恩县、咸丰县、来凤县、鹤峰县	402.10	339.00	24111
省直辖县级行政单位				
仙桃市	/	152.92	114.01	2538
潜江市	/	100.50	96.61	1004
天门市	/	160.51	124.74	2622
神农架林区	/	7.87	7.61	3253

注：数据来源于《湖北统计年鉴2020》。

1.7.2 经济发展与工业、农业生产情况

根据《湖北省 2019 年国民经济和社会发展统计公报》，2019 年，全省完成生产总值 45828.31 亿元，增长 7.5%。其中，第一产业完成增加值 3809.09 亿元，增长 3.2%；第二产业完成增加值 19098.62 亿元，增长 8.0%；第三产业完成增加值 22920.60 亿元，增长 7.8%。三次产业结构由 2018 年的 8.5 ∶ 41.8 ∶ 49.7 调整为 8.3 ∶ 41.7 ∶ 50.0。在第三产业中，交通运输仓储和邮政业、批发和零售业、住宿和餐饮业、金融业、房地产业、其他服务业增加值分别增长 9.4%、5.3%、8.5%、7.1%、5.6%、9.2%。

（1）工业。工业生产保持稳定增长。年末全省规模以上工业企业达到 15589 家。规模以上工业增加值增长 7.8%。其中，国有及国有控股企业增长 4.4%；集体企业下降 6.7%；股份制企业增长 8.5%；外商及港澳台投资企业增长 3.4%；其他经济类型企业增长 4.3%。轻工业增长 6.8%；重工业增长 8.2%。制造业增长 7.9%，高于规模以上工业 0.1 个百分点。高技术制造业增长 14.4%，快于规模以上工业 6.6 个百分点，占规模以上工业增加值的比重达 9.5%，对规模以上工业增长的贡献率达 17.0%。其中，计算机、通信和其他电子设备制造业增长 19.0%，电气机械和器材制造业增长 11.0%。全年规模以上工业销售产值增长 7.8%，产品销售率为 97.2%，出口交货值下降 0.4%。全年规模以上工业企业实现利润 2867.8 亿元，增长 4.0%。

（2）农业。全年全省农林牧渔业增加值 4014.00 亿元，按可比价格计算，比上年增长 3.5%。粮食产能保持稳定。全省粮食总产量 2724.98 万 t，下降 4.0%，连续 7 年稳定在 250 亿 kg 以上；种植面积 $4608.60 \times 10^3 hm^2$，下降 4.9%。特色优势经济作物增长较快。蔬菜及食用菌产量 4086.71 万 t，增长 3.1%；茶叶产量 35.25 万 t，增长 6.9%；园林水果（不含果用瓜）产量 661.04 万 t，增长 0.9%。畜禽养殖深度调整。受非洲猪瘟疫情影响，生猪出栏 3189.24 万头，下降 26.9%；牛出栏 109.52 万头，增长 1.1%；羊出栏 615.93 万只，增长 1.1%；家禽出笼 59394.01 万只，增长 11.5%；禽蛋产量 178.75 万 t，增长 4.2%。水产品生产形势趋稳，全年渔业恢复性增长，水产品总产量 469.08 万 t，增长 2.4%。

2 湖北蜂产业历史与现状

蜜蜂是人类最珍贵的饲养昆虫之一，人类饲养蜜蜂有几千年的历史。蜜蜂可以为作物和果树授粉，提高作物产量，改良种子和品种复壮，养蜂业具有为人类提供保健产品、为农作物传授花粉、促进植物进化和新品种产生的作用。因此，蜂业在整个国民经济中占有特殊的地位。素有"九省通衢""鱼米之乡"之称的湖北，有 2000 多年的养蜂历史，蜂文化底蕴深厚，这种古老的蜂文化影响至今。

2.1 蜂产业的地位与作用

2.1.1 蜂产业的地位

2.1.1.1 养蜂业是现代农业的重要组成部分

养蜂业是一项不占耕地、不产生污染的典型家庭特色养殖业，具有投资少、见效快、效益高的特点，是一项很适于经济落后地区（尤其是山区）脱贫致富的养殖业，是现代生态农业的一个重要组成部分。养蜂业是维持生态平衡不可缺少的链环，同时又是一项利国利民的事业。养蜂业的稳定发展对于促进农民增收、提高农作物产量和维护生态平衡具有重要意义。

2.1.1.2 发展养蜂业可促进农作物增产和生态保护

养蜂业除了蜜蜂采集花粉花蜜后产生的蜂产品自身创造的直接价值外，其最大效益则是为农作物授粉，使农作物提质增产。这是因为蜜蜂在形态结构上具有专门适应采集花粉的生理构造。蜜蜂的身上布满了绒毛，在植物雄花的花朵上采集花粉时，身上的绒毛沾满了成千上万的花粉粒，蜜蜂再把这些花粉粒带到雌花的柱头上，使雌花受精而结果。一只蜜蜂每一次出行可觅采十几朵到几十朵花，每天可进行几次到几十次采集活动，可见蜜蜂的授粉能力是相当巨大的。

蜜蜂授粉能大大提高植物结果率，大幅度提高产量。实践证明，利用蜜蜂授粉可使水稻增产 5%、棉花增产 12%、油菜增产 8%，部分果蔬作物产量成倍增长，同时还能有效提高农产品的品质，并大幅减少化学坐果素的使用。目前，我国每年蜜蜂授粉促进农作物增产产值超过 500 亿元。按蜜蜂为水果、设施蔬菜（大棚蔬菜）授粉率提高到 30% 测算，全国农作物年新增经济效益可达 160 多亿元，蜜蜂为农作物增产的潜力十分巨大。

蜜蜂授粉对保护植物多样性和改善生态环境有着不可替代的作用。世界上已知有 16 万种由昆虫授粉的显花植物，其中依靠蜜蜂授粉的占 85%。蜜蜂授粉能够帮助植物顺利繁育，增加籽种数量和活力，从而修复植被，改善生态环境。

同时，蜜蜂在采集花粉过程中，可在不同品系植物间实行异花授粉形成杂交，使后代产生杂交优势，提高果实和种子的品质，比如果实个大，种子饱满，畸形果减少，果实和种子蛋白质、糖分和脂肪等含量提高。此外，蜜蜂还具有采集专一、贮存饲料、可转地饲养和进行采集训练等特点，因此蜜蜂是农作物最理想的授粉者，是当之无愧的植物"红娘"。现代养蜂业的发展趋势和国际先进经验说明，利用蜜蜂为农作物授粉是一项不增加耕地面积、不增加生产投资、不增加劳动力、事半功倍的农业增产措施。发展养蜂业不仅能够提供大量营养丰富、滋补保健的蜂产品，增加农民收入，促进人民身体健康，而且对提高农作物产量、改善产品品质和维护生态平衡具有十分重要的作用。因此，无论是从蜂产品的保健价值和经济价值来说，还是从建立生态农业、循环农业、高效农业的社会价值来说，养蜂业是有百利而无一弊的养殖业，是实施可持续发展现代化农业的一个重要组成部分，是维持生态平衡不可缺少的链环，对促进人类健康、提高农作物产量和保持农业生态平衡，有着不可估量的作用，是一项利国利民的事业。

2.1.2 蜂产品的功能

饲养蜜蜂，所收取的产品叫蜂产品，如蜂蜜、蜂王浆、蜂花粉、蜂胶、蜂巢、蜜蜂幼虫、雄蜂蛹、蜂毒等，它们是具有一定保健和医疗作用的天然产品，对很多疾病有预防和治疗的功能。

2.1.2.1 蜂蜜的功能

蜂蜜是蜜蜂采集植物的花蜜或分泌物贮存在巢脾内，并经它们充分酿制而成的甜物质。蜂蜜具有如下功能：

（1）未经任何处理的纯天然成熟蜂蜜，对多种细菌具有很强的抑杀作用，是难得的天然抗菌防腐剂。

（2）蜂蜜能够加速创伤组织的愈合和再生，有吸湿、收敛和止痛等多种功能，可治疗刀伤、枪伤、烧伤。

（3）蜂蜜能润滑肠道，是治疗便秘的良药。蜂蜜还可以改善消化吸收功能，增进肝糖原物质的贮存，使肝脏过滤解毒作用加强，从而增加机体抵抗能力。蜂蜜还有祛痰、止咳、补脾益肾等功能。此外，经常服用蜂蜜，可以使血压保持平衡，降低血脂水平，提高血中高密度脂蛋白水平，增加血红蛋白数。

（4）蜂蜜中的营养成分十分丰富，可以滋补神经组织，调节神经系统功能，改善睡眠，安神益智，增强记忆力，缓解疲劳，促进病后恢复，缓解低血糖症状。

2.1.2.2 蜂花粉的功能

蜂花粉是蜜蜂采集植物花粉贮于后足花粉筐带回的花粉团。蜂花粉具有如下主要功能：

（1）增加食欲，促进消化系统对食物的消化和吸收，增强消化系统的功能，对肝细胞有良好的保护作用。

（2）对神经系统具有积极的调整作用，能促进大脑细胞的发育和智力发育，使大脑保持旺盛的活力。

（3）能降低胆固醇和甘油三酯等含量，增强毛细血管强度、弹性，软化血管，增强心脏收缩能力和功能，对心血管系统有良好的保护作用。

（4）能促进内分泌腺体的发育，提高内分泌腺的分泌功能，对由内分泌功能紊乱而引起的疾病有较好的治疗效果，可预防中老年人更年期引起的多种不适。

（5）能促进造血功能，有明显的抗射线辐射和化疗损伤的作用，对贫血也有特殊的治疗功效。蜂花粉能提高机体和 T 淋巴细胞和巨噬胞的数量和活性，增强免疫系统功能，具有延缓衰老、美容养颜之功效。

2.1.2.3 蜂王浆的功能

蜂王浆是 5~15 日龄工蜂舌腺和腭上腺所分泌的乳白色或淡黄色液体，又称蜂皇浆、王浆、蜂乳。蜂王浆具有以下功能：

（1）蜂王浆中的癸烯酸有极强的杀菌能力和抗癌防癌作用。

（2）可增强人体体质，调节人体内分泌系统功能，促进机体新陈代谢，增强机体的适应和耐受能力。

（3）可促进受损伤组织再生和修复，提高机体免疫功能，增强人体抗辐射能力。

（4）能够降低血糖、血脂和胆固醇，调整血压，对心脑血管系统病患者具有很好地预防保护作用。

（5）帮助人体增加食欲、促进消化，能增强过氧化氢酶的活力，促进肝脏功能的恢复，对保护肝脏有明显的作用。

2.1.2.4 蜂胶的功能

蜂胶是蜜蜂采集植物树脂并加入其自身分泌物混合而成的一种棕红色、棕黄色或棕褐色黏性固体。它是蜜蜂献给人类的一种最独特、最神奇的天然物质，具有广谱抗菌、促进机体免疫、组织再生、局部麻醉等生物学作用，被称为紫色黄金。

蜂胶中含有 70 种以上的黄酮类化合物。黄酮类化合物具有多方面的生理和药理作用，能帮助人体防治多种疾病，增强人体各种功能。

蜂胶中还有多种萜类化合物、氨基酸、B 族维生素、多种有机酸、丰富的矿物质和微量元素，具有抗过敏、抗辐射、抗肿瘤、麻醉、牙齿护理、刺激免疫反应和治疗溃疡、麻风、支气管炎等作用，还可用于防治胃溃疡、维持血清葡萄糖、增强毛细血管功能、黏膜炎血管舒张药（蜂胶软膏）、医用植皮保存剂等。

近来有研究表明，蜂胶具有吞噬作用及抗氧化作用，有利于胰腺功能的恢复，可辅助治疗糖尿病，预防糖尿病并发症，防治血管脂质堆积和粥样硬化等疾病。

2.2 湖北蜂产业布局

2.2.1 蜜粉源植物资源分布

蜜粉源植物是指能够为蜜蜂提供花粉及花蜜的一类植物的统称，不仅是蜜蜂的主要生活来源，还是蜜蜂酿造蜂蜜、蜂王浆的主要原料，如蜂蜡、蜂蜜、蜂王浆等蜂产品。

湖北省版图面积 18.59 万 km^2，在平原丘陵和山区有 500 种左右的蜜粉源植物，其中主要蜜源有 80 种，农作物果树和蔬菜种植面积也很大，拥有丰富的养蜂业资源。据统计，全省油菜作物面积 93.8 万 km^2、棉花面积 16.3 万 km^2、玉米面积 72.8 万 km^2（参考湖北省统计局官网 2019 年统计数据），蔬菜面积 122 万 km^2（参考农业农村部官网 2018 年统计数据），还有柑橘、板栗、桃树、核桃、乌桕、漆树、油茶、向日葵、莲藕、芝麻等果茶蔬油类植物面积广泛，益母草、党参、黄连、神农香菊、菊花、桔梗等药用植物也有较大面积种植。

湖北野生植被具有南北过渡特征，气候也是南北过渡地带，山地、丘陵、岗地和平原兼有，蜜粉源植物十分丰富，洋槐、野桂花、荆条、松树自然植被植物面积辽阔，还有柳树、野生香椿、五味子、五倍子、栾树、泡桐、三叶草、一枝黄花等形成的蜜源植物带，一年四季花开花落，十分适宜发展养蜂业，其资源存量可以承载 150 万群蜜蜂的饲养数量。

2.2.2 养蜂生产布局

湖北是一个山区、丘陵、岗地、平原兼有的地区，利用这些资源优势发展养蜂业，发展地方经济的潜力也很大。当前，全省蜂群饲养数量为 76.8 万余群。其中，西方蜜蜂 47.15 万群（主要分布在平原地区），中华蜜蜂 29.65 万群（主要分布在山区丘陵）。养蜂重点分布在武汉"1+8"城市圈以及宜昌、十堰、恩施等地的 29 个县市。

在蜜蜂饲养品种上，湖北养蜂业呈现中蜂（中华蜜蜂）和西蜂（西方蜜蜂）并存共生的发展局面，但在不同区域其主要饲养品种有所不同。意蜂是湖北省蜂产品生产的当家蜜蜂品种，主要分布在江汉平原一带和长江中下游地区，主要包括荆州、天门、潜江、孝感、武汉、鄂州、黄冈等地区，此外在荆门、宜昌部分丘陵、岗地也有饲养。中蜂则分布更加广泛，在湖北省形成了鄂东、鄂东南、鄂西、鄂北、鄂西北等"五位一体"的区域生产格局。其中：鄂东地区主要包括黄冈、黄陂、新洲和豫南及皖西等大别山山系地区；鄂东南地区主要包括咸宁、黄石和赣西及湘北等幕阜山山系地区；鄂西地区主要包括神农架、恩施、宜昌等大巴山、巫山山系地区；鄂北地区主要包括荆门、随州等大洪山与桐柏山山系；鄂西北地区主要包括十堰、襄樊等武当山山系地区。全省的中蜂品种均属于中华蜜蜂华中系资源，但各个地区之间的中蜂形态和生产特点略微有差别。

从板块划分可以将湖北养蜂业分为三大区域，一是分别以神农架中华蜜蜂保护区为中心辐射至十堰、宜昌、恩施、随州、荆门和大别山山系形成一个中蜂经济板块；二是以咸宁野桂花蜂蜜产地为中心辐射至赤壁、崇阳、通山、通城及江西修水、武宁、星子和湖南的临湘、岳阳等地，形成一个野桂花蜂蜜出口蜂业经济板块；三是以武汉密集的蜂产品加工企业为中心，逐步形成一个生产、加工、销售为主体经营体系格局。

<h2>2.3 蜂产业生产与加工</h2>

进入 21 世纪，湖北蜂产业发展迎来了历史性的突破。湖北省蜂产品加工工厂化、标准化生产水平不断提高，积极参与国际贸易与国际市场流通，出口能力明显增强，外销加内销，蜂蜜、蜂王浆等传统产品加工稳步发展，蜂花粉、蜂胶等新产品不断推出，形成了湖北省养蜂业密集、加工业密集、人才密集的养蜂业格局，在全国乃至国际上都有一定的影响力。

据世界蜂联资料介绍，中国的养蜂业占世界养蜂总量的 1/8，而湖北省的养蜂业和蜂产品出口在全国占有举足轻重的地位，曾经创下 13 年连续全国第一的纪录。2018 年湖北天然蜂蜜年产量达 2.34 万余 t，蜂制品加工企业合计 57 个，年产值 242447 万元，出口额超 5000 万美元，居全国第二。全省有扬子江、大兴、蜂之巢等多家蜂业龙头企业。蜂业龙头企业的发展对湖北省养蜂技术推广、蜂产品质量安全、产品深加工技术创新等方面都起到了很好促进作用，已经形成了比较有特点的柑橘蜜、荆条蜜、油菜蜜、紫云英蜜、洋槐蜜、野桂花蜜等大宗商品蜜，及荷花蜂花粉、益母草蜂花粉等特色蜂产品。

另外，随着蜂产业的不断发展，湖北省的蜂文化产业正在兴起，科普工作也随之广泛开展。目前，湖北省已成立多家蜜蜂博物馆，为人们展示丰富而有趣的蜜蜂文化。

<h3>2.3.1 湖北省蜂产业特色产品</h3>

<h4>2.3.1.1 中蜂蜂产品</h4>

中蜂蜜，又称土蜂蜜，是由中华蜜蜂（中蜂）采集植物花蜜后经过反复酿造所形成的蜂蜜，也叫百花蜜。中蜂蜜富含葡萄糖、果糖、氨基酸及维生素等多种成分，经常食用有

清热解毒、补中润燥、养颜、抗衰老等功效。湖北省中蜂饲养区主要集中于西部山区地带，蜂群分布较广泛、分散，中蜂可有效利用山区零星而分散的蜜源植物资源，以神农架林区、恩施州、宜昌市、十堰市等山区为主要中蜂蜜产区。

有代表性的中蜂蜂产品企业、品牌及主营产品如下：

（1）五峰鸽子花蜂业开发有限责任公司，品牌为"鸽子花"，主营后河生态蜂蜜、五峰倍花蜜、五峰牛膝蜜、五峰枮蜜、五峰百花蜜。

（2）湖北峰鹤生态农业有限公司，品牌为"峰鹤"，主营有崖蜜、毓粹、启航、撷芳、隐谷、归蜜等系列产品。

（3）湖北鹤峰源汁蜜蜂业开发有限公司，品牌有"爱尚山崩"和"三里荒"，主营恩施富硒中蜂蜜。

2.3.1.2 意蜂蜂产品

意蜂蜜，即意大利蜂（意蜂）采集大宗蜜源植物花蜜后所产的蜂蜜。意大利蜂具有易饲养、繁殖快、产品丰富多样及产量高等优点，其主要蜂产品是蜂蜜，另外还可以生产蜂胶、蜂花粉、蜂王浆及蜂蛹等多种蜂产品。其中意蜂擅长采集大宗蜜源植物，对于大面积产蜜期的蜜源植物，采集效率及蜂蜜产量较高，可形成较纯净的单一品类的蜂蜜，如枣花蜜、洋槐蜜、荆条蜜及柑橘蜜等多元化蜂蜜品种，可满足不同需求的消费群体。湖北省意蜂饲养区多分布于中东部平原区域，以武汉市为中心，逐步形成一个蜂产品生产、加工、销售为主体经营体系格局。

有代表性的意蜂蜂产品企业、品牌和主营产品如下：

（1）武汉市葆春蜂王浆有限责任公司，品牌为"葆春"，主营蜂王浆、成熟蜜、蜂花粉等产品。

（2）湖北蜂之宝蜂业有限公司，品牌为"蜂语康"，有蜂蜜、蜂王浆、蜂花粉、蜂王浆冻干粉胶囊（片）、蜂胶软胶囊、蜂花粉（松花粉）片等多种产品。

（3）武汉蜂之巢生物工程有限公司，品牌为"蜂之巢"，主营有蜂蜜、蜂花粉、蜂王浆、蜂胶、雄蜂蛹等产品。

（4）武汉康思农生物科技有限公司，品牌为"康思农"，主营蜂蜜、蜂王浆、蜂花粉、蜂胶软胶囊。

（5）武汉药食同源食品有限公司，品牌为"药食同源"，主营蜂蜜、蜂王浆、蜂花粉等产品。

（6）武汉市华明达蜂业有限公司，品牌为"蜜香园"，主营蜂蜜、蜂王浆等产品。

（7）武汉乐神三宝蜂业有限公司，品牌为"乐神三宝"，主营蜂王浆、蜂胶、蜂花粉、蜂蜜等产品。

（8）湖北随州鸿发蜂产品有限公司，品牌为"小森林"，主营蜂胶软胶囊、蜂胶浓缩液、蜂胶抑菌喷剂等蜂胶类产品。

（9）湖北（红安）名盛生物科技有限公司，品牌有"名盛""蜂之品"，主营蜂胶软胶囊、蜂王浆软胶囊等产品。

（10）湖北天生源蜂业有限公司，品牌为"天生源"，主营蜂蜜、蜂蜜制品、蜂蜜保健品和蜂文化产品等。

（11）武汉市大兴蜂业有限责任公司，品牌为"武兴"，主营蜂蜜、蜂王浆等产品。

（12）湖北省云梦县神葫蜂业有限公司，品牌为"神葫"，有蜂蜜、蜂王浆、蜂花粉、蜂胶等系列产品。

（13）云梦感蜂堂蜂产品有限公司，品牌为"感蜂堂"，有蜂王胎片、巢脾产品、蜂蜜产品等产品。

2.3.1.3 区域性特色蜂蜜（野桂花蜜）

作为湖北省区域性特色蜂蜜的野桂花蜜（山茶科柃木属植物），是由中蜂采集特色蜜源植物野桂花所得。野桂花蜂蜜香味浓郁、沁人心脾、滋味甜润，营养丰富，素有"蜜中之王"之称。野桂花生长于海拔 1000 多 m 以上的深山野林，花期独特、罕见，每年只在寒冬开花，无农药污染，并且花可流蜜，而普通桂花只开花、不流蜜。野桂花属稀有植物，产地少，资源奇缺，十分珍贵，主要地域范围是在湖北咸宁市的崇阳县、通城县、通山县以及湖南的平江县，尤其以湖北崇阳县为野桂花树最集中的地方。

湖北崇阳县地处大幕山、大湖山、大药姑山之间，属低山丘陵地区。由于高山气候阴凉、土层深厚、土壤有机质含量高，适宜野桂花（柃木）生长。全县有 180 多万亩野桂花树，主要集中于幕阜山脉中段的崇阳县金塘镇境内，是中国野桂花蜜的主要产地。

代表蜂企为湖北三普蜂业有限公司，其所产野桂花蜜产品曾获得"湖北地理标志大会暨品牌培育创新大赛优秀奖""中国武汉农业博览会金奖农产品"等荣誉称号。

2.3.2 湖北蜜蜂文化宣传

蜜蜂是对人类非常有益的昆虫类群之一，它不仅可以为我们人类带来蜂蜜、蜂花粉、蜂蜡、蜂胶、蜂毒及蜂蛹等营养或医疗保健品，更主要是为各种农作物和野生植物授粉，起到促进农作物增产、保护野生植物生长繁殖、维系生态种群平衡等作用。蜜蜂是各种农作物的最理想的授粉昆虫，被誉为"农业之翼"。另外，勤劳的小蜜蜂以其辛勤的采集行为、无私的奉献精神以及筑建的正六边形巢房等，激励、启发了人类的无私奉献精神和创新创造思维。

湖北省在注重养蜂及蜂产品高质量发展的同时，更加注重蜜蜂文化的宣传与普及，倡导鼓励蜂业各类社会组织、合作社及蜂产品企业，积极打造蜜蜂文化园、蜜蜂博物馆等蜜蜂文化公益宣传场馆，弘扬蜜蜂优秀文化，普及蜜蜂养殖、蜂群组成、蜂产品价值、蜜蜂授粉、蜜蜂精神以及蜜蜂相对于社会的生态价值等各方面蜜蜂相关知识。

代表性的蜜蜂文化宣传场馆如下：

（1）武汉康思农蜜蜂博物馆。武汉康思农蜜蜂博物馆是全国、武汉市、洪山区三级科协部门授牌的公益性蜜蜂文化科普教育基地，2013年8月被武汉市文化局列入武汉市博物馆序列。博物馆与康思农蜜蜂庄园有机结合，通过模型、知识展板、蜜蜂化石、录像、蜡染、书籍、养蜂工具等多种方式，展示了蜜蜂生物学特性、蜜蜂进化史、蜜蜂与人类的关系，以及养蜂业发展史、蜂产品知识等内容，在此除能了解到蜜蜂知识外，还可以实地参与体验养蜂生产过程，庄园里还有以蜜蜂为原型的游乐设施、卡通造型，融知识性、体验性与趣味性于一体。

（2）荆门蜜蜂博物馆。由湖北天生源蜂业有限公司打造，位于荆门市千佛洞国家森林公园石莲景区，园区内有蜜蜂文化展示区（蜜蜂博物馆）、蜂产品深加工区、蜜蜂产品体验区、休闲区和综合区等功能区。

（3）湖北蜂之宝蜜蜂科普基地。由湖北蜂之宝蜂业有限公司打造的"湖北蜂之宝蜜蜂科普基地"，有8000m²的蜜蜂王国室内展馆、科普推广中心和10000m²的室外蜜蜂文化园，形成了以蜂产品等天然资源为主要原料的保健食品生产产业化基地及蜜蜂文化科普基地、科普教育基地和工业旅游基地。基地的蜜蜂欢乐谷和生产基地等，可供大家深入探索蜂蜜王国、发现蜜蜂生活、了解蜜蜂历史文化，有效助推了蜜蜂知识的宣传普及。

注：本书所列举蜂企排名不分先后，且为不完全统计，仅能展示湖北省蜂业的部分风貌，仅供参考！不足之处，敬请谅解。

2.4 蜂产业发展前景

在推进现代农业绿色发展的进程中，养蜂不争田、不占地、无污染，是一项绿色产业，是现代生态农业的重要组成部分，契合国家绿色发展的理念。小蜜蜂大生态是一项大事业，更彰显出其巨大的经济价值、生态价值和社会价值，也可以成为一个大健康产业。

首先，养蜂是一项劳动强度较低、生态性能好、投资较小、适合家庭或个人单独劳作的产业。养蜂扶贫是一个互利双赢的好事，既能让贫困山区农民通过发展养蜂生产尽快脱贫，对于蜂产品企业来说，也是实现提质增效、转型升级、产品向中高端发展的良好契机，把生态环境优良的贫困山区建设成为优质高端蜜源的生产基地。

其次，蜂产品自古以来就是一种高档的营养佳品，用于人类养生的历史悠久，它被广泛用于人类保健，已博得众多消费者的喜爱。习总书记提出了"健康中国"的理念，为中国健康产业的发展指明了方向，提供了更加广阔的发展空间。从广义上说，蜂产业是健康产业的一部分，要抓住这一千载难逢的有利时机，把蜂产业与健康产业更好更快地融合起来，这是蜂产品行业面临的一次重大的历史选择和历史机遇。

蜂产品产业链本身融合了原料生产到成品加工的多个环节，所以行业本身向药品、保健品行业延伸时遭遇的壁垒并不是很明显，相反地却是比较容易融入这些产品生产的某一节点，充分发挥蜂产品天然营养的优势，加大向这些行业进军的力度和速度是完全可行的。这样，开拓更广阔的市场，实现行业延伸、行业创新的目标，促进行业更快的发展。

目前湖北省的养蜂技术还处于发展阶段，规模小、分散性高，但也正因为是这样的特点，湖北省养蜂业未来在技术和规模上会有着巨大的提升空间。

随着社会的发展以及人们生活水平的提高，人们对于优质蜂产品这类健康养生类产品的需求量也在不断增加，养蜂业在未来必定会找准自己的定位，朝着现代化养蜂、科学养蜂的方向发展，用机械化代替手工作业，用科学技术武装养蜂业，用先进的管理和经营方式管理养蜂业，从根本上解决湖北省目前养蜂技术上存在的缺陷，实现蜂蜜的高产、稳产。

湖北蜜源植物资源概述

湖北省位于长江中游，地跨东经 108° 21′ 42″~ 116° 07′ 50″、北纬 29° 01′ 53″~ 33° 6′ 47″。东西长约 740km，南北宽约 470km，版图面积 18.59 万 km²，东、西、北三面环山，中间低平，略呈向南敞开的不完整盆地。在全省总面积中，山地占 56%，丘陵占 24%，平原湖区占 20%。气候呈南北过渡特征，植被也具有南北过渡的特征，蜜粉源植物十分丰富。

据初步统计，湖北省共有蜜源植物 107 科 307 属 502 种。其中，裸子植物 4 科 7 属 14 种；在被子植物中，双子叶植物有 97 科 279 属 462 种，种数占种总数的 92.03%；单子叶植物有 6 科 21 属 26 种，种数占种总数的 5.18%。由此表明，该区野生蜜源植物以双子叶植物为主。

根据花蜜、花粉的含量及利用价值，将湖北省野生蜜源植物分为主要蜜源植物、辅助蜜源植物和有毒蜜源植物。主要蜜源植物共 81 种，隶属于 60 属 31 科，占全省蜜源植物的 16.16%。其中五列木科（12 种）蔷薇科（9 种）和豆科（7 种）是大科。蜜源类型多为蜜源，部分为蜜粉源、无粉源，且蜜质多为优质蜜。如蝶形花科中的刺槐（*Robinia pseudoacacia*），一年产量为 40 ~ 50kg，丰年单产可达 50 ~ 100kg，因具有蜜水白色透明、质浓稠、不易结晶、味甘甜纯洁、适口等特点，深受国内外市场欢迎，出口售价比一般蜜高 25%，且花粉在医药上可为健胃剂和镇静剂。主要蜜源植物不仅产蜜量大，而且蜜质好，具有很高的经济价值。

湖北主要蜜源植物按四季划分为春季蜜源植物、夏季蜜源植物、秋季蜜源植物和冬季蜜源植物。

春季蜜源植物有 9 科 10 属 10 种，占主要蜜源植物总种数的 12.35%。其种类为紫云英、芸苔、檫木、黄杨、野樱桃等，其中栽培种为紫云英、油菜，其他为野生植物。

湖北省荆州、黄冈、荆门的油菜种植面积都在 10 万 hm² 以上。湖北省各市油菜的种植面积如表 3.1、图 3.1 所示。

表 3.1　湖北省各市油菜种植面积

地区	油菜种植面积（万 hm²）
武汉市	3.276
黄石市	3.349
十堰市	4.382

地区	油菜种植面积（万 hm²）
宜昌市	7.791
襄阳市	3.646
鄂州市	1.133
荆门市	10.238
孝感市	5.892
荆州市	17.132
黄冈市	12.942
咸宁市	7.509
恩施自治州	4.834
仙桃市	4.9
潜江市	1.408
天门市	3.036
神农架林区	0.029

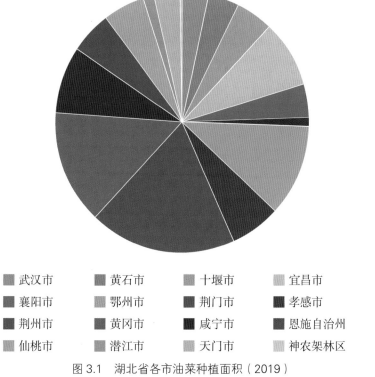

■ 武汉市	■ 黄石市	■ 十堰市	■ 宜昌市
■ 襄阳市	■ 鄂州市	■ 荆门市	■ 孝感市
■ 荆州市	■ 黄冈市	■ 咸宁市	■ 恩施自治州
■ 仙桃市	■ 潜江市	■ 天门市	■ 神农架林区

图 3.1　湖北省各市油菜种植面积（2019）

自 1978 年开始，湖北省的油菜种植面积呈现快速增长，到 2001 年达到 100 万 hm²。这为蜂产业提供了丰富的蜜源（图 3.2）。

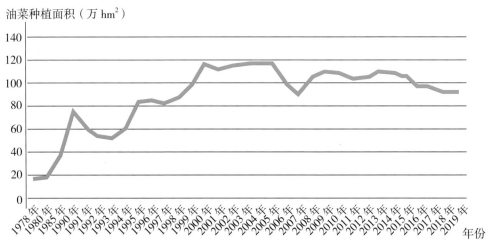

图 3.2　湖北省油菜种植面积变化（1978—2019）

夏季蜜源植物 21 科 35 属 41 种，占主要蜜源植物总种数的 50.62%。其种类为乌桕、刺槐、救荒野豌豆、栗、白车轴草、华椴、粉椴等，其中栽培种为柿、柑橘、核桃、香椿等，其他为野生植物。

湖北省的柑橘种植集中在宜昌。湖北省各市的柑橘种植面积比例如图 3.3 所示。

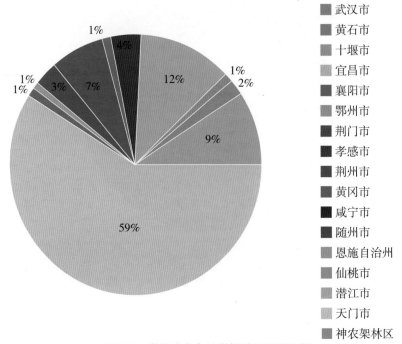

图 3.3　湖北省各市的柑橘种植面积比例

秋季蜜源植物 10 科 12 属 15 种，占主要蜜源植物总种数的 18.52%。其种类为胡枝子、美丽胡枝子、截叶铁扫帚、向日葵、荞麦等，其中栽培种为向日葵、荞麦等，其他为野生植物。

冬季蜜源植物 4 科 4 属 15 种，占主要蜜源植物总种数的 18.52%。其种类为柃木属、枇杷、巴东胡颓子、千里光等，其中栽培种为枇杷等，其他为野生植物。

不难发现夏季的主要蜜源植物占绝大多数，冬季最少。

有毒蜜源植物 7 科 9 种，其中马桑蜜中含有羟基马桑（tutin）、马桑亭（coriatin）、马桑宁（corianin）等毒素，蜜蜂食用后会中毒而死，人食用这种蜂蜜后也会中毒，油茶蜜中含有寡糖和生物碱，寡糖的成分是半乳糖，蜜蜂不能有效消化半乳糖而导致死亡。有毒蜜源能使蜜蜂中毒死亡或酿造的蜂蜜对人有毒，给养蜂产业带来了很大损害，蜂农应该采取有效措施避免蜜蜂采集有毒蜜源，同时加强对有毒蜂蜜的鉴别，避免误食。

辅助蜜源植物 397 种，隶属于 261 属 96 科，如杉木（Cunninghamia lanceolata）、马尾松（Pinus massoniana）、胡桃（Juglans regia）等，其中以蜜粉源居多，蜜源和粉源次之。

湖北形成大宗商品蜜和产品的有柑橘蜜、荆条蜜、油菜蜜、紫云英蜜、洋槐蜜、荷花蜂花粉、益母草蜂花粉等。形成特色特有品种的有咸宁野桂花蜂蜜，野桂花是幕阜山系的特色植物资源，是中华蜜蜂冬季独采的蜜源。柃木属蜜源植物在崇阳县主要分布在全塘镇、高视乡、港口乡、桂花泉镇、石城镇和沙坪镇；在通山县主要分布在山界乡、闯王镇和杨芳镇；在崇阳县产蜜质量较优的分布在港口乡的荆竹康村和金塘镇的葵山村；在通山县产蜜质较优的分布在山界乡的山宝村和闯王镇的高湖村；通城县主要分布在麦市的黄龙山、塘湖的黄袍林场、鹿角山，大坪药姑山，马港大金山，关刀的云溪，五里镇的季山等地。

传粉生物学

4.1 花的形态

花，是植物繁衍后代的生殖器官，也是传粉过程发生的场所。一朵完全花通常由花柄、花托、花萼、花冠、雄蕊群、雌蕊群组成。花柄对整朵花起到支撑作用，整朵花都依靠花柄着生在植物的茎上；花托是指位于花柄顶端的膨大部分，花萼、花冠、雄蕊群、雌蕊群按照一定的方式或次序着生在花托上。花萼是花的最外一轮叶状构造，包在花蕾外面，起着保护花蕾的作用；花冠是一朵花中所有花瓣的总称，通常是整朵花最显眼的部分，主要起到保护雄蕊和雌蕊、吸引传粉者或防御啃食者的作用。雄蕊和雌蕊着生在花冠内，雄蕊由花药和花丝组成，花丝支撑着花药，花药中储存着花粉，也就是植物实现繁殖功能的雄配子。雌蕊由柱头、花柱和子房组成，柱头往往膨大而具有黏性，用以接受传粉者身体上携带的花粉，花柱连接着柱头和子房，是落到柱头上的花粉进一步生长至子房的通道；子房里有胚珠，在花粉进入胚珠之后，植物完成受精，受精的胚珠会发育为种子。访花动物例如蜜蜂，通常喜爱访问有蜜的花，花蜜常常隐藏在花冠基部（例如管状花），或者是花瓣背面伸出的一小段蜜距中，花蜜中富含单糖，补偿蜜蜂觅食消耗的能量。雄蕊中的花粉富含蛋白，是蜂类幼虫发育的营养品，蜜蜂也会收集。总的来说，花的结构适应于花粉传递，让传粉者在访问的过程中，将花粉从一朵花的雄蕊传递到同一朵或另一朵花的雌蕊上，完成胚珠受精并完成繁衍后代的过程。

自然界中的花千姿百态，例如菊科植物的管状花和舌状花、豆科的蝶形花、唇形科的唇形花、旋花科的漏斗状花等。根据植物学家 Faegri 和 Van der Pijl（1979）的分类，我们把湖北地区常见花的形态归纳为以下几种类型。

（1）开放碟状/碗状花。植物开花的时候，花瓣看起来就像是扁平的碟子。这些扁平的碟子，可以稍微弯曲，形成碗状结构。具有开放碟状/碗状花的植物，一般有 4~8 个花瓣，这些植物有毛茛属（*Ranunculus*）、银莲花属（*Anemone*）、铁筷子属（*Helleborus*）、罂粟属（*Papaver*），以及很多蔷薇科（Rosaceae）植物，如悬钩子属（*Rubus*）、山楂属（*Crataegus*）、李属（*Prunus*）、委陵菜属（*Potentilla*）。需要注意的是，这类花的花药很多而且都是暴露在外面的，与此同时，它们的蜜腺也是暴露在外面的，所以，它们的花药和花蜜可以被很多种类的昆虫所采集，例如蝇类和甲虫。因而，其他的昆虫也有可能与蜜蜂发生竞争，降低蜜蜂收获的花粉或者花蜜量。这类花型常见的蜜源植物有油菜（*Brassica rapa* var. *oleifera*）、棉花（*Gossypium hirsutum*）、荞麦（*Fagopyrum esculentum*，俗称甜荞）等。

（2）辐射对称的管状花。这种花型类似于车轮辐条从车轴中心发射出去的形态。所以顾名思义，辐射对称描述的是类似于车轮辐条的花型；管状花描述的则是花冠下部的形态，像管子一样。所以，辐射对称的管状花指代的就是一类上面像车轮，下面像管子的花。这一类花，对蜜蜂不太友好，因为蜜蜂比较难以找到着陆点，并且蜜蜂的吻也不够长，很难吸食到管基部的花蜜，所以这类花一般是由长吻的昆虫访问。有这类花型的植物包括龙胆属（*Gentiana*）、报春属（*Primula*）、丁香属（*Syringa*）等。

（3）两侧对称的管状花。两侧对称的花就像人的脸一样，可以分为左右半边。Westerkamp 和 Classen-Bockhoff（2007）将这类花称为二唇形花，甚至将这种花型称为"蜂花"。二唇形花的花蜜都是隐藏的，其花结构很有利于蜜蜂的着陆，并探入花中吮吸花蜜。正因为二唇形的花两侧对称，所以，蜜蜂既可以正着爬进去，也可以倒着爬进去。有这一类花型的植物，有唇形科（Lamiaceae）、玄参科（Scrophulariaceae）、苋科（Amaranthaceae）、苦苣苔科（Gesneriaceae）等。常见蜜源植物有芝麻（*Sesamum indicum*）、益母草（*Leonurus japonicus*）、紫苏（*Perilla frutescens*）等；还有近年来国内引种的唇形科香料植物薰衣草（*Lavandula angustifolia*）。

（4）喇叭状和钟状花。看起来，喇叭状和钟状花与辐射对称管状花很像，通常这种花的花冠管开口更大。如果花冠管由外向内狭缩，可以说是喇叭状花；如果花冠管并不怎么狭缩，看起来像钟一样，可以说是钟状花。无论是喇叭状的花，还是钟状的花，都可以让蜜蜂在访花的时候，身体向花内钻得更深一些。这就意味着，一只昆虫并不需要很长的吻就可以访问喇叭状和钟状花，也就是说喇叭状和钟状花的访问者不止蜜蜂一种，同样，蜜蜂在这些花上收集报酬的时候，就会面临竞争。旋花科（Convolvulaceae）植物的花是最典型的喇叭状花，例如旋花属（*Convolvulus*）、番薯属（*Ipomoea*）、打碗花属（*Calystegia*），另外龙胆属（*Gentiana*）、百合属（*Lilium*）、郁金香属（*Tulipa*）、贝母属（*Fritillaria*）也是常见的喇叭状花。最典型的钟状花是桔梗科（Campanulaceae）风铃草属（*Campanula*）植物的花，另外还有苘麻属（*Abutilon*）等。常见蜜源植物有番薯（*Ipomoea batatas*）。

（5）蝶形花。这种类型的花，看起来就像是前面提到的二唇形花，或者管状两侧对称花，它们仅仅是外形相似而已。因为，蝶形花有一种触发式的花粉释放机制，蜜蜂的头部钻入龙骨瓣探寻花蜜的时候，因为受到压力，花药和柱头才会接触蜜蜂的身体。蝶形花由 5 枚花瓣组成，上面 1 枚为旗瓣在花蕾中位于外侧，翼瓣 2 枚位于两侧，对称，龙骨瓣 2 枚位于最内侧，而花药和柱头就隐藏在里面。最典型的就是豆科（Fabaceae）中的蝶形花亚科（Papilionoideae），这类植物通常只能由蜂类传粉。具有这种花型的植物包括车轴草属（*Trifolium*）、野豌豆属（*Vicia*）、羽扇豆属（*Lupinus*）、山黧豆属（*Lathyrus*）、百脉根属（*Lotus*）、苜蓿属（*Medicago*）、草木犀属（*Melilotus*）、荆豆属（*Ulex*）、金雀儿属（*Cytisus*）、紫堇属（*Corydalis*）、烟堇属（*Fumaria*）等。常见蜜源植物有各种豆类作物或蔬菜：紫云英（*Astragalus sinicus*）、刺槐（*Robinia pseudoacacia*）、紫苜蓿（*Medicago sativa*）、白车轴草（*Trifolium repens*）等。

（6）鸢尾状花。鸢尾花主要用作城市园林美化的植物。鸢尾花有6个花瓣，分为两轮，内轮裂片与外轮裂片同形等大或不等大，花被管通常为丝状或喇叭形；雄蕊3，花药多外向开裂；花柱1，上部多有3个分枝，分枝圆柱形或扁平呈花瓣状。一朵鸢尾花可以看作是3个独立的单元，每个单元基本上类似于一个左右对称的管状花，都可以单独接受花粉。湖北省内常见的观赏花卉有鸢尾（*Iris tectorum*）、蝴蝶花（*Iris japonica*）。

（7）兰花状花。兰花有6个花被片，分为内外两轮，3个内轮3个外轮，其中内轮有1枚特化成了唇瓣，吸引昆虫来传粉并为传粉昆虫提供了着陆平台。实际上，兰花并不是蜜蜂最喜欢的类型，因为兰花的花粉是块状的，不适宜蜜蜂去收集，此外，不少兰花没有花蜜，蜜蜂的访问是获取食物报酬上是徒劳无功的。

（8）刷状花。花序由很多小小的花组成，但是花药很多而且像刷子一样伸出来。伞形科植物比较常见，如独活属（*Heracleum*）、峨参属（*Anthriscus*），以及重要的蔬菜（胡萝卜 *Daucus carota*）、茴香（*Foeniculum vulgare*）等。在其他类群中也可以找到相同的花型，例如川续断科（Dipsacaceae）川续断属（*Dipsacus*）、百合科（Liliaceae）葱属（*Allium*）、山茱萸科（Cornaceae）山茱萸属（*Cornus*）、忍冬科（Caprifoliaceae）接骨木属（*Sambucus*）、桃金娘科（Myrtaceae）白千层属（*Melaleuca*）、豆科的含羞草亚科（Papilionoideae）等。这种类型的花，很容易吸引各式各样的传粉昆虫包括蜂类、蝇类、甲虫类等。当然，蜜蜂也会去访问。常见蜜源植物有合欢（*Albizia julibrissin*）、芫荽（*Coriandrum sativum*）、白千层（*Melaleuca leucadendron*）等。

（9）菊科花。菊科（Asteraceae）、兰科、豆科是被子植物物种数量最多的3个科。菊科植物的花序，被称作头状花序或盘状花序。其复合花序由许多单个的小花组成，每个小花有一个胚珠；花往往是雄蕊先熟，花没有开放时花药中的花粉就散落在柱头和花柱的外表面（即花粉的次级呈现）。菊科植物分为管状花亚科（Carduoideae）和舌状花亚科（Cichorioideae）。管状花亚科常见的有向日葵属（*Helianthus*）、豚草属（*Ambrosia*）、紫菀属（*Aster*）等，花盘中间布满了管状花，而边缘是舌状花；舌状花亚科常见的有黄鹌菜属（*Youngia*）、毛连菜属（*Picris*）、小苦荬属（*Ixeridium*），花盘上全都是舌状花。蜂类和蝇类是这类植物的主要传粉者。蜜蜂也是常常访问菊花的。当然，由于菊科花序和花粉的呈现方式，其他的一些昆虫，例如食蚜蝇类昆虫舔食花粉会引起花粉消耗，从而与蜜蜂发生竞争。常见蜜源植物有向日葵（*Helianthus annuus*）、蒲公英（*Taraxacum mongolicum*）、入侵植物加拿大一枝黄花（*Solidago canadensis*）等（图 4.1）。

图 4.1　花的几种常见形态

a. 开放碟状 / 碗状花的荞麦（*Fagopyrum esculentum*）；b. 辐射对称管状花的偏花报春（*Primula secundiflora*）；c. 两侧对称管状花的黄花鼠尾草（*Salvia flava*）；d. 钟状花的甘孜沙参（*Adenophora jasionifolia*）；e. 蝶形花冠的白车轴草（*Trifolium repens*）；f. 鸢尾状花的西南鸢尾（*Iris bulleyana*）；g. 兰花状花的西藏杓兰（*Cypripedium tibeticum*）；h. 刷状花的川续断（*Dipsacus asper*）；i. 菊科花的密毛紫菀（*Aster vestitus*）。g 图引自童泽宇等（2018），其他图片拍摄者均为吴凌云。

4.2　蜜蜂

4.2.1　蜜蜂的形态

蜜蜂为完全变态昆虫，一生要经过卵、幼虫、蛹和成虫四个虫态。成蜂体长 2 ~ 4cm，体被绒毛覆盖。体躯分节，由头、胸、腹构成。具 1 对触角，2 对翅膀，3 对足。触角膝状、复眼椭圆形。口器嚼吸式，能咀嚼花粉、撕咬花瓣、吸取花蜜和建筑蜂巢。后足为携粉足，携带花粉。两对膜质翅，前翅大，后翅小，前后翅以翅钩列连锁。腹部近椭圆形，分 6 ~ 7 节，体毛较胸部少。腹末有螯针，螯针末端长有倒钩，另一端连接毒囊（图 4.2）。

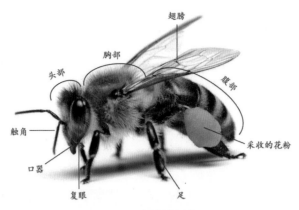

图 4.2　蜜蜂的形态

4.2.2 蜜蜂的种类与分工

蜜蜂为社会性昆虫，群体中有蜂王、雄蜂和工蜂三种类型（图 4.3），蜂王是具有生殖能力的雌蜂，由受精卵发育而来，终生以蜂王浆为食，主要负责产卵繁殖后代。寿命一般 4 ~ 5 年，最长 8 年。雄蜂由未受精的卵细胞发育而来，幼虫吃 3 天蜂王浆后便只能吃普通蜜蜂食物，主要负责提供生殖细胞，寿命一般 3 ~ 4 个月。工蜂个体较小，由受精卵发育而来，幼虫吃 3 天蜂王浆后便只能吃普通蜜蜂食物，专司筑巢、采集食物、哺育幼虫、清理巢室和调节巢湿等。工蜂中的侦查蜂可在发现蜜源后，回到蜂巢内通过特殊的"语言"，传达给其他同伴蜜源的方向和距离，得到信息的外勤蜂会大量地飞向蜜源地。

蜂王　　　　　　　　雄蜂　　　　　　　　工蜂

图 4.3　蜜蜂分工

目前蜜蜂属里有 9 个种，为黑大蜜蜂（*Apis laboriosa* Smith，1871）、沙巴蜜蜂（*Apis koschevnikovi* Buttel–Reepen，1906）、印尼蜜蜂（*Apis mgrocincta* Smith，1861）、绿努蜜蜂（*Apis nuluensis* Tingek，1996）、小蜜蜂（*Apis florea* Fabricius，1787）、黑小蜜蜂（*Apis andreniformis* Smith，1858）、大蜜蜂（*Apis dorsata* Fabricius，1793）、东方蜜蜂（*Apis cerana* Fabricius 1793）和西方蜜蜂（*Apis mellifera* Linnaeus，1758），后 6 种在中国有分

布。国内主要养殖的蜜蜂品种主要有中华蜜蜂、意大利蜜蜂和东北黑蜂（图4.4）。中华蜜蜂为东方蜜蜂亚种，为国内本土蜂种；意大利蜜蜂为西方蜜蜂亚种，原产于意大利，20世纪20年代从日本引进。东北黑蜂是欧洲黑蜂与卡尼鄂拉蜂（2种蜜蜂均为西方蜜蜂地理亚种）杂交后经长期自然选择结合人工选育形成的一个新品种，1918年由俄罗斯引入。

中华蜜蜂（工蜂）

意大利蜜蜂（工蜂）

东北黑蜂（工蜂）

图 4.4　我国主要养殖的蜜蜂品种

中华蜜蜂的体型相对于意大利蜜蜂和东北黑蜂来说较小，中华蜜蜂体色以灰黑色为主，腹背面具黄色均匀环带，尾尖最后一节黑点小；意大利蜜蜂体色以黄色为主，腹背面具黄色不均匀环带，尾尖最后一节黑点大；东北黑蜂几丁质外壳基本全部呈黑色，绒毛黄褐色。

意大利蜜蜂和东北黑蜂在分类学上均属于西方蜜蜂，两者都善于采集大宗蜜源，也能利用零星蜜源，产蜜和产蜂王浆能力上基本一致。东北黑蜂抗寒能力强，但是在温暖的地方分蜂性强，难维持强群，不易管理，所以只适合在特定的区域养殖。意大利蜜蜂抗寒能力弱，性情较温和，不易分群，在南方片区普遍养殖。中华蜜蜂相比意大利蜜蜂和东北黑蜂而言，体型较小，其飞行速度快，抗虫抗螨能力强，能够在胡蜂、螨虫等天敌多的山区生存。中华蜜蜂嗅觉灵敏，活动能力强，可采集糖浓度较低的花蜜，善于发现零星分散的蜜粉源，也可采大宗蜜源，流蜜期过后，可以自给自足。但由于中华蜜蜂对自然环境适应极为敏感，遇震动、刺激气味时易飞逃，不适合人工专场追寻大宗蜜源，因此其适合在山区定点养殖。在产蜜能力上，意大利蜜蜂和东北黑蜂体型大，携蜜能力强，蜂蜜含水量高，产量明显优于中华蜜蜂。在产蜂王浆能力上，在食源充足的情况下，意大利蜜蜂和东北黑蜂会产满王台的蜂王浆，能够提供蜂王浆产品。而中华蜜蜂工蜂喂养幼虫和蜂王分泌的蜂王浆，是随着幼虫和蜂王的日取食量来决定的，不会多分泌，基本收集不了蜂王浆。由于抗寒性、抗病虫害、产蜜能力、产蜂王浆能力等习性上的差异，导致了东北黑蜂主要在东北较寒冷地区养殖，意大利蜜蜂主要在南部平原区域养殖，中华蜜蜂主要在山区养殖的格局。

4.3 传粉

4.3.1 传粉者

传粉是花粉借助媒介从植物的雄性生殖器官传递到植物雌性生殖器官的过程。传粉媒介通常包括风、动物、水等。靠风、水作为花粉传播的载体，为非生物传粉；而生物传粉的载体被我们称为传粉者，是指一类充当花粉传递的动物（黄双全和郭友好，2000）。据估计 87.5% 的被子植物种是依赖动物传粉的，其中绝大部分传粉者是昆虫（Ollerton et al.，2011；Ollerton，2017）。膜翅目昆虫约有 7 万种可作为传粉者，其中蜂类是世界范围内最为重要的传粉者类群（童泽宇等，2018）。据调查，在需要动物传粉的 800 种粮食作物中，73% 是蜂类传粉（Roubik，1995）。值得注意的是，花上的访问者不一定是传粉者，有的实际上是盗蜜者、盗粉者；我们可以通过观察访花者的行为做出判断：观察访花者在访问时身体结构是否能匹配花的结构，植物的花药和柱头是否能直接或间接地触碰到传粉者，访花者在访问过程中是否有花粉落置到身体上，并成功地将花粉传递到柱头（童泽宇等，2018）。自然界植物与访花者之间长期的相互作用，一些植物的花演化出有毒的花蜜或花粉来阻止盗蜜或盗粉者访花，在放养蜜蜂时要注意避免家养蜜蜂误采有毒的蜜粉源。例如中华蜜蜂在油茶开花地区采食，蜂巢中出现幼虫死亡（张丽珠、陈稳宏，2013）。

4.3.2 访花目的与植物报酬

（1）传粉者访花目的不同。有时候，是为了吸取花蜜，有时候，是为了收集花粉。结合实际的生产生活实践，以及田间科学研究的结果，人们发现蜜蜂吸取花蜜主要为了维持自身的能量消耗，让它们可以在飞行和工作时运转更长的时间，当然蜜蜂也可以将花蜜储存在体内，带回蜂巢。蜜蜂收集花粉主要是为了饲喂幼虫。这是因为，花蜜的主要成分是碳水化合物，为飞行过程提供能量；而花粉的主要成分是蛋白质、脂类等，可为幼虫的生长提供蛋白质来源（Frias et al.，2016）。为满足食物需求，蜜蜂既可以在出行的时候专职收集花蜜，或者专职收集花粉，往往也可以在一次飞行工作中同时吸取花蜜，并且通过梳理行为将花粉打包到自己身上的花粉筐中。

（2）植物的报酬类型不同。一般来说，大多虫媒传粉的植物会产生花蜜，这是蜜源植物最常见的形式。蜜源植物的花蜜含量和浓度都维持在较高的水平，这样可以吸引大量的传粉昆虫前来访问。在另外一些情况，植物并不分泌花蜜，而是以欺骗的形式，诱骗传粉昆虫前去访问，例如众多兰花类群，不仅不分泌花蜜，它们的花粉还聚集成块，让蜜蜂无法收集。实际上，在植物中还存在一些类群，本身并不分泌花蜜，但是以自己的花粉作为报酬来换取蜜蜂的访问，常见的例子包括罂粟属（*Papaver*）、委陵菜属（*Potentilla*）、茄属（*Solanum*）和金丝桃属（*Hypericum*）植物。蜜蜂在这些植物类群可以专性收集花粉。

主要蜜源植物

5.1 春季主要蜜源植物

5.1.1 紫云英 *Astragalus sinicus* Linnaeus

/豆科 黄芪属/

别名 苕子（通称），老娃七、老娃爪（巴东），关蒉藜（仙桃）。

野外主要识别特征 二年生草本，多分枝，匍匐，茎无毛。奇数羽状复叶具 7～15 片小叶。总状花序生 5～10 花，呈伞形；花冠紫红色或橙黄色，荚果线状长圆形。

生境 海拔 400～3000m 间的山坡、溪边及潮湿处。

省内分布 各地均有栽培。

花期 4—5 月。紫云英早晨开花，数量随气温升高逐渐增多，至下午 4 时达到最高峰，5、6 时下降，晚上花冠闭合，开花甚少。气温 14～18℃，相对湿度 80% 以下，并且有一定的日照，是紫云英开花的有利因素。紫云英泌蜜喜晴朗温高天气，泌蜜适宜温度 18～22℃，但以 25～30℃泌蜜最多，超过 37℃泌蜜减少。

花粉粒长球形，赤道面观长椭圆形，极面观为钝三角形或三裂片形，外壁表面具清楚的细网状雕纹。新蜜白色至特浅色，结晶乳白而细腻，味鲜洁、清淡、芳香，甜而不腻。

（注：单株花期依据黄大钱在五峰观测记录，下同。）

5.1.2 芸苔 *Brassica rapa* **var.** *oleifera* **de Candolle** /十字花科 芸苔属/

别名 油菜（通称）、芸薹。

野外主要识别特征 茎粗壮，基生叶大头羽裂，顶裂片稍带粉霜。花鲜黄色，花瓣4，分离，成十字状排列；长角果线形。在花丝基部具蜜腺，侧蜜腺柱状，中蜜腺近球形、长圆形或丝状。

生境 海拔600～1100m的山沟边阴湿处。

省内分布 各地均有栽培。

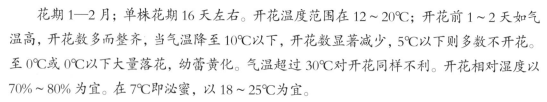

花期1—2月；单株花期16天左右。开花温度范围在12～20℃；开花前1～2天如气温高，开花数多而整齐，当气温降至10℃以下，开花数显著减少，5℃以下则多数不开花。至0℃或0℃以下大量落花，幼蕾黄化。气温超过30℃对开花同样不利。开花相对湿度以70%～80%为宜。在7℃即泌蜜，以18～25℃为宜。

花粉黄色，近球形，极面观为三裂片状，赤道面观为圆形；外壁具网状雕纹。新蜜浅琥珀色，结晶乳白色，颗粒细腻；具辛辣和氨气气味；极易结晶。

5.1.3 檫木　*Sassafras tzumu* (Hemsley) Hemsley　　／樟科　檫木属／

野外主要识别特征　落叶乔木。顶芽椭圆形，长1.3cm。叶最下方一对侧脉对生，发达。花黄色，先叶开放，长4~5cm。果近球形，直径8mm，成熟时蓝黑色而带有白蜡粉；果梗长1.5~2cm，上端渐增粗，与果托呈红色。

生境　生于疏林或密林中。

省内分布　利川、建始、巴东、宣恩、咸丰、鹤峰、神农架等地。

花期3—4月。花粉粒球形，直径约17.7（15~20.8）μm，无萌发孔，外壁薄，花粉粒常收缩、或褶皱。外面表面具小刺，刺基部具细颗粒状雕纹，末端尖，刺长1~1.5μm，刺距1.5~2.5μm。花粉轮廓浅呈波浪形。

5.1.4 黄杨 *Buxus sinica* (Rehder & E. H. Wilson) M. Cheng

/ 黄杨科　黄杨属 /

别名　水黄杨（鹤峰）、黄杨树（五峰）、千年矮。

野外主要识别特征　灌木或小乔木；枝有纵棱，灰白色。叶革质，阔椭圆形、阔倒卵形、卵状椭圆形或长圆形。花序腋生，头状，花密集。雄花无花梗，外萼片卵状椭圆形，内萼片近圆形。雌花子房较花柱稍长，无毛。蒴果近球形。

生境　生于海拔1200m以上山谷、溪边、林下。

省内分布　宣恩、鹤峰、恩施、巴东、秭归、五峰、长阳、兴山、神农架、竹溪、罗田。武汉、十堰栽培。

花期2—3月，单株花期18天。

花粉黄色，花粉粒近球形，轮廓不圆，直径为22.1～25.2μm。具散孔；孔小。外壁外层较厚；表面具网状雕纹。网孔较小。呈不规则形状，大小约0.4μm；网脊清楚，宽约0.8μm，由细颗粒组成。花粉轮廓线不平。

5.1.5 野樱桃 *Cerasus clarofolia* (Schneid.) Yu et Li /蔷薇科 樱属/

别名 微毛樱桃。

野外主要识别特征 灌木或小乔木，高 2.5 ～ 20m，树皮灰黑色。叶片卵形，卵状椭圆形，或倒卵状椭圆形，长 3 ～ 6cm，宽 2 ～ 4cm，先端渐尖或骤尖，基部圆形，边有单锯齿或重锯齿，齿渐尖，齿端有小腺体或不明显。花序伞形或近伞形，有花 2 ～ 4 朵，花叶同开；花瓣白色或粉红色，倒卵形至近圆形；雄蕊 20 ～ 30 枚；花柱基部有疏柔毛，比雄蕊稍短或稍长，柱头头状。核果红色，长椭圆形。

生境 生于山坡林中或灌丛中，海拔 800m 以上。

省内分布 来凤、宣恩、恩施、长阳、巴东、兴山、神农架、保康。

花期 4—6 月。

5.1.6 山矾 *Symplocos sumuntia* Buchanan -Hamilton ex D. Don

/ 山矾科　山矾属 /

野外主要识别特征　乔木，嫩枝褐色。叶薄
革质，卵形、狭倒卵形、倒披针状椭圆形，先端
常呈尾状渐尖，基部楔形或圆形，边缘具浅锯齿
或波状齿，有时近全缘；中脉在叶面凹下。总状
花序长 2.5～4cm，被展开的柔毛。萼筒倒圆锥形，
无毛，裂片三角状卵形，与萼筒等长或稍短于萼筒，
背面有微柔毛；花冠白色，5 深裂几达基部，裂片背面有微柔毛；雄蕊 25～35 枚，花丝
基部稍合生；花盘环状，无毛。

生境　生于海拔 1500m 以下山地杂木林中、林缘。

省内分布　宣恩、咸丰、鹤峰、恩施、利川、建始、巴东、长阳、兴山、咸宁、通山、
通城、赤壁、崇阳、阳新、罗田、武汉等地。

花期 2—3 月。

5.1.7 川泡桐 *Paulownia fargesii* Franchet

/ 泡桐科　泡桐属 /

野外主要识别特征　乔木高达 20m，小枝紫褐色至褐灰色，有圆形凸出皮孔，全体被星状绒毛，但逐渐脱落。叶片卵圆形至卵状心脏形，长达 20cm 以上，全缘或浅波状，顶端长渐尖成锐尖头，上面疏生短毛，下面的毛具柄和短分枝。花序枝的侧枝长可达主枝之半，故花序为宽大圆锥形，长约 1m，萼倒圆锥形，基部渐狭，花冠近钟形，白色有紫色条纹至紫色，外面有短腺毛，内面常无紫斑，管在基部以上突然膨大，多少弓曲。

生境　生于海拔 500～2000m 的林中及坡地。

省内分布　野生或栽培，来凤、宣恩、鹤峰、利川、建始、巴东、宜昌、兴山、神农架、竹山、竹溪、南漳、保康、远安、襄阳、枣阳、随州、英山、罗田、麻城等地。

花期 4—5 月。

5.1.8 半边月 *Weigela japonica* var. *sinica* (Rehd.) Bailey

/ 忍冬科　锦带花属 /

别名　水马桑。

野外主要识别特征　落叶灌木，高达 6m。叶长卵形至卵状椭圆形，稀倒卵形，顶端渐尖至长渐尖，基部阔楔形至圆形，边缘具锯齿，上面深绿色，疏生短柔毛，脉上毛较密，下面浅绿色，密生短柔毛。单花或具 3 朵花的聚伞花序生于短枝的叶腋或顶端；萼齿条形，深达萼檐基部，被柔毛；花冠白色或淡红色，花开后逐渐变红色，漏斗状钟形，外面疏被短柔毛或近无毛，筒基部呈狭筒形，中部以上突然扩大，裂片开展，近整齐，无毛。果实顶端有短柄状喙。

生境　生于海拔 400 ~ 1800m 的山坡林下、山顶灌丛和沟边等地。

省内分布　来凤、宣恩、鹤峰、恩施、利川、建始、巴东、五峰、宜昌、兴山、神农架、南漳、保康、咸宁、通山、通城、崇阳、黄梅、英山、罗田、红安等地。

花期 4—5 月。

5.1.9 栓皮栎 *Quercus variabilis* **Blume** / 壳斗科　栎属 /

野外主要识别特征　落叶乔木。树皮木栓层发达。叶缘具刺芒状锯齿，叶背密被灰白色星状绒毛。雄花序长达 14cm，花序轴被褐色绒毛。壳斗小苞片钻形，反曲，被短毛。

生境　海拔 1600m 以下山坡。

省内分布　来凤、宣恩、咸丰、鹤峰、利川、建始、巴东、秭归、宜昌、五峰、长阳、兴山、神农架、房县、十堰、丹江口、竹溪、当阳、钟祥、崇阳、蕲春、英山、罗田、武汉。

花期 5 月；单株花期 16 天左右。

5.1.10 平枝栒子 *Cotoneaster horizontalis* **Decaisne** /蔷薇科 栒子属/

别名 地蜈蚣（巴东、咸丰）、地木瓜籽（建始）、铺地蜈蚣（神农架）。

野外主要识别特征 落叶或半常绿匍匐灌木，茎水平散开，呈规则地两列分枝；叶片近圆形或宽椭圆形，叶边平，无波状起伏；萼筒钟状，外面有稀疏短柔毛；花瓣直立，粉红色；果实近球形，小核3稀2。

生境 海拔70~2200m山坡林中、灌木丛中或岩石坡上。

省内分布 宣恩、咸丰、利川、建始、秭归、五峰、长阳、神农架、房县、十堰、保康、英山、罗田。

花期3月，单株花期20天。

5.2 夏季主要蜜源植物

5.2.1 乌桕 *Triadica sebifera* (Linnaeus) Small　　/大戟科　乌桕属/

别名　木籽树（通城）、木蜡树、木油树（钟祥）。

野外主要识别特征　落叶乔木，各部均无毛而具乳状汁液；叶纸质，叶片多为菱形。花单性，雌雄同株，聚集成顶生、长 6 ~ 12cm 的总状花序。雄花和雌花苞片基部两侧各具一肾形的腺体，每一苞片内有 5 ~ 10 朵花。

生境　海拔 1200m 以下低山丘陵、平原、林缘、溪边、村旁。

省内分布　全省广布。乌桕由于经济价值比较大，栽培面积大。此外，在湖北省大别山山区，作为水土保持林栽种在水田边十分常见。

花期 5 月，单株花期 12 天。乌桕蜜粉丰富，诱蜂力强，是湖北省夏季主要蜜源植物之一。

花粉粒长球形，赤道面观为椭圆形，极面观为 3 裂圆形。具 3 孔沟。乌桕花粉中含17 种氨基酸，总含量约占 16.272%。

5.2.2 刺槐　*Robinia pseudoacacia* Linnaeus　　/ 豆科　刺槐属 /

别名　刺槐（通称）、槐花（宜都、当阳）、
刺槐花（五峰）、刺儿槐（潜江）。

野外主要识别特征　落叶乔木，小枝、花序轴、
花梗被平伏细柔毛；具托叶刺；小叶 2 ~ 12 对，
长椭圆形。花冠白色；花萼宿存。荚果长圆形或
线状长圆形，扁平，褐色，或具红褐色斑纹。

生境　适生于雨量 500 ~ 900mm、土壤湿润、肥沃的地方。

省内分布　湖北各地均有栽培。

花期 4—5 月；单株花期 15 天左右。刺槐由花蕾吐白到开花为（12.20±5.58）天，整
个花期（11.40±2.23）天。花蕾吐白后，逐渐开花，花期稍长；若连日低温，偶遇高温就
很快盛开，花期缩短。刺槐花期正是西南季风盛行之际，因此，风是影响泌蜜的主要因素
之一。花枝上花多叶少蜜多，叶多花少蜜少。紫萼型的花冠浅、花瓣薄，泌蜜多，蜂易采。
刺槐在雨后初晴、气温升高的条件下，泌蜜最多；如阴雨、低温、冷风，则不泌蜜。

花粉乳白色，花粉粒近球形，赤道面观为椭圆形，极面观为 3 裂圆形。外壁具网状雕
纹，网孔圆形。刺槐蜜水白透明，质地浓稠，不易结晶。味甘甜鲜洁、适口。

5.2.3 救荒野豌豆 *Vicia sativa* Linnaeus

/ 豆科　野豌豆属 /

野外主要识别特征　一年生或二年生草本。茎斜升或攀缘。偶数羽状复叶，叶轴顶端卷须有2~3分枝；托叶戟形，通常2~4裂齿；小叶2~7对，长椭圆形或近心形，两面被贴伏黄柔毛。花1~2（~4）腋生，近无梗；萼钟形，外面被柔毛，萼齿披针形或锥形；花冠紫红色或红色，花柱上部被淡黄白色髯毛。荚果。

生境　生于海拔50~3000m荒山、田边草丛及林中。

省内分布　全省各地均产。

花期4—7月。

5.2.4 栗 *Castanea mollissima* **Blume**

别名　板栗（通称）、毛栗（南漳、潜江）。

野外主要识别特征　枝灰褐色，被短柔毛。托叶长圆形，被疏长毛及鳞腺。叶边缘疏生锯齿，齿有短刺毛状尖头，叶背被星芒状伏贴绒毛或脱落。成熟壳斗包坚果 2～3。

生境　海拔 500～2500m 山地多有栽培。

省内分布　来凤、咸丰、宣恩、鹤峰、恩施、利川、建始、巴东、五峰、长阳、宜昌、兴山、神农架、房县、十堰、丹江口、襄阳、远安、随州、大悟、英山、钟祥、黄陂、咸宁、通山、蕲春、大冶、广水、罗田。

花期6—7月；单株花期22天左右。栗树是雌雄异花同株植物，花芽在4月萌发，经一段时间，即进入开花期。一般顶生花芽萌发较早，侧生的发芽较晚。雄花数目最多，比雌花多400倍。雌花开花早，雄花开花晚，花期持续15～30天。雌蕊从柱头露出总苞，即可授粉泌蜜；雄蕊花粉抗逆性强，活性可保持1个月之久。泌蜜多寡仍与自然条件关系密切，在光照充足，土壤含有40%左右水分时，泌蜜旺盛；在极端沙土成强黏土土壤，泌蜜量大大减少。蜜琥珀色，味稍苦。

花粉淡黄色，长球形。数量丰富，为粉源植物之一。

5.2.5 白车轴草 *Trifolium repens* **Linnaeus**

别名　白三叶。

野外主要识别特征　多年生草本，高 10~30cm。茎匍匐蔓生，上部稍上升，节上生根，全株无毛。掌状三出复叶；托叶卵状披针形，膜质，基部抱茎成鞘状，离生部分锐尖；叶柄较长，长 10~30cm；小叶倒卵形至近圆形，先端凹头至钝圆，基部楔形渐窄至小叶柄。花序球形，顶生，具花 20~50（~80）朵，密集，花冠白色、乳黄色或淡红色，具香气。旗瓣椭圆形，比翼瓣和龙骨瓣长近 1 倍，龙骨瓣比翼瓣稍短；荚果长圆形；种子通常 3 粒。种子阔卵形。

生境　栽培，并在湿润草地、河岸、路边呈半自生状态。

省内分布　全省分布。

花果期 5—10 月。开花泌蜜习性：主要开花泌蜜期 4 月下旬至 5 月下旬；白车轴草在气温 24℃泌蜜丰富，开花泌蜜无明显大小年，常年每群可产蜜 10~20kg。据资料显示，每公顷可产蜜 100kg。花粉黄色，球形或长球形，呈波浪形。蜂蜜成分与花粉形态新蜜浅琥珀色，结晶白色，颗粒较粗，甜度高，味芳香，新蜜有豆香素味，贮放日久消失。

5.2.6 华椴 *Tilia chinensis* **Maximowicz** / 椴树科　椴属 /

别名　亮绿叶椴、云南椴。

野外主要识别特征　乔木；嫩枝无毛。叶基部斜心形或近截形，下面密被灰色星状毛，边缘密具细锯齿；叶柄被灰色毛。聚伞花序，有3花；花黄色；雄蕊退化；子房被星状毛。果椭圆形，有5棱，被星状毛。

生境　海拔3850m混交林里。

省内分布　巴东、神农架。

花期夏初。

5.2.7 粉椴 *Tilia oliveri* Szyszyłowicz

野外主要识别特征　乔木；嫩枝无毛。叶上面无毛，下面密被白色星状毛，边缘密生细锯齿。聚伞花序，花多数；苞片有短柄；萼片被白色毛；花瓣黄色；子房有星状茸毛。果实椭圆形，被毛，有棱或棱突。

生境　海拔 600～2200m 山坡，沟谷阔叶林中。

省内分布　宣恩、鹤峰、恩施、建始、巴东、秭归、五峰、长阳、兴山、神农架、房县、十堰、丹江口、郧阳、竹山、竹溪、南漳、保康、随州、广水等地有分布。

花期 6—7 月；单株花期 10 天。

5.2.8 椴树 *Tilia tuan* Szyszyłowicz

别名　淡灰椴、全缘椴、滇南椴、云山段、峨眉椴。

野外主要识别特征　乔木；小枝秃净。嫩叶上面无毛，下面被星状茸毛，老叶无毛，边缘上半部疏生小齿突。聚伞花序，无毛；苞片无柄；花瓣无毛；子房有毛。果实球形，无棱，有小突起，被星状茸毛。

生境　海拔 500～2100m 山坡杂木林中等地有分布。

省内分布　宣恩、咸丰、鹤峰、恩施、利川、建始、巴东、秭归、宜昌、五峰、长阳、兴山、神农架、房县、保康、谷城。

花期5—6月；单株花期9天。在气温17℃以上时开始泌蜜；在二级风以下，气温20℃以上，相对湿度80%以上时泌蜜最多。椴树整天都泌蜜。花粉淡黄色。

5.2.9 柿树 *Diospyros kaki* **Thunberg** /柿科 柿属/

野外主要识别特征 落叶大乔木，通常高达 10～14m 以上，树皮深灰色至灰黑色，或者黄灰褐色至褐色，沟纹较密，裂成长方块状。叶纸质，卵状椭圆形至倒卵形或近圆形。花雌雄异株，花序腋生，为聚伞花序；雄花序弯垂，有花 3～5 朵，雌花单生叶腋，花萼绿色，有光泽，深 4 裂，花冠淡黄白色或黄白色而带紫红色，壶形或近钟形，果形种种，有球形，扁球形，球形而略呈方形，卵形，等等。

生境 海拔 1400m 以下山地、丘陵栽培。

省内分布 全省均有分布。

花期 5—6 月。单株开花期 10 天左右（黄大钱，2019），夏季蜜源植物。花粉形态见我国柿属蜜源植物及其花粉形态花粉长球形，极面观为 3 裂圆形，赤道面观近椭圆形。具 3 孔沟，沟细窄，内孔横长，沟孔边缘常加厚。外壁两层，较薄，厚度为 1～2μm，外壁表面具模糊细颗粒状纹饰。为重要蜜源植物。

5.2.10 枣 *Ziziphus jujuba* Miller

野外主要识别特征 落叶小乔木，稀灌木。树皮褐色或灰褐色；小枝有细长刺，呈之字形曲折。叶纸质，卵形或卵状披针形，顶端钝或圆形，稀锐尖，具小尖头，基部圆形，边缘具细锯齿，基生三出脉。聚伞花序腋生。核果矩圆形或长卵圆形，核顶端锐尖。

生境 山区、丘陵、平原。

省内分布 各地均有栽培。

花期 5—6 月；单株花期 25～30 天。开花温度范围在 20～22℃；品种不同，开花时间略有不同。枣树开花就泌蜜，泌蜜属于高温型，在一定范围内，泌蜜随气温升高而增加。

枣花花粉少，选有紫苜蓿、玉米、枸杞和瓜类等辅助蜜、粉源植物，以维持蜂群正常繁殖。花蜜琥珀色，质地黏稠，不易结晶。

5.2.11 柑橘 *Citrus reticulata* **Blanco**

野外主要识别特征　常绿小乔木，分枝多，刺较少。单身复叶，翼叶常狭窄，叶片大小变异较大。花单生或 2~3 朵簇生，花柱细长，柱头头状。果圆形，橘络易分离，中心柱大而常空。

生境　常栽培在房前屋后，田边地坎。

省内分布　全省栽培。

花期 4—5 月。

5.2.12 青麸杨　*Rhus potaninii* Maximowicz ／漆树科　盐肤木属／

别名　五倍子（利川、郧西）、倍子、文蛤（利川）、肤楝头（保康）。

野外主要识别特征　落叶乔木，高 5~8m；树皮灰褐色，小枝无毛。奇数羽状复叶有小叶 3~5 对，叶轴无翅，被微柔毛；小叶卵状长圆形或长圆状披针形，先端渐尖，基部多少偏斜，近全缘。圆锥花序长 10~20cm，被微柔毛，花白色，开花时先端外卷；花盘厚，无毛；子房球形，密被白色绒毛。核果近球形，略压扁，密被具节柔毛和腺毛，成熟时红色。

生境　海拔 600~1800m 山坡疏林中或沟边灌丛中。

省内分布　利川、建始、巴东、秭归、宜昌、兴山、神农架、十堰、丹江口、郧西、竹山、南漳、保康等地。

　　花期 5—6 月，蜜粉丰富，流蜜量大。若花期降雨，雨过天晴，高温高湿，流蜜量更大。青麸杨蜂蜜在蜂房中呈绿色，分离后为琥珀色，质地黏稠，未见结晶，通常称为五倍子蜂蜜。

5.2.13 枳椇 *Hovenia acerba* Lindley

/ 鼠李科　枳椇属 /

别名　南枳椇、金果梨、万字果、拐枣。

野外主要识别特征　小枝具白色皮孔；叶互生，先端渐尖，基部浅心形或圆形，3 出脉，边缘常具整齐浅而钝的细锯齿；二歧式聚伞圆锥花序；浆果状核果近球形，果序轴明显膨大。

生境　生于海拔 2100m 以下的开旷地、山坡林缘或疏林中。

省内分布　湖北各地均有栽培。

花期 5—7 月；单株花期 16 天左右。花粉黄色，扁球形，极面观为钝三角形，大小为 22.6μm×26.8μm，外壁具微细的细网状雕纹。

5.2.14 臭檀吴萸 *Tetradium daniellii* (Bennett) T. G. Hartley

/ 芸香科　四数花属 /

野外主要识别特征　落叶乔木。树皮平滑，内皮灰黄色。小叶 5 ~ 11，纸质，有时颇薄，油点少或不显，具细钝裂齿。伞房状聚伞花序。分果瓣紫红色，具喙状尖，每分果瓣 2 种子。

生境　生于平地及山坡向阳地方，耐干旱，砂质壤土中生长迅速。

省内分布　建始、巴东、秭归、神农架、五峰、房县、阳新等地。

花期 6—8 月。

5.2.15 黄檗 *Phellodendron amurense* **Ruprecht**   /芸香科　黄檗属/

野外主要识别特征　枝扩展，树内皮鲜黄色；小枝暗紫红色。叶轴及叶柄纤细，小叶 5 ~ 13 片，纸质，卵状披针形或卵形，顶部长渐尖，基部阔楔形，一侧斜尖，或为圆形；具细钝齿；秋季落叶前叶色转黄而明亮。花序顶生，紫绿色。果轴及果枝粗大，果密集成团。果圆球形，蓝黑色。

生境　生于山地杂木林中或山区河谷沿岸。

省内分布　产宣恩、鹤峰、利川、巴东、长阳、神农架。

花期 5—6 月。

5.2.16 朵花椒　*Zanthoxylum molle* Rehder　　／芸香科　花椒属／

野外主要识别特征　落叶乔木；茎干有鼓钉状锐刺，花序轴及枝顶部散生较多的短直刺。小叶宽 4~9cm，叶背密被白灰色或黄灰色毡状绒毛，油点不显或稀少。花序顶生；总花梗常有锐刺；萼片及花瓣均 5 片；雌花的退化雄蕊极短；心皮 3 个。分果瓣顶端无芒尖。

生境　海拔 100~700m 丘陵地较干燥的疏林或灌木丛中。

省内分布　武汉。

花期 7 月，单株花期 12 天。

5.2.17 猫乳 *Rhamnella franguloides* (Maximowicz) Weberb

/ 鼠李科 猫乳属 /

别名 山黄、长叶绿柴、鼠矢枣。

野外主要识别特征 幼枝绿色，被短柔毛。叶倒卵状椭圆形或长椭圆形，顶端尾状渐尖，上面无毛，下面沿脉被柔毛，侧脉每边 8 ～ 13。腋生聚伞花序；萼片三角状卵形。核果圆柱形。

生境 海拔 1100m 以下的山坡、路旁或林中。

省内分布 各地均有栽培。

花期 5—7 月；单株花期 16 天左右。

5.2.18 冻绿 *Rhamnus utilis* Decaisne

别名　红冻。

野外主要识别特征　小枝褐色或紫红色，枝端有针刺。叶纸质，对生或近对生，椭圆或倒卵状椭圆形，边缘具细锯齿或圆齿状锯齿，侧脉 5～6 对。花单性，雌雄异株，4 基数。核果近球形。

生境　海拔 1500m 以下的山地、丘陵、山坡草丛、灌丛或疏林下。

省内分布　各地均有栽培。

花期 5—6 月；单株花期 16 天左右。

5.2.19 天师栗 *Aesculus wilsonii* **Rehder**

别名　猴板栗、梭罗树。

野外主要识别特征　落叶乔木，常高 15 ~ 20m，树皮平滑，灰褐色，常成薄片脱落。小枝圆柱形，紫褐色。小叶 5 ~ 7 枚，稀 9 枚，长圆倒卵形、长圆形或长圆倒披针形。花序顶生，直立，圆筒形。蒴果黄褐色，卵圆形或近于梨形。

生境　海拔 400 ~ 1800m 山地阔叶林中。

省内分布　宣恩、鹤峰、恩施、利川、建始、巴东、五峰、长阳、兴山、神农架、房县、十堰、丹江口、郧阳、郧西、竹溪、保康、南漳等地。

花期 4—5 月，单株花期 40 天。

5.2.20 漆树 *Toxicodendron vernicifluum* (Stokes) F. A. Barkl.

/ 漆树科　漆树属 /

别名　瞎妮子、楂苗、山漆、小木漆、大木漆、干漆、漆树。

野外主要识别特征　落叶乔木，树皮灰白色，纵裂。单数羽状复叶互生；小叶具短柄，卵状椭圆形至长圆形，先端渐尖，基部偏斜、圆形或钝形，全缘。圆锥花序长 15～30cm，与叶近等长，被灰黄色微柔毛，花黄绿色，雄花花梗纤细，雌花花梗短粗；花萼无毛，裂片卵形，先端钝；花瓣长圆形，具细密的褐色羽状脉纹，先端钝，开花时外卷；花盘 5 浅裂，无毛果序多少下垂。

生境　喜生向阳山坡，以湿润肥沃、排水良好的黄壤土为宜，也能生长于较干旱的土壤上，各地有栽培，也有野生。

省内分布　武汉、竹溪、房县、兴山、五峰、英山、恩施、利川、建始、巴东、宣恩、咸丰、鹤峰、神农架等地。

花期 5—6 月，开花期由南向北推迟。单株花期 5 天。蜜粉丰富，蜜蜂爱采。

5.2.21 山桐子 *Idesia polycarpa* **Maximowicz**   / 大风子科　山桐子属 /

野外主要识别特征　落叶乔木，树皮灰褐色，小枝有明显皮孔，叶大型，边缘有锯齿，齿尖有腺体。花雌雄异株或杂株，雄花绿色，雌花淡紫色。浆果扁圆形。

生境　海拔 250~1500m 山坡、沟谷林中。

省内分布　宣恩、咸丰、鹤峰、恩施、利川、建始、巴东、宜昌、长阳、兴山、神农架、房县、十堰、保康、通山。

花期 5 月；单株花期 10 天左右。花药椭圆形，基部着生，侧裂。

5.2.22 青钱柳 *Cyclocarya paliurus* (Batalin) Iljinskaya

/ 胡桃科　青钱柳属 /

别名　一串钱（恩施）、金钱柳（利川）。

野外主要识别特征　树皮平滑，灰白色；新枝、叶轴、花序轴、苞片等均密被橙黄色腺体。小叶 5～7，叶片披针形或卵状披针形。果序 1～3 果；果实倒卵形，幼时具 4 纵棱；外果皮熟后革质，4 瓣裂，4 纵棱不显著。

生境　海拔 350～1800m 山坡、路旁、林中。

省内分布　来凤、咸丰、鹤峰、恩施、利川、建始、巴东、宜昌、五峰、兴山、神农架、保康、通山、罗田等地。

花期 4—5 月，单株花期 10 天。

5.2.23 核桃 *Juglans regia* Linnaeus / 胡桃科 胡桃属 /

别名 巴核桃（神农架）。

野外主要识别特征 树冠广阔；皮幼时灰绿，老则灰白纵向浅裂。奇数羽状复叶，小叶常 5 ~ 9 枚，椭圆状卵形至长椭圆形。果序短，俯垂，具 1 ~ 3 果实；果核具 2 条纵棱，顶端具短尖头。

生境 海拔 1800m 以下山坡、河谷旁。

省内分布 湖北省各县市。果实即核桃，我国栽培已久，品种多样。

花期 4—5 月，单株花期 10 天。

5.2.24 铜钱树 *Paliurus hemsleyanus* Rehder /鼠李科 马甲子属/

别名 刺凉子、摇钱树、金钱树、钱串树。

野外主要识别特征 叶互生，基生三出脉。花盘五边形，厚、肉质；子房上位，基部与花盘愈合，顶端伸出于花盘上；花瓣匙形，雄蕊长于花瓣。核果草帽状，周围具革质宽翅。

生境 海拔 600～1100m 的山沟边阴湿处。

省内分布 建始、神农架、房县、丹江口、郧西、咸宁、五峰。

花期 4—6 月。

5.2.25 巴东荚蒾　*Viburnum henryi* Hemsley　　/ 五福花科　荚蒾属 /

野外主要识别特征　常绿或半常绿。灌木或小乔木。叶亚革质，侧脉直达齿端，下面脉腋有趾蹼状小孔和集聚簇状毛。花冠辐状。花冠白色，花冠筒长约 1mm，裂片长于花冠筒。果红色后变紫黑色，椭圆形。

生境　海拔 900～2600m 山谷林中或湿地草坡。

省内分布　宣恩、咸丰、鹤峰、恩施、利川、建始、巴东、长阳、宜昌、兴山、神农架、房县等地。

花期 4 月，单株花期 16 天，因圆锥花序顶生，长 4～9cm，宽 5～8cm，花多密集。花筒短，蜜蜂容易采蜜。分泌量特性不详。

5.2.26 乌泡 *Rubus parkeri* Hance

别名　拦路虎（兴山）。

野外主要识别特征　攀缘灌木，具长柔毛深色带红色棕色的小枝，带有稍弯曲刺。叶片卵状披针形或长圆状卵形，上面伏生长柔毛，基部弯曲较宽而浅；叶柄长 0.5~1cm，稀较长；萼片卵状披针形，长 0.5~1cm，顶端短渐尖。

生境　海拔 300~1400m 疏林中阴湿处或沟谷岩石上。

省内分布　巴东、秭归、宜昌、长阳、兴山、五峰等地。

花期 4—5 月；单株花期 18 天左右。花粉长球形。极面观钝三角形，赤道面观长球形。外壁穿孔极为密集，连成网状。

5.2.27 大乌泡 *Rubus pluribracteatus* L. T. Lu & Boufford

/ 蔷薇科 悬钩子属 /

野外主要识别特征 灌木；茎粗，有黄色绒毛状柔毛和稀疏钩状小皮刺；叶片近圆形，掌状 7～9 浅裂，顶生裂片圆钝或近截形，稀急尖；托叶的裂片常不分裂；花梗长 1～1.5cm；花白色，直径 1.5～2.5cm。

生境 山坡及沟谷阴处灌木林内或林缘及路边，海拔可达 2000～2500m。

省内分布 恩施、咸丰、来凤、宣恩、鹤峰。

花期 4—6 月。盛花期 40～50 天，泌蜜丰富，花粉较多，花粉黄色，长球形。极面观钝三角形，赤道面观长球形。外壁穿孔极为密集，连成网状。通常一群蜂可产蜜 10～15kg，蜜颜色较浅，气味芳香，品质优良。

5.2.28 湖北老鹳草 *Geranium rosthornii* R. Knuth

野外主要识别特征 多年生草本，高 30 ～
60cm。茎直立或仰卧，具明显棱槽，假二叉状分
枝，被疏散倒向短柔毛。基生叶早枯，茎生叶对
生，具长柄，叶片五角状圆形，掌状 5 深裂近茎部，
裂片菱形，基部浅心形，下部全缘，上部羽状深裂。
花序腋生和顶生，明显长于叶，被短柔毛，总花

梗具 2 花；花瓣倒卵形，紫红色，长为萼片的 1.5 ～ 2 倍，先端圆形，基部楔形，下部边
缘具长糙毛。蒴果长约 2cm，被短柔毛。

生境 生于海拔 1000 ～ 2700m 的山地林下和山坡草丛。

省内分布 咸丰、恩施、建始、巴东、五峰、兴山、神农架、房县、十堰等地。

花期 6—7 月。蜜粉丰富，同属的植物还有老鹳草等 5 种，为优良的蜜源植物。

5.2.29 拳参 *Polygonum bistorta* Linnaeus

/ 蓼科 萹蓄属 /

野外主要识别特征 多年生草本。根状茎肥厚，弯曲，黑褐色。茎直立，不分枝，无毛，通常 2 ~ 3 条自根状茎发出。基生叶宽披针形或狭卵形，纸质，顶端渐尖或急尖，基部截形或近心形，沿叶柄下延成翅，托叶筒状，膜质，下部绿色，上部褐色，顶端偏斜，开裂至中部，无缘毛。总状花序呈穗状，顶生，花被 5 深裂，白色或淡红色，花被片椭圆形；雄蕊 8，花柱 3，柱头头状。瘦果椭圆形，两端尖，褐色，有光泽。

生境 生山坡草地、山顶草甸，海拔 1000m 以上。

省内分布 恩施、巴东、兴山、郧西、随州、孝感、大悟、广水、黄陂、黄冈、蕲春、英山、罗田、红安、麻城等地。

花期 6—7 月。

5.2.30 中华石楠 *Photinia beauverdiana* C. K. Schneider

/ 蔷薇科　石楠属 /

野外主要识别特征　落叶灌木或小乔木。叶片薄纸质，长圆形、倒卵状长圆形或卵状披针形，长先端突渐尖，基部圆形或楔形，边缘有疏生具腺锯齿，上面光亮，无毛。花多数，成复伞房花序，直径 5~7cm；花瓣白色，卵形或倒卵形，先端圆钝，无毛；雄蕊 20；花柱基部合生。果实卵形，紫红色，无毛，微有疣点，先端有宿存萼片。

生境　生于山坡或山谷林下，海拔 600~2300m。

省内分布　宣恩、鹤峰、恩施、利川、建始、巴东、宜昌、兴山、神农架、十堰、竹溪、通城、崇阳等地。

花期 5 月。

5.2.31 离舌橐吾 *Ligularia veitchiana* (Hemsley) Greenm.

/ 菊科　橐吾属 /

野外主要识别特征　多年生草本。根肉质，多数。茎上部及花序幼时被白色蛛丝状毛和黄褐色有节短柔毛，后蛛丝状毛多脱落，下部光滑。丛生叶和茎下部叶具柄，柄下面半圆形，实心，基部具窄鞘，叶片三角状或卵状心形，边缘有整齐的尖齿，基部近戟形。总状花序长 13～40cm；头状花序多数，辐射状，总苞片背部被有节短柔毛，内层边缘膜质。舌状花黄色，舌片狭倒披针形，先端圆形，管状花多数，檐部裂片先端被密的乳突，冠毛黄白色，有时污白色。

生境　生于海拔 1100～2400m 山坡、林下、路旁、沟边。

省内分布　咸丰、鹤峰、恩施、五峰、神农架、南漳、保康、通山等地。

花期 7—9 月。

5.2.32 川桂　*Cinnamomum wilsonii* Gamble　　　　　/樟科　樟属/

野外主要识别特征　乔木，高25m。叶互生或近对生，卵圆形或卵圆状长圆形，革质，边缘软骨质而内卷，上面绿色，光亮，无毛，下，离基三出脉。圆锥花序腋生，长3～9cm，花白色，花丝中部有一对肾形无柄的腺体，花药长圆形，药室4，外向。

生境　生于山谷或山坡阳处或沟边，疏林或密林中，海拔（30～300）800～2400m。

省内分布　来凤、宣恩、咸丰、鹤峰、恩施、利川、建始、巴东、宜昌、长阳、兴山、神农架、房县、竹溪、南漳、谷城、随州、宜都、咸宁、通山、赤壁。

花期4—5月。

5.2.33 君迁子 *Diospyros lotus* **Linnaeus**

别名　野柿子（黄陂）。

野外主要识别特征　落叶乔木。小枝褐色或棕色，有纵裂的皮孔，无枝刺。叶近膜质，椭圆形至长椭圆形。花冠壶形；雄花带红色或淡黄色；雌花淡绿色或带红色。果实初熟时淡黄色，后变为蓝黑色；几无柄。

生境　海拔 500~1800m 山坡或山谷林中或灌丛中。

省内分布　来凤、宣恩、咸丰、鹤峰、恩施、利川、建始、巴东、宜昌、五峰、兴山、神农架、房县、十堰、英山、罗田。武汉栽培。

花期5—6月。花粉长球形，极面观3裂圆形，赤道面观为椭圆形。常具3孔沟，沟细窄，末端变尖，长达两端轮廓线，内孔横长，具沟膜。

5.2.34 香椿 *Toona sinensis* (A. Juss.) Roem. /楝科 香椿属/

别名 椿树（来凤）、臭椿树（鹤峰）、血椿树（五峰）、香椿子、椿白皮（宜城）。

野外主要识别特征 乔木。偶数羽状复叶；小叶 8~10 对。花白色；雄蕊 10，5 枚能育，5 枚退化；花盘无毛。蒴果深褐色，有苍白色小皮孔；种子仅上端有膜质的长翅。

生境 海拔 1900m 以下山地杂木林或疏林中，丘陵、平原、山坡、地旁、路旁、村旁、屋侧也有分布。适宜在平均气温 8~10℃的地区栽培。

省内分布 来凤、鹤峰、利川、建始、宜昌、五峰、巴东、兴山、神农架、十堰、宜城、崇阳、罗田、武汉等地。

花期 5—6 月，单株花期 15 天左右。

5.2.35 臭椿 *Ailanthus altissima* (Mill.) Swingle /苦木科 臭椿属/

别名 椿树（随县）。

野外主要识别特征 落叶乔木，高可达20余m，树皮平滑而有直纹；嫩枝有髓。叶为奇数羽状复叶，有小叶13～27；小叶对生或近对生，纸质，卵状披针形，两侧各具1或2个粗锯齿，齿背有腺体1个，叶面深绿色，背面灰绿色，揉碎后具臭味。圆锥花序长10～30cm；花淡绿色，萼片5，覆瓦状排列，花瓣5，基部两侧被硬粗毛；雌花中的花丝短于花瓣；花药长圆形。翅果长椭圆形，种子位于翅的中间，扁圆形。

生境 海拔1000m以下低山、丘陵、平原山坡、路边、村宅近旁也有栽培。

省内分布 全省各县市，东南部、东部和北部较多。

花期4—5月。椿树蜂蜜，为春夏交替季节里的蜂蜜品种，其香味浓郁厚重，是大多数蜂蜜中味道异常清香的一种。而且椿树蜂蜜的质地黏稠，清凉，易结晶。

5.2.36 象鼻藤 *Dalbergia mimosoides* **Franchet** /豆科 黄檀属/

别名 细叶倒钩藤（咸丰）。

野外主要识别特征 小乔木。叶长不到2cm；小叶10～17对，线状长圆形。圆锥花序花密集，花冠白色或淡黄色。荚果无毛，长圆形至带状。

生境 生长在海拔800～1300m处山坡灌丛中。

省内分布 宣恩、咸丰、鹤峰、利川、建始、巴东、秭归、宜昌、五峰、兴山、神农架、房县、竹山。

花期5—6月，单株花期10天左右。

5.2.37 悬铃叶苎麻　*Boehmeria tricuspis* (Hance) Makino

/ 荨麻科　苎麻属 /

　　野外主要识别特征　叶对生，叶缘有粗大不规则的锯齿，先端3浅裂，基部圆形或截形，边缘上部有重锯齿。穗状花序圆锥状单生叶腋。

　　生境　海拔200～1600m山坡林下沟边。

　　省内分布　宣恩、鹤峰、利川、巴东、宜昌、长阳、神农架、房县、十堰、丹江口、郧西、南漳、当阳、襄阳、随州、黄陂、通城、崇阳、赤壁、黄梅、英山、罗田。

　　花期6—8月，单株花期14天。

5.2.38 吴茱萸 *Tetradium ruticarpum* (A. Jussieu) T. G. Hartley

/ 芸香科　四数花属 /

野外主要识别特征　落叶灌木或乔木。嫩枝暗紫红色，小叶 5 ~ 11 片，小叶两面及叶轴密被长柔毛，油点大且多。果序密集或疏离，分果瓣暗紫红色，有大油点。

生境　生于山地疏林或灌木丛中，多见于向阳坡地。

省内分布　全省广布。

花期 4—6 月。

5.2.39 长叶冻绿 *Rhamnus crenata* Siebold et Zuccarini

/ 鼠李科　鼠李属 /

别名　黄药(《开宝本草》)、长叶绿柴、冻绿、绿柴、山绿篱、绿篱柴、山黑子、过路黄(湖北)、山黄(广州)、水冻绿(江苏)、苦李根(广西)、钝齿鼠李(《台湾植物志》)。

野外主要识别特征　落叶灌木或小乔木；小枝被疏柔毛。叶纸质，倒卵状椭圆形、椭圆形或倒卵形。腋生聚伞花序，总花梗长4~10mm。核果球形或倒卵状球形，绿色或红色；种子无沟。

生境　常生于海拔2000m以下的山地林下或灌丛中。

省内分布　湖北各地均有栽培。

花期5—8月，单株花期16天左右。

5.2.40 垂丝紫荆 *Cercis racemosa* Oliver / 豆科　紫荆属 /

野外主要识别特征　乔木。叶阔卵圆形。总状花序单生，下垂，长 2～10cm，花先开或与叶同时开放，花多数，长约 1.2cm，具纤细，长约 1cm 的花梗；花萼长约 5mm，花瓣玫瑰红色，旗瓣具深红色斑点；雄蕊内藏，花丝基部被毛。荚果长圆形。

生境　生于海拔 1000～1800m 的山地密林中，路旁或村落附近。

省内分布　利川、神农架、房县、竹溪。

花期 5 月。

5.2.41 蛇葡萄 *Ampelopsis glandulosa* **(Wallich) Momiyama**

/ 葡萄科　葡萄属 /

野外主要识别特征　木质藤本。小枝圆柱形。卷须二至三叉分枝。叶为单叶，心形或卵形，3～5中裂；花序梗长1～2.5cm；花蕾卵圆形，顶端圆形；萼碟形，边缘波状浅齿，外面疏生短柔毛；花瓣5；雄蕊5，花药长椭圆形，长甚于宽。果实近球形。

生境　常生于海拔2000m以下的山地林下或灌丛中。

省内分布　全省分布。

花期6—8月。

5.3.1 胡枝子 *Lespedeza bicolor* Turczaninow　　　/豆科　胡枝子属/

野外主要识别特征　直立灌木。小叶质薄，先端钝圆或微凹，总状花序腋生，比叶长，常构成大型、较疏松的圆锥花序；花萼 5 浅裂；花冠红紫色。荚果斜倒卵形。

生境　生于山坡、林缘、路旁、灌丛及杂木林间。

省内分布　十堰、老河口、枣阳、随州、黄冈、浠水、武汉。

花期 7—9 月；单株花期 19 天左右。主要开花泌蜜 20 多天。胡枝子泌蜜属高温型，泌蜜适温 25～30℃。在晴天温高湿大的条件下泌蜜最多。胡枝子为阳性树种，日照充足、土质肥沃、较湿润处的泌蜜多。老的和当年萌发的枝条花序短、花蜜少，2～3 年的花朵多，泌蜜丰富。

花粉粒分解后为长球形，赤道面观为圆形或长圆形，极面观为 3 裂圆形；外壁具细网状雕纹。新蜜琥珀色，结晶洁白，细腻如脂；气味芳香，甜而不腻，质地优良。

5.3.2 美丽胡枝子 *Lespedeza formosa* (Vog.) Koehne / 豆科 胡枝子属 /

野外主要识别特征 直立灌木，多分枝，枝伸展。羽状复叶具 3 小叶，小叶椭圆形、长圆状椭圆形或卵形，稀倒卵形，两端稍尖或稍钝。总状花序单一，腋生，或构成顶生的圆锥花序；花冠红紫色，旗瓣近圆形或稍长，先端圆，基部具明显的耳和瓣柄，翼瓣倒卵状长圆形，短于旗瓣和龙骨瓣。荚果倒卵形或倒卵状长圆形。

生境 生于海拔 2200m 以下山坡、路旁及林缘灌丛中。

省内分布 鹤峰、利川、建始、巴东、秭归、宜昌、五峰、兴山、神农架、十堰、竹溪、南漳、襄阳、黄陂、孝感、咸宁、通山、崇阳、黄冈、武汉等地。

花期 7—9 月。蜜粉丰富，蜜蜂喜采。一群蜂可产蜜 5 ~ 10kg。

5.3.3 截叶铁扫帚 *Lespedeza cuneata* **(Dum.-Cours.) G. Don**

/豆科　胡枝子属/

别名　铁扫帚（通称）、夜关门（通称）、红筋野烟（来凤）、铁马鞭（长阳、天门）、六月雪（竹山）、老牛筋（天门）。

野外主要识别特征　小灌木。茎直立或斜升，被毛。叶密集，柄短；3 小叶，小叶楔形或线状楔形，先端截形。总状花序具花 2~4 朵；花萼长不及花冠之半；花冠淡黄色或白色，闭锁花簇生于叶腋。

生境　生于海拔 1600m 以下山坡草地或沟边石上。

省内分布　来凤、咸丰、利川、巴东、宜昌、长阳、兴山、神农架、房县、十堰、丹江口、郧阳、竹溪、宜城、宜都、天门、潜江、咸宁、崇阳、鄂州、孝感、黄冈、罗田、武汉。

花期 6—9 月。花期长，有蜜粉。

5.3.4 向日葵 *Helianthus annuus* **Linnaeus**

别名　葵花。

野外主要识别特征　叶互生，心状卵圆形或卵圆形，顶端急尖或渐尖，边缘有粗锯齿。头状花序极大，径 10～30cm，单生于茎端或枝端，常下倾。管状花棕色或紫色。

生境　原产北美，各地栽培。生于农田等地。

省内分布　全省各地栽培。

花期 7—9 月，单株花期 28 天左右。

5.3.5 荞麦 *Fagopyrum esculentum* Moench / 蓼科 荞麦属 /

野外主要识别特征 一年生草本，茎上部分枝，绿色或红色。叶三角形或卵状三角形；托叶鞘易破裂脱落。花序总状或伞房状；苞片卵形，绿色，每苞内具 3 ~ 5 花；花梗无关节；花被片白色或淡红色。瘦果卵形，平滑，顶端渐尖。

生境 农田、荒地、路边。

省内分布 全省各县市海拔 2000m 以下山区、丘陵、平原均有栽培，有时逸为野生。

花期 4—9 月，单株花期 17 天左右。荞麦生育期较短，"18 天播种，18 天开花，18 天结籽，18 天还家"，顶花生长结实。开花规律大致是由北向南推迟，主要开花泌蜜期 20 余天。适宜泌蜜温度 25 ~ 30℃，相对湿度 80% 以上，夜有重露，晨有轻雾，白天温高湿大，泌蜜丰富。开花中、后期如雨后刮凉风，泌蜜就中断了。荞麦蜜深琥珀色，结晶为琥珀色，颗粒较粗，含有浓郁荞麦花香，有异味。花粉粒暗黄色，近长球形，具 3 孔沟，明显，表面具颗粒细网状雕纹。

5.3.6 盐肤木 *Rhus chinensis* Miller

/ 漆树科　盐肤木属 /

别名　倍子树（利川、宜昌、宜都）、土倍子花（利川）、倍花（恩施）、肤杨树（长阳）。

野外主要识别特征　小枝棕褐色，被锈色柔毛。奇数羽状复叶。叶轴同顶生小，叶柄具宽大叶状翅，小叶 7~11，宽椭圆形至长圆形，先端渐尖，边缘锯齿粗而钝圆，下面密被褐色柔毛。大型圆锥花序顶生，圆锥花序宽大，多分枝，雄花序长 30~40cm，雌花序较短，密被锈色柔毛；花白色，花盘无毛；核果球形，略压扁，径 4~5mm，被具节柔毛和腺毛，成熟时红色。

生境　海拔 1800m 以下山林中或沟谷灌丛中。

省内分布　全省各县市。

花期 8—9 月。花朵盛开时，花蜜和花粉都很丰富。

5.3.7 楤木 *Aralia elata* (Miquel) Seemann

别名　刺老包（恩施）、白鲜皮（五峰、蕲春）、刺包头（神农架）、鹤不踏、鸟不宿（蕲春，浠水）。

野外主要识别特征　落叶小乔木，小枝被黄棕色绒毛和短刺。小叶上面疏生糙伏毛，下面被灰黄色短柔毛，两面常被细刺。有花梗，聚生伞形花序。

生境　海拔 1600m 以下山坡灌丛中或林缘。

省内分布　全省各县市。

花期 7—8 月，单株花期 18 天。泌蜜丰富，诱蜂力强，分布集中处有的年份能取到少量商品蜜。

5.3.8 刺楸树　*Kalopanax septemlobus* **(Thunb.) Koidzumi**

/ 五加科　刺楸属 /

别名　丁桐皮（通称）、鸟不宿（南漳）。

野外主要识别特征　落叶乔木，小枝散生粗刺，刺基部宽阔扁平。叶纸质，掌状 5 ~ 7 裂，叶下幼时有疏短柔毛。花白色或淡黄绿色，果蓝黑色。

生境　海拔 1200m 以下山坡林或丘陵杂木林中。

省内分布　全省各县市。

花期 9—10 月，单株花期 12 天。

5.3.9 川牛膝 *Cyathula officinalis* Kuan

野外主要识别特征 多年生草本，高50~100cm；根条圆柱状，扭曲。茎直立，稍四棱形，多分枝，疏生长糙毛。叶片椭圆形或窄椭圆形，少数倒卵形，顶端渐尖或尾尖，基部楔形或宽楔形，全缘，上面有贴生长糙毛，下面毛较密；3~6次二歧聚伞花序，密集成花球团，花球团直径

1~1.5cm，淡绿色，干时近白色，在花球团内，两性花在中央，不育花在两侧。胞果椭圆形或倒卵形。

生境 生长在1500m以上地区。

省内分布 湖北省一些县市栽培（来凤、咸丰、鹤峰、恩施、利川、巴东、宜昌、五峰、兴山、神农架、房县、郧阳、竹山、竹溪、保康、广水）。

花期6—7月。

5.3.10 荆芥　*Nepeta cataria* Linnaeus　　　　　／唇形科　荆芥属／

别名　小藿香（五峰）。

野外主要识别特征　多年生草本，茎直立，四棱形，高 50～150cm，被白色短柔毛。叶对生，卵状至三角状心形，先端渐尖，基部心形，两面被柔毛；叶柄细弱。聚伞花序成对着生，组成顶生圆锥花序，花萼筒形；花冠白色，下唇有紫斑点，上唇顶端浅凹。小坚果，三棱卵圆形。

生境　生于较干燥的山坡、路旁、荒地。

省内分布　分布于宜昌、恩施、十堰、黄冈、黄石等地。

花期 9—10 月，单株花期 15 天左右。

5.3.11 穗序鹅掌柴 *Schefflera delavayi* (Franch.) Harms ex Diels

/ 五加科　南鹅掌柴属 /

野外主要识别特征　乔木或灌木，高 3 ~ 8m；小枝粗壮，幼时密生黄棕色星状绒毛，不久毛即脱净。叶有小叶 4 ~ 7；叶柄长 4 ~ 16cm，最长可至 70cm，幼时密生星状绒毛，成长后除基部外无毛；小叶片纸质至薄革质，稀革质，形状变化很大，椭圆状长圆形、卵状长圆形、卵状披针形或长圆状披针形，稀线状长圆形，边缘全缘或疏生不规则的牙齿，有时有不规则缺刻或羽状分裂。花无梗，密集成穗状花序，再组成长 40cm 以上的大圆锥花序；花白色，花盘隆起。果实球形，紫黑色。

生境　生于山谷溪边的常绿阔叶林中，阴湿的林缘或疏林也能生长，海拔 600 ~ 1400m。

省内分布　五峰、恩施、利川、宣恩、咸丰、来凤、鹤峰等地。

花期 10—11 月。具有丰富的花蜜和花粉，一群蜂可产蜜 5 ~ 10kg。

5.3.12 杨叶风毛菊 *Saussurea populifolia* **Hemsley** /菊科 风毛菊属/

野外主要识别特征　多年生草本，高30~90cm。茎直立，单生，上部有1~2分枝。基生叶花期枯萎；下部与中部茎叶有叶柄，柄长2~8cm，叶片心形或卵状心形，顶端渐尖或长渐尖，基部心形或圆形，边缘有锯齿，齿端有尖头。头状花序单生茎端或茎生2个头状花序。总苞片5~7层，带紫色，被短微毛，小花紫色。瘦果几圆柱形，褐色，有棱，冠毛淡褐色，羽毛状。

生境　生于山坡草地、沼泽地，海拔1000~2400m。模式标本采自湖北兴山。

省内分布　恩施、建始、巴东、神农架、房县、保康等地。

花果期7—10月。泌蜜丰富。

5.3.13 虎杖 *Reynoutria japonica* Houtt.

别名　酸筒杆（通城）、活血莲（荆门）、活血龙、酸桐杆（秭归）。

野外主要识别特征　茎具纵棱，具小突起，无毛，散生红色或紫色斑点。叶疏生小突起。苞片漏斗状。花被淡绿色，雄花花被片无翅，雄蕊 8。瘦果黑褐色。

生境　海拔 1400m 以下山坡草地、林下、沟边、路旁潮湿处。

省内分布　各地均有分布。

花期 6—9 月；单株花期 11 天左右。开花温度范围在 12～20℃；开花前 1～2 天如气温高，开花数多而整齐，当气温降至 10℃以下，开花数显著减少，5℃以下则多数不开花。至 0℃或 0℃以下大量落花，幼蕾黄化。气温超过 30℃对开花同样不利。开花相对湿度以 70%～80% 为宜。在 7℃即泌蜜，以 18～25℃为宜。

花粉近球形，2 层，外层厚于内层；大小为 43.5（41.0～46.0）μm×41.1（38.4～43.5）μm，外壁具细网状。新蜜浅琥珀色，结晶乳白色，颗粒细腻；具辛辣和氨气气味；极易结晶。

5.3.14 栾树 *Koelreuteria paniculata* **Laxm**

别名　木栾、灯笼。

野外主要识别特征　落叶乔木，高达 10m。小枝有柔毛。单数羽状复叶，有时二回或不完全的二回羽状复叶，小叶 7~15，纸质，卵形或卵状披针形，边缘具锯齿或羽状分裂。圆锥花序顶生，广展；花淡黄色，中心紫色；蒴果肿胀长卵形；种子圆形，黑色。

生境　海拔 1500m 以下山坡、路旁、林缘。

省内分布　利川、宜昌、襄阳、十堰、武汉等地。

花期 8—9 月。栾树蜜粉丰富，蜜蜂爱采，对蜂群繁殖有一定价值，集中能产少量蜂蜜。对种子出油，可制润滑油和肥皂；木材可制农具。

花粉粒长球形，赤道面观为椭圆形，极面观为钝三角形或 3 裂圆形。具 3 孔沟；在极面处角上，沟渐尖，内孔较小，界限不明显。外壁外层比内层稍厚；表面具条纹——细网状雕纹，条纹清楚，基本呈子午向排列，网孔稀，圆形。

5.3.15 水红木 *Viburnum cylindricum* Buch-Ham.

/ 五福花科　荚蒾属 /

别名　灰泡树（咸丰）。

野外主要识别特征　常绿灌木或小乔木；枝带红色或灰褐色；聚伞花序伞形式，顶圆形，花通常生于第三级辐射枝上，花冠白色或有红晕，钟状，长 4~6mm；雄蕊高出花冠，花药紫色；果实先红色后变蓝黑色，卵圆形；核卵圆形。

生境　海拔 500m 以上山坡灌丛中。

省内分布　来凤、宣恩、咸丰、鹤峰、恩施、利川、建始、巴东、五峰、长阳、秭归、兴山、神农架等地。

花期 8—9 月，单株花期 16 天。

5.4 冬季主要蜜源植物

　　湖北东南部的冬季蜜源植物主要是五列木科柃木属植物。傅书遐先生主编的《湖北植物志》记载有 11 种，1 变种，分别为细枝柃、钝叶柃、微毛柃、格药柃、翅柃、窄叶柃、短柱柃、细齿叶柃、黄背叶柃木、金叶柃、贵州毛柃；郑重先生主编的《湖北植物大全》记载有 15 种，分别为翅柃、金叶柃、短柱柃、米碎花、微毛柃、鄂柃、贵州毛柃、长柱柃、细枝柃、格药柃、细齿叶柃、黄背叶柃、钝叶柃、窄叶柃、四角柃。刘胜祥、吴金清主编的《通城植物志》记载有 8 种，分别为细枝柃、钝叶柃、微毛柃、格药柃、翅柃、短柱柃、细齿叶柃、柃木；汪新平等人在《崇阳野桂花蜜》一文记载有 8 种，分别为短柱柃、格药柃、翅柃、槟柃、微毛柃、细枝柃、细齿叶柃、米砌花，其中槟柃未查到是何种，米砌花可能是笔误，可能是米碎花。

　　据汪隽波、吴育平观察，柃木属蜜源植物在崇阳县主要分布在全塘镇、高视乡、港口乡、桂花泉镇、石城镇和沙坪镇；在通山县主要分布在山界乡、闯王镇和杨芳镇；在崇阳县产蜜质量较优的分布在港口乡的荆竹康村和金塘镇的葵山村；在通山县产蜜质较优的分布在山界乡的山宝村和闯王镇的高湖村；通城县主要分布在麦市的黄龙山、塘湖的黄袍林场、鹿角山、大坪药姑山、马港大金山、关刀的云溪、五里镇的季山等地。

　　汪隽波对崇阳和通山两县柃木属蜜源植物主要泌蜜规律进行了细致的观察。他发现，由于温度和水分的原因，通山县通常是立冬前后 3 天开始泌蜜，最晚的 1 年到了冬至才泌蜜。在崇阳县通常是小雪前后 7 天开始泌蜜，其泌蜜地方：港口乡的大东港村、荆竹康村最早，金塘镇的葵山树次之，桂花泉镇的三山村最晚。通常，冬季下一次大雪，气温低。翌年，在霜降期间，下一次大雪，土壤潮湿。立冬后，天晴无大风，昼夜温差大，泌蜜量大；反之，亦然。头年是丰年，翌年多为小年。泌蜜量越大，其蜜味越香，蜜质越优。

　　柃木属蜜源植物雌雄异株，汪隽波等人观察到一般雄株先开花，雌株后开花。

　　雄花大，俗称为"大花"，呈粉白色，极少数呈粉红色，花药明显，花瓣较长。花香浓，花蜜少，花粉多。雌花小，俗称为"小花"，呈粉白色，子房不显，花托像只"小碗"，花瓣较短小，长在"小碗"口的边上。在大年，花蜜较多；在小年，花蜜少。

　　据《鄂南土特产》与《崇阳县志》记载，古代人们俗称为石蜜、岩蜜、冬蜜、茶花蜜。新中国成立后有关部门根据这种蜜源植物的枝、叶、花以及芳香物质酷似桂花，所以更名为"野桂花蜜"。第一次摇出的蜜俗称为"黄蜜"，第二次摇出的蜜才称为"白蜜"。黄蜜：色黄，有的香气浓，有的有异味；白蜜：水白色，质地纯净，接近无色透明。气味清香、鲜爽，沁人心脾。味道鲜美、香醇，甜润爽口，堪称上品。结晶细腻，色如白玉。

　　由于蜂农们对柃木属蜜源植物统称为"野桂花"，柃木属每一个的种的分泌特点还不太清楚，还有待进一步观察与研究。

5.4.1 短柱柃 *Eurya brevistyla* Kobuski /五列木科 柃属/

野外主要识别特征 灌木或小乔木，高 2 ～ 8（～12）m，全株除萼片外均无毛；树皮黑褐色或灰褐色，平滑；嫩枝略具 2 棱；叶革质，倒卵形或椭圆形至长圆状椭圆形，长 5 ～ 9cm，宽 2 ～ 3.5cm，顶端短渐尖至急尖，基部楔形或阔楔形，边缘有锯齿，上面深绿色，有光泽，下面淡黄绿色，两面无毛。花 1 ～ 3 朵腋生，雄花：萼片 5，膜质，近圆形，边缘有纤毛；花瓣 5，白色，长圆形或卵形，退化子房无毛。雌花花瓣 5，卵形，花柱极短，3 枚，果实圆球形，成熟时蓝黑色。本种外形和格药柃 *E. muricata* Dunn 很相似，但后者嫩枝圆柱形，连同顶芽均无毛，萼片革质，边缘无纤毛等易于区别。

生境 多生于海拔 850 ～ 2600m 的山顶或山坡沟谷林中、林下及林缘路旁灌丛中。

省内分布 广泛分布于恩施、利川、巴东、咸丰、宣恩、建始、兴山、鹤峰等地。

花期 10—11 月。花为优良的冬季蜜源植物（《中国植物志记载》）。

5.4.2 格药柃　*Eurya muricata* Dunn

野外主要识别特征　灌木或小乔木，高 2~6m，全株无毛；树皮黑褐色或灰褐色，平滑；嫩枝圆柱形，粗壮，黄绿色顶芽长锥形，均无毛。叶革质，稍厚，长圆状椭圆形或椭圆形，长 5.5~11.5cm，宽 2~4.3cm，顶端渐尖，基部楔形，有时近阔楔形，边缘有细钝锯齿，上面深绿色，有光泽，下面黄绿色或淡绿色，两面均无毛，花 1~5 朵簇生叶腋，雄花：萼片 5，革质，近圆形，顶端圆而有小尖头或微凹，外面无毛，边缘有时有纤毛；花瓣 5，白色，长圆形或长圆状倒卵形，花药具多分格。雌花花瓣 5，白色，卵状披针形。子房圆球形无毛，果实圆球形，直径成熟时紫黑色。

生境　多生于海拔 350~1300m 的山坡林中或林缘灌丛中。

省内分布　东南部。

花期 9—11 月。

5.4.3 微毛柃 *Eurya hebeclados* Ling

/ 五列木科　柃属 /

野外主要识别特征　灌木或小乔木，高 1.5～5m，树皮灰褐色，稍平滑；嫩枝圆柱形，黄绿色或淡褐色，密被灰色微毛；顶芽卵状披针形，渐尖，密被微毛。叶革质，长圆状椭圆形、椭圆形或长圆状倒卵形，长 4～9cm，宽 1.5～3.5cm，顶端急窄缩呈短尖，尖头钝，基部楔形，边缘除顶端和基部外均有浅细齿，齿端紫黑色，上面浓绿色，有光泽，下面黄绿色，两面均无毛，花 4～7 朵簇生于叶腋，雄花萼片 5，近圆形，膜质，顶端圆，有小突尖，外面被微毛，边缘有纤毛；花瓣 5，长圆状倒卵形，白色，无毛，基部稍合生；退化子房无毛。雌花花瓣 5，倒卵形或匙形；子房卵圆形无毛。果实圆球形，成熟时蓝黑色。

生境　多生于海拔 200～1700m 的山坡林中、林缘以及路旁灌丛中。有时也生长在干燥的阳坡草灌丛中。

省内分布　利川、恩施、鹤丰、宣恩、通山、黄梅、罗田。

花期 12 月至次年 1 月。

5.4.4 细齿叶柃 *Eurya nitida* Korthals

野外主要识别特征　灌木或小乔木，高2～5m，全株无毛；树皮灰褐色或深褐色，平滑；嫩枝稍纤细，具2棱，黄绿色，小枝灰褐色或褐色，有时具2棱；顶芽线状披针形，无毛。叶薄革质，椭圆形、长圆状椭圆形或倒卵状长圆形，长4～6cm，宽1.5～2.5cm，顶端渐尖或短渐尖，尖头钝，基部

楔形，有时近圆形，边缘密生锯齿或细钝齿，上面深绿色，有光泽，下面淡绿色，两面无毛。花1～4朵簇生于叶腋，雄花萼片5，几膜质，近圆形，顶端圆，无毛；花瓣5，白色，倒卵形基部稍合生，退化子房无毛。雌花花瓣5，长圆形，基部稍合生；子房卵圆形，无毛，花柱细长，长约3mm，顶端3浅裂。果实圆球形，成熟时蓝黑色；

生境　多生于海拔1300m以下的山地林中、沟谷溪边林缘以及山坡路旁灌丛中。

省内分布　广泛分布于湖北西南部（宣恩、恩施、利川）。

花期11月至次年1月。

5.4.5 细枝柃 *Eurya loquaiana* Dunn

野外主要识别特征　灌木或小乔木，高 2 ~ 10m；树皮灰褐色或深褐色，平滑；枝纤细，嫩枝圆柱形，黄绿色或淡褐色，密被微毛，顶芽狭披针形，除密被微毛外，其基部和芽鳞背部的中脉上还被短柔毛。叶薄革质，窄椭圆形或长圆状窄椭圆形，有时为卵状披针形，长 4 ~ 9cm，宽 1.5 ~ 2.5cm，顶端长渐尖，基部楔形，有时为阔楔形，上面暗绿色，有光泽，无毛，下面干后常变为红褐色，除沿中脉被微毛外，其余无毛，花 1 ~ 4 朵簇生于叶腋。雄花萼片 5，卵形或卵圆形，顶端钝或近圆形，外面被微毛或偶有近无毛；花瓣 5，白色，倒卵形，退化子房无毛。雌花花瓣 5，白色，卵形。子房卵圆形，无毛。果实圆球形，成熟时黑色。

生境　多生于海拔 400 ~ 2000m 的山坡沟谷、溪边林中或林缘以及山坡路旁阴湿灌丛中。

省内分布　产于湖北西部（利川、来凤、恩施、宣恩）。

花期 10—12 月。

5.4.6 钝叶柃 *Eurya obtusifolia* H. T. Chang

/五列木科　柃属/

野外主要识别特征　灌木或小乔木状，高 1 ~ 3m，有时可达 7m；嫩枝圆柱形，淡褐色，被微毛，小枝灰褐色，无毛或几无毛；顶芽披针形，密被微毛和黄褐色短柔毛。叶革质，长圆形或长圆状椭圆形，长 3 ~ 5.5（~ 7）cm，宽 1 ~ 2.2（~ 3）cm，顶端钝或略圆，偶有渐尖，基部楔形，边缘上半

部有疏线钝齿，有时近全缘，上面暗绿色，下面黄绿色，两面均无毛。花 1 ~ 4 朵腋生，雄花萼片 5，近膜质，卵圆形，顶端圆，有小突尖，被微毛，边缘无纤毛，花瓣 5，白色，长圆形或椭圆形，退化子房无毛。雌花花瓣 5，卵形或椭圆形；子房圆球形无毛。果实圆球形，成熟时蓝黑色。

生境　多生于海拔 400 ~ 1450m 的山地疏林或密林中以及林缘路旁灌丛中。

省内分布　产于湖北西部（利川、恩施、咸丰）。

花期 2—3 月。

5.4.7 四角枸 *Eurya tetragonoclada* Merrill et Chun /五列木科　枸属/

野外主要识别特征　灌木或乔木，高 2～14m，胸径可达 25cm，全株无毛；嫩枝和小枝红褐色，具显著 4 棱，老枝灰褐色，常呈圆柱形；顶芽长锥形。叶革质，长圆形、长圆状椭圆形或长圆状披针形至长圆状倒披针形，长 5～10cm，宽 1.5～3.5cm，顶端渐尖，基部楔形，边缘有细钝齿，上面深绿色，有光泽，下面淡绿色，两面无毛。花通常 1～3 朵簇生于叶腋，雄花萼片 5，质厚，卵圆形或近圆形，顶端圆；花瓣 5，白色，长圆状倒卵形，花药具分格，退化子房无毛。雌花花瓣 5，长圆形，子房卵圆形，无毛。果实圆球形，直径约 4mm，成熟时紫黑色。

生境　海拔 500～1500m 山坡林中、林缘、路旁灌丛中。

省内分布　产于湖北西部（巴东、兴山、房县）。

花期 11—12 月。

5.4.8 窄叶柃 *Eurya stenophylla* **Merrill**

野外主要识别特征　灌木，高 0.5 ~ 2m，全株无毛；嫩枝黄绿色，有 2 棱，小枝灰褐色；顶芽披针形。叶革质或薄革质，狭披针形，有时为狭倒披针形，长 3 ~ 6cm，宽 1 ~ 1.5cm，顶端锐尖或短渐尖，基部楔形至阔楔形，边缘有钝锯齿，上面深绿色，有光泽，下面淡绿色，两面无毛。花 1 ~ 3 朵簇生于叶腋。雄花萼片 5，近圆形，顶端圆，无毛；花瓣 5，倒卵形，退化子房无毛。雌花萼片 5，卵形无毛；花瓣 5，白色，卵形，子房卵形，无毛果实长卵形，长 5 ~ 6mm，直径 3 ~ 4mm。

生境　多生于海拔 250 ~ 1500m 山坡溪谷路旁灌丛中。

省内分布　产于湖北西部（建始）。

花期 10—12 月。

5.4.9 翅柃 *Eurya alata* Kobuski

野外主要识别特征　灌木，高 1～3m，全株均无毛；嫩枝具显著 4 棱，淡褐色，小枝灰褐色，常具明显 4 棱；顶芽披针形，渐尖无毛。叶革质，长圆形或椭圆形，长 4～7.5cm，宽 1.5～2.5cm，顶端窄缩呈短尖，尖头钝，或偶有为长渐尖，基部楔形，边缘密生细锯齿，上面深绿色，有光泽，下面黄绿色。花 1～3 朵簇生于叶腋，雄花萼片 5，膜质或近膜质，卵圆形，顶端钝；花瓣 5，白色，倒卵状长圆形，基部合生，退化子房无毛。雌花花瓣 5，长圆形，子房圆球形，无毛，果实圆球形，成熟时蓝黑色。

生境　多生于海拔 300～1600m 的山地沟谷、溪边密林中或林下路旁阴湿处。

省内分布　广泛分布于湖北西部（宣恩、兴山、巴东、咸丰、丹江口、武当山）。

花期 10—11 月。

5.4.10 米碎花 *Eurya chinensis* R. Brown / 五列木科　柃属 /

野外主要识别特征　灌木, 高 1 ~ 3m, 多分枝; 茎皮灰褐色或褐色, 平滑; 嫩枝具 2 棱, 黄绿色或黄褐色, 被短柔毛, 小枝稍具 2 棱, 灰褐色或浅褐色, 几无毛; 顶芽披针形, 密被黄褐色短柔毛。叶薄革质, 倒卵形或倒卵状椭圆形, 长 2 ~ 5.5cm, 宽 1 ~ 2cm, 顶端钝而有微凹或略尖, 偶有近圆形, 基部楔形, 边缘密生细锯齿, 有时稍反卷, 上面鲜绿色, 有光泽, 下面淡绿色, 无毛或初时疏被短柔毛, 后变无毛。花 1 ~ 4 朵簇生于叶腋, 雄花萼片 5, 卵圆形或卵形, 顶端近圆形, 无毛; 花瓣 5, 白色, 倒卵形, 无毛; 退化子房无毛。雌花花瓣 5, 卵形, 子房卵圆形, 无毛, 果实圆球形, 有时为卵圆形, 成熟时紫黑色。

生境　多生于海拔 800m 以下的低山丘陵山坡灌丛路边或溪河沟谷灌丛中。

省内分布　广泛分布于湖北西南部 (恩施) 等地。

花期 11—12 月。

5.4.11 金叶柃 *Eurya obtusifolia* var. *aurea* (H. Léveillé) T. L. Ming

/ 五列木科　柃属 /

野外主要识别特征　灌木，有时为小乔木状，高2~5m。嫩枝具2棱，黄绿色或红褐色，密被微毛，小枝红褐色或灰褐色，略具2棱，无毛；顶芽披针形，密被微毛。叶革质，椭圆形或长圆状椭圆形至卵状披针形，长5~10cm，宽2~3cm，顶端渐尖或钝，尖头有微凹，基部楔形或钝形，边缘通常密生细钝齿，上面暗绿色，常具金黄色腺点，干后更显著，下面淡绿色，两面均无毛，花1~3朵腋生。雄花萼片5，近膜质，几圆形，顶端圆，有小突尖或微凹，外面被微毛，边缘无纤毛；花瓣5，白色，倒卵形，退化子房无毛。雌花花瓣5，长圆形或卵形。子房圆球形无毛。果实圆球形，成熟时紫黑色。

生境　生于海拔500~2600m山坡、山谷阴湿密林下或林缘路旁阴湿灌丛中。

省内分布　产于湖北西部（利川）等地。

花期11月至次年2月。

5.4.12 鄂栳 *Eurya hupehensis* Hsu

野外主要识别特征　小乔木，高约4m，全株无毛；嫩枝褐色，有显著4棱，小枝灰褐色；顶芽卵状披针形。叶革质，椭圆形或椭圆状倒卵形，长3~4.5cm，宽约2cm，顶端急窄缩成短钝头，基部阔楔形，边缘有细锯齿，上面绿色，有光泽，下面淡绿色，两面无毛。雄花1~3朵腋生，萼片5，近圆形，顶端圆，有小尖头，退化子房无毛。雌花及果实未见。

生境　多生于海拔约1040m的山坡林中。

省内分布　产兴山和崇阳一带。

花期 11—12月。

1964年1月复旦大学生物系徐炳生在《植物分类学报》第9卷第1期中发表的《中国栳属植物小志》记录了鄂栳 *Eurya hupehensis* Hsu，产兴山县湘坪木瓜园，海拔1040m，山坡，普遍，乔木，高4m，花白色，有香味。徐炳生认为本种与 *E. nitida* Korthals 接近，所不同者在于本种的嫩枝具有4条锐棱，叶较小而坚硬，雄花具12枚雄蕊。

1966年7月福建师范学院生物系林来官在《植物分类学报》第11卷第3期中发表的《中国栳属植物订正》中记录了鄂栳 *Eurya hupehensis* Hsu。林来官认为此种与 *E. tetragonoclada* Merrill. et Chun 极为相似，区别仅在于本种的叶较短小，椭圆形或椭圆状倒卵形，顶端突然狭缩而有短钝的凸尖，雄蕊12~14枚等，稀雌花标本未见，不能进一步比较。徐炳生曾称本种和 *E. nitida* Korthals 接近，但从后者的花药不具分格、嫩枝具2棱特征来看，认为它们之间似无联系。

1983年中国科学院植物研究所主编的《中国高等植物图鉴（补编第二册）》中增补此种。

5.4.13 枇杷 *Eriobotrya japonica* (Thunberg) Lindley / 蔷薇科 枇杷属 /

别名 枇杷叶。

野外主要识别特征 常绿小乔木，枝被锈色或灰棕色绒毛。单叶互生，革质，下面密被锈色绒毛。梨果球形或长圆形，黄色或橘黄色。

生境 生于海拔 1400m 以下的山谷沟边、山坡杂木林中。

省内分布 来凤、宣恩、咸丰、鹤峰、利川、建始、巴东、五峰、兴山、通城等地，各地均有栽培。

花期 10—11 月，单株花期 16 天。

5.4.14 巴东胡颓子 *Elaeagnus difficilis* **Servettaz** / 胡颓子科　胡颓子属 /

野外主要识别特征　常绿直立或蔓状灌木，高 2 ~ 3m，无刺或有时具短刺；幼枝褐锈色，密被鳞片。叶纸质，椭圆形或椭圆状披针形，上面幼时散生锈色鳞片，成熟后脱落，绿色，干燥后褐绿色或褐色，下面灰褐色或淡绿褐色，密被锈色和淡黄色鳞片。花深褐色，密被鳞片，数花生于叶腋短小枝上成伞形总状花序，萼筒钟形或圆筒状钟形，在子房上骤收缩，果实长椭圆形，被锈色鳞片，成熟时橘红色。

生境　生于海拔 600 ~ 1400m 的向阳山坡灌丛中或林中。

省内分布　咸丰、鹤峰、巴东、长阳、兴山、房县、保康、随州等地。

花期 11 月至次年 3 月。

5.4.15 千里光 *Senecio scandens* Buch. -Ham. ex D. Don

/ 菊科　千里光属 /

别名　九里明。

野外主要识别特征　多年生草本，茎攀缘多
分枝。叶有短柄，叶片长三角形。头状花序多数，
在茎及枝端排列成复总状的伞房花序。舌状花黄
色，约 8～9 个，长约 10mm；筒状花多数。瘦果
圆柱形，有纵沟，被短毛；冠毛白色。植物有很
大的变异，有时叶下部或全部羽状深裂。

生境　海拔 2300m 以下山坡、旷野、田间、路旁。

省内分布　全省广布。

花期 9—11 月，单株花期 20 天左右。

6 有毒蜜源植物

6.1 紫藤 *Wisteria sinensis* (Sims) Sweet

/豆科 紫藤属/

别名 草藤花（长阳），割猪草、阳雀花（咸宁），白藤花（阳新）。

野外主要识别特征 落叶缠绕灌木，茎左旋，小叶 7～13，卵形或卵状披针形。花紫色；花梗长 2～3cm，旗瓣先端截形，无毛，最下 1 枚萼齿长于两侧萼齿。荚果扁，长线形。

生境 海拔 1000m 以下的山坡林中。

省内分布 鹤峰、巴东、长阳、宜昌、十堰、丹江口、京山、大悟、咸宁、赤壁、崇阳、阳新、黄梅、罗田等地。

花期 7—8 月。单株花期 22 天左右。开花温度范围在 12～20℃，在 7℃即泌蜜，以 18～25℃为宜。花粉粒长球形，赤道面观为椭圆形，极面观为 3 裂圆形，外壁表面具网状雕纹，网孔圆形。新蜜浅琥珀色，结晶乳白色，颗粒细腻；具辛辣和氨气气味；极易结晶。

6.2 杜鹃　*Rhododendron simsii* Planch.

／杜鹃花科　杜鹃花属／

别名　唐杜鹃、照山红、映山红、山石榴、山踯蠋、杜鹃花、山踯躅（俗名）。

野外主要识别特征　落叶灌木；植株密被糙伏毛。叶集生枝端，边缘微反卷，具细齿。花芽具鳞片，边缘具睫毛。花簇生枝顶；花萼5深裂；花冠阔漏斗形；雄蕊10；子房10室，花柱无毛。蒴果卵球形；花萼宿存。

生境　海拔500～1200m的山地疏灌丛或松林下。

省内分布　武汉、房县、丹江口、宜昌、兴山、长阳、五峰、当阳、罗田、崇阳、通山、恩施、利川、建始、巴东、宣恩、咸丰、来凤、鹤峰、神农架。

花期3—4月；单株花期12天。开花泌蜜多在18℃以上，前期常受低温的影响，后期有时受阴雨威胁，开花泌蜜有明显的大小年。花期每群蜂可取蜜5～15kg。

花粉为四合体复合花粉，排列成四面体形或排列成十字形。蜜浅琥珀色，结晶为黄白色，颗粒较粗，味甘甜适口。

6.3 南烛　*Vaccinium bracteatum* Thunberg

／杜鹃花科　越橘属／

别名　米饭花、苞越桔、乌饭树。

野外主要识别特征　常绿灌木。叶革质，基部楔形，边缘有细锯齿，无毛；叶柄无毛或被微毛。总状花序顶生和腋生，具多花；苞片大，叶状，边缘有锯齿；花冠白色，筒状；花药背部无距。浆果。

生境　丘陵地带或海拔400～1400m的山地，常见于山坡林内或灌丛中。

省内分布　武汉、阳新、兴山、罗田、通城、崇阳、通山、赤壁、利川、巴东、宣恩、咸丰、鹤峰。

花期6—7月。

6.4 野菊 *Chrysanthemum indicum* **Linnaeus**

/ 菊科　菊属 /

别名　疟疾草。

野外主要识别特征　茎枝被稀疏的毛。基生叶和下部叶花期脱落,茎生叶羽状深裂;叶柄基部无耳或有分裂的叶耳。头状花序在枝顶排成复伞花序或不规则伞房花序。舌状花多黄色,或白色。

生境　生于山坡草地、灌丛、河边水湿地、田边及路旁。

省内分布　全省广布。

花期 9—10 月,单株花期 20 天左右。

6.5 喜树 *Camptotheca acuminata* **Decne.**

/ 蓝果树科　喜树属 /

野外主要识别特征　落叶乔木,高达 20 余 m。叶互生,纸质,全缘。头状花序近球形,常由 2 ~ 9 个头状花序组成圆锥花序,顶生或腋生,通常上部为雌花序,下部为雄花序。花杂性,同株,花瓣淡绿色,花盘显著,微裂。翅果矩圆形,顶端具宿存的花盘,两侧具窄翅。

生境　常生于海拔 1000m 以下的林边或溪边。

省内分布　鹤峰、巴东、崇阳、阳新等地,多为栽培。

花期 5—7 月。

6.6 醉鱼草 *Buddleja lindleyana* Fort.

别名　香阳尘柴（来凤）、醉鱼花（随县）、闹鱼药、闹鱼草（蕲春、大冶）、闷头草（洪湖）。

野外主要识别特征　灌木。幼枝、叶片下面、叶柄、花序、苞片及小苞片均密被星状短绒毛或腺毛。叶对生，萌芽枝叶互生或轮生；穗状花序顶生，花冠管弯曲，花芳香；蒴果具鳞片。

生境　海拔 600～1100m 的山地路旁、河沟边灌丛或林缘。

省内分布　湖北各地均有栽培。

花期 4—10 月，单株花期 16 天左右。开花温度范围在 12～20℃；在 7℃即泌蜜，以 18～25℃为宜。花粉粒常为长球形，外壁具模糊的颗粒，细网状雕纹。新蜜琥珀色，易结晶，味清香。该植物花和叶中含皂苷类成分，植物全株和花粉有小毒，对人和蜂都有毒害作用。

6.7 马桑 *Coriaria nepalensis* Wall.

别名　马桑泡（鹤峰）、胖婆娘腿（十堰、谷城、随县）、野马桑（南漳）。

野外主要识别特征　落叶灌木，分枝水平开展，幼枝常紫色。叶对生，基出 3 脉弧形伸至顶端。总状花序花密集，雄花序先叶开放，雌花序与叶同出，花柱 5，分离。果期花瓣肉质增大包于果外，成熟时由红变黑。

生境　海拔 300～1500m 山坡及沟边灌丛中。

省内分布　来凤、宣恩、咸丰、鹤峰、利川、建始、巴东、宜昌、神农架、十堰、丹江口。

花期 5—6 月，单株花期 18 天左右。花粉黄色，近球形，极面观为三裂片状，赤道面观为圆形；外壁具网状雕纹。新蜜浅琥珀色，结晶乳白色，颗粒细腻，具辛辣和氨气气味；极易结晶。

6.8 油茶 *Camellia oleifera* C. Abel

/山茶科 山茶属/

野外主要识别特征 灌木或乔木。叶革质。花顶生，近无柄；苞片及萼片阔卵形；花白色，花瓣先端凹，基部近离生。蒴果球形或卵圆形，果爿木质；果柄粗大，有环状短节。

生境 生于海拔 1300m 以下的山坡旁灌丛、疏林或密林中。

省内分布 木本油料作物，多有栽培。

花期 8—9 月，单株花期 15 天。开花泌蜜受低温、寒潮和霜冻的影响。油茶蜜为琥珀色，质地浓稠，味较芳香。油茶中含有较高的聚合糖成分，是引起蜜蜂中毒的主要原因。花粉橘黄色，长球形至球形，表面具细网状雕纹。

6.9 茶 *Camellia sinensis* (Linnaeus) Kuntze

/山茶科 山茶属/

野外主要识别特征 灌木或小乔木。叶革质，长圆形或椭圆形，边缘锯齿。花腋生，白色，具花柄；萼片宿存；花瓣 5～6 片，阔卵形。蒴果 3 球形或 1～2 球形。

生境 生于 2000m 以下的山地、丘陵。

省内分布 全省各县市。饮料植物，多有栽培。

湖北省宜昌市茶叶种植面积 84.6 万亩，采摘面积 68.8 万亩。湖北省现有 71 个县市生产茶叶，其中主产县市 20 个，茶园总面积 32.41 万 hm^2，产业区域结构进一步合理，已形成"四座茶山"即鄂东大别山名优绿茶区、鄂西北秦巴山高香绿茶区、鄂南幕阜山青砖茶区等四大优势产区。

花期 8—11 月，单株花期 20 天。茶冬季开花，蜜粉丰富。茶树中含咖啡因、黄嘌呤、山柰素、皂苷、皂草精醇类等，蜜蜂采食后，幼虫腐烂，尤以意蜂为甚。花粉黄色，长球形至近球形，赤道面观为椭圆形，极面观为钝三角形或 3 裂圆形，直径约 40μm，表面有细网状雕纹。

粉源植物

7.1 蚕豆 *Vicia faba* Linnaeus

/ 豆科　野豌豆属 /

野外主要识别特征　一年生草本，茎粗壮直立。根瘤粉红色，密集。卷须极不发达而呈短尖头。总花梗极短，花冠白色，具紫色脉纹及黑色斑晕。荚果肥厚，种子间具海绵状横隔膜，种子椭圆形，略宽。

生境　栽培作物。

省内分布　各地均有栽培。

花期 12 月上旬至次年 1 月下旬；单株花期 16 天左右。托叶上还有花外蜜腺。

花粉黑紫色，花粉粒长球形，赤道面观为椭圆形，极面观为钝三角形，外壁表面具细颗粒雕纹。新蜜浅琥珀色，结晶乳白色，颗粒细腻；具辛辣和氨气气味；极易结晶。

7.2 构树 *Broussonetia papyrifera* (Linnaeus) L'Héritier ex Ventenat

/ 桑科 构属 /

野外主要识别特征 落叶乔木。有乳液。叶互生，广卵形至长椭圆状卵形。边缘粗锯齿。花雌雄异株，雄花序荑荑花序，雌花序头状花序。聚花果橙红色，肉质。

生境 广泛分布，生于河滩、路旁、郊区荒野、林缘。

省内分布 野生或栽培。

花期4—5月。构树雄花单花花粉量大，雄花花序比雌花花序先成熟，是典型的风媒传粉植物。花粉丰富，对春季蜂群繁殖有一定作用。花粉粒近球形，大小18.9～17.4μm，表面具有微弱的颗粒状雕纹。

7.3 葎草 *Humulus scandens* (Loureiro) Merrill

/ 桑科 葎草属 /

别名 割人藤（通称）。

野外主要识别特征 缠绕草本。茎、枝、叶柄均具倒钩刺叶对生，肾状五角形，3～7裂。花

单性，雌雄异株；雄花序圆锥花序，雌花序下垂，球果状；苞片纸质，被白色绒毛。瘦果成熟时露出苞片外。

生境 生于沟边、荒地、废墟、林缘边。

省内分布 分布广泛。

花期春夏季。花粉黄色，数量极多，在蜂群缺粉的地区，蜜蜂大量采其粉。花粉粒近球形，表面具微弱的细网状雕纹。

7.4 桑 *Morus alba* Linnaeus

/ 桑科 桑属 /

野外主要识别特征 落叶乔木或灌木。叶互生，卵形，表面无毛，边缘锯齿。花单性，腋生或生于芽鳞腋内，与叶同时生出；雄花序下垂，密被白色柔毛。聚花果卵状椭圆形，成熟时红色或暗紫色。

生境 生于600m以下的山坡、宅旁。

省内分布 南漳、郧阳、罗田等地。种桑养蚕产业主要在南漳、郧阳、罗田等地，种植面积不大，主要采用桑园间作套种、桑园养殖的复合经营模式。

花期4—5月。花粉黄色，数量较多，对春季蜂群繁殖有一定作用。花粉黄色，花粉粒球形或扁球形，表面具颗粒状雕纹。

7.5 中华猕猴桃 *Actinidia chinenssis* Planch

/ 猕猴桃科 猕猴桃属 /

别名 羊桃（通称）、洋桃（宜昌、崇阳）、野桃（咸宁）。

野外主要识别特征 大型藤本；老枝无毛；髓白色片状；叶纸质，圆形至倒卵形，锯齿刺毛状，叶背面密生棕色星状毛；聚伞花序腋生，开时白色，后变黄色；浆果卵圆形或矩圆形。

生境 海拔500~1600m的杂木林中。

省内分布 宣恩、鹤峰、利川、巴东、宜昌、神农架、房县、十堰、竹溪、保康、宜都、随州、咸宁、通山、崇阳、麻城等地。

花期5—6月，单株花期20天左右。目前中华猕猴桃栽培面积较大，为重要粉源植物。

花粉粒暗绿色，近球形，极面观为三裂片状。新蜜浅琥珀色，结晶乳白色，颗粒细腻；具辛辣和氨气气味；极易结晶。

7.6 狗枣猕猴桃 *Actinidia kolomikta* (Maximowicz & Ruprecht) Maximowicz

/ 猕猴桃科 猕猴桃属 /

野外主要识别特征 落叶藤本。嫩枝略有毛，老枝无毛；叶片基部常收窄，明显偏斜；雄花3朵，雌花单生；花白色或粉红色，芳香；萼片边缘有睫状毛；果多为长圆形，果皮洁净无毛。

生境 海拔1200~1600m山地杂木林中。

省内分布 宣恩、巴东、神农架、竹溪等地。

花期5—6月，单株花期21天左右。花粉粒暗绿色，近球形，极面观为三裂片状，赤道面观为圆形；外壁具网状雕纹。新蜜浅琥珀色，结晶乳白色，颗粒细腻；具辛辣和氨气气味；极易结晶。

7.7 柳杉 *Cryptomeria japonica* var. *sinensis* Miquel

/ 杉科 柳杉属 /

野外主要识别特征 树皮红褐色；树冠锥形。主枝轮生，平展或稍下垂。叶钻形，叶略向内弯曲，先端内曲。球果近球形，稀微扁；种鳞鳞背有一个三角状分离的苞鳞尖头。

生境 喜温暖湿润气候，喜光耐阴，耐寒，

畏高温炎热，忌干旱。

省内分布 通城、武汉、宜昌、五峰、崇阳、恩施、巴东、宣恩、鹤峰等地。

花期3—4月，单株花期14天左右。泌蜜多，蜜蜂爱采。花粉粒椭圆形，极面观为近圆形，赤道面观橄榄形。具单沟，外壁具大而清楚的网状雕纹。

7.8 红豆杉 *Taxus wallichiana* var. *chinensis* **(Pilger) Florin**

/ 红豆杉科　红豆杉属 /

别名　观音杉、红豆树、扁柏、卷柏。

野外主要识别特征　乔木，高达 30m。叶排列成两列，条形，微弯或较直。种子生于杯状红色肉质的假种皮中，间或生于近膜质盘状的种托之上，常呈卵圆形，上部渐窄，稀倒卵状。

生境　海拔 1100～2500m 森林、竹林、溪边。

省内分布　宣恩、咸丰、鹤峰、恩施、利川、建始、巴东、五峰、神农架、房县、十堰、竹溪、竹山、保康等地。

花期 4—5 月，单株花期 14 天。

7.9 巴山榧树 *Torreya fargesii* **Franchet**

/ 红豆杉科　榧属 /

别名　球果榧、莨子杉、紫柏、铁头枞。

野外主要识别特征　树皮纵向裂开。叶条形，稀条状披针形，先端微凸尖或微渐尖，通常有两条较明显的凹槽。肉质假种皮微被白粉，胚乳周围显著地向内深皱。

生境　海拔 1000～3400m 松柏林以及阔叶林。

省内分布　巴东、五峰、兴山、神农架、房县、十堰、郧西、竹溪、保康、通山等地。

花期 4—5 月，单株花期 15 天。种子次年 9—10 月成熟。

7.10 箬竹 *Indocalamus tessellatus* **(Munro) Keng f.** / 禾本科 箬竹属 /

别名 长鞘茶竿竹。

野外主要识别特征 复轴形地下茎；竿节间圆筒形，分枝一侧基部微扁；竿环较箨环略隆起。箨鞘长于节间，近革质；箨耳无。叶鞘紧密抱竿，有纵肋；叶片下表面中脉两侧或一侧生有一条毡毛，叶缘具细锯齿。

生境 海拔 400~1200m 山坡、丘陵、沟谷林中。

省内分布 来凤、利川、建始、巴东、神农架、罗田。

花期 6—7 月，单株花期 12 天。

7.11 黑麦草 *Lolium perenne* **Linnaeus** / 禾本科 黑麦草属 /

野外主要识别特征 多年生，具细弱根状茎。秆丛生，基部节上生根。叶片线形，具微毛，有叶舌。

穗状花序直立或稍弯；小穗轴节间平滑无毛；颖为其小穗长的 1/3；外稃无芒；内稃与外稃等长。颖果。

生境 世界各地普遍引种栽培的优良牧草。生于草甸草场，路旁湿地常见。广泛分布于克什米尔地区、巴基斯坦、欧洲、亚洲暖温带、非洲北部。

省内分布 平原地区栽培。

花期 7 月，单株花期 8 天。

7.12 多花兰 *Cymbidium floribundum* Lindley

/兰科 兰属/

别名 牛角七（来凤、兴山、神农架）。

野外主要识别特征 附生植物；假鳞茎近卵球形，稍压扁，包藏于叶基之内。叶通常 5~6 枚，带形，坚纸质。花葶自假鳞茎基部穿鞘而出，近直立或外弯，花序通常具 10~40 朵花；花较密集，直径 3~4cm，一般无香气；萼片与花瓣红褐色或偶见绿黄色，极罕灰褐色，唇瓣白色而在侧裂片与中裂片上有紫红色斑，褶片黄色；蒴果近长圆形。

生境 海拔 400~900m 山坡林下岩石上、岩峰中、溪边草丛中。

省内分布 来凤、恩施、鹤峰、利川、建始、巴东、秭归、兴山、神农架等地。

花期 4—5 月，单株花期 15 天。此种零星分布。资源稀少。

7.13 三尖杉 *Cephalotaxus fortunei* Hooker

/三尖杉科 三尖杉属/

别名 杉滚子树、榧树（咸丰），榧子（建始、鹤峰、麻城、大冶），木榧（随县），榧木（随县），野杉树（罗田），秋杉木（蕲春）。

野外主要识别特征 乔木，树皮暗棕色，裂成片状脱落。树冠广圆形；叶披针状条形，通常微弯，下面气孔带被白粉。雄球花 8~10 个聚生成头状，径约 1cm，每一雄球花有 6~16 枚雄蕊，花药 3，花丝短。

生境 海拔 200~1500m 山坡林中，山谷边。中国特有树种。

省内分布 宣恩、咸丰、鹤峰、恩施、利川、建始、巴东、秭归、宜昌、五峰、长阳、兴山、神农架、房县、十堰、丹江口、郧西、保康、随州、大悟、黄冈、蕲春、英山、罗田、麻城等地。

花期 4—5 月，单株花期 13 天。三尖杉能产生大量花粉，可为蜜蜂采集利用。花粉淡黄色，花粉粒球形。

7.14 篦子三尖杉 *Cephalotaxus oliveri* Masters　/三尖杉科　三尖杉属/

别名　阿里杉。

野外主要识别特征　乔木，高达4m；树皮灰褐色；叶线形，质硬，平展成两列，排列紧密，基部心状截形，几无柄，雄球花6~7聚生成头状花序花药3~4，花丝短；雌球花的胚珠通常1~2发育成种子；种子倒卵圆形、卵圆形或近球形。

生境　海拔200~1500m山坡林中、山谷边。

省内分布　宣恩、巴东、宜昌、五峰、长阳、兴山、神农架、崇阳等地。

花期4—5月，单株花期13天。此种分布零星，难以形成群落。

7.15 粗榧 *Cephalotaxus sinensis* (Rehder & E. H. Wilson) H. L. Li
/三尖杉科　三尖杉属/

别名　榧子（鹤峰、麻城、大冶）、榧木（随县）、野杉树（罗田）、秋杉木（蕲春）。

野外主要识别特征　灌木或小乔木。叶较窄，边缘不向下反曲，先端渐尖或微急尖。种鳞灰绿色，卵形，先端骤尖。

生境　海拔600~2200m山地林中。

省内分布　宣恩、咸丰、鹤峰、恩施、利川、建始、巴东、兴山、神农架、房县、十堰、南漳、随州、通城、大冶、蕲春、英山、罗田、麻城等地。

花期4—5月，单株花期14天。粗榧能产生大量花粉，为蜜蜂采集利用，对加速蜂群繁殖有利。花粉淡黄色，花粉粒球形。

8 辅助蜜源植物

8.1 松科

8.1.1 华山松 *Pinus armandii* Franchet　　　　／松科　松属／

野外主要识别特征　常绿乔木。树皮灰色、平滑。针叶 5 针一束。球果圆锥状长卵圆形，长 10～20cm。鳞盾不具纵脊，鳞脐不明显。种子无

翅，成熟时种鳞张开，种子脱落。

生境　生于海拔 1000m 以上的山地。

省内分布　利川、恩施、建始、鹤峰、巴东、五峰、兴山、宜昌、竹溪、神农架、红安等。

花期 4—5 月。

8.1.2 白皮松 *Pinus bungeana* Zuccarini ex Endlicher　　　／松科　松属／

野外主要识别特征　常绿乔木。树宽塔形至伞形树冠；一年生枝灰绿色，无毛；冬芽红褐色，卵圆形，无树脂。针叶 3 针一束，粗硬；雄球花卵圆形或椭圆形。

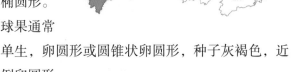

球果通常单生，卵圆形或圆锥状卵圆形，种子灰褐色，近倒卵圆形。

生境　海拔 500～1800m 山地林中。

省内分布　巴东、神农架、十堰、郧西、保康。

花期 4—5 月。

8.1.3 巴山松 *Pinus tabuliformis* var. *henryi* (Masters) C. T. Kuan

/ 松科 松属 /

别名 短叶马尾松。

野外主要识别特征 常绿乔木。一年生枝红褐色或黄褐色，被白粉。针叶 2 针一束，稍硬。雄球花圆筒形或长卵圆形，球果成熟时褐色，卵圆形或圆锥状卵圆形，基部楔形。种子椭圆状卵圆形，微扁，有褐色斑纹。

生境 分布于海拔 1100 ~ 2000m 以上山地。

省内分布 为我国特有树种，产于房县、兴山、恩施、建始、巴东、神农架、十堰等地。

花期 4—5 月。

8.1.4 油松 *Pinus tabuliformis* Carriere

/ 松科 松属 /

野外主要识别特征 常绿乔木。树皮灰褐色或褐灰色。针叶 2 针一束，稀 3 针一束，深绿，粗硬。雄球花圆柱形，长 1.2 ~ 1.8cm，在新枝下部聚生成穗状。球果卵形或圆卵形，长 4 ~ 9cm。

生境 生于海拔 100 ~ 2600m 坡地、丘陵。

省内分布 长阳、神农架、郧西、孝感、英山、罗田、麻城。

花期 4—5 月。在秋末冬初,松针能分泌大量甜汁,养蜂者有时能取到剩余蜜。前期气温尚高,对蜂影响不大；后期天气渐凉,蜜汁极易结晶,伤蜂较重。

8.1.5 黄山松 *Pinus taiwanensis* **Hayata** / 松科 松属 /

野外主要识别特征 常绿乔木。树皮深灰褐色。树冠宽卵形至伞状。针叶 2 针一束。鳞盾稍肥厚隆起近扁菱形，鳞脐具短刺。球果常宿存树上

6～7 年，长 3～5cm。种子具不规则的红褐色斑纹。

生境 生于海拔 800m 以上山地。

省内分布 通城、蕲春、黄梅、英山、罗田。

花期 4—5 月。

8.1.6 马尾松 *Pinus massoniana* **Lambert** / 松科 松属 /

野外主要识别特征 常绿乔木。树冠宽塔形或伞形。枝条每年生长一轮。针叶 2 针一束，稀 3 针一束，细柔、微扭曲。雄球花淡红褐色，雌球花单生淡紫红色。球果有短梗，卵圆形或圆锥状卵圆形。

生境 各林场及山地均有栽培或者次生林。

省内分布 各地均有分布。

花期 4—5 月，单株花期 12 天左右。能产生大量花粉，蜜蜂乐于采食。在秋末冬初，松针能分泌大量甜汁，养蜂者有时能取到剩余蜜。前期气温尚高，对蜂影响不大；后期天气渐凉，蜜汁极易结晶，伤蜂较重。花粉淡黄色，花粉粒近球形，具两个气囊，分列于体两侧。

8.2.1 杉木 *Cunninghamia lanceolata* (Lamb.) Hook. /杉科 杉木属/

别名 杉（通称）。

野外主要识别特征 常绿乔木。叶在主枝上辐射伸展，披针形或条状披针形，革质。球果卵圆形；苞鳞先端有坚硬的刺状尖头；种鳞很小，先端三裂。

生境 海拔800m以下。

省内分布 通城、武汉、竹溪、房县、丹江口、兴山、罗田、麻城、利川、建始、巴东、宣恩、咸丰、来凤、鹤峰、神农架等地。

花期4月，单株花期14天左右。花粉淡黄色。花粉粒近球形，杉木能产生大量花粉，为蜜蜂采集利用，对加速蜂群繁殖，提高蜜蜂体质有一定作用。

8.2.2 侧柏 *Platycladus orientalis* (Linnaeus) Franco /柏科 侧柏属/

野外主要识别特征 常绿乔木。果成熟时红褐色、木质、开裂；种鳞4对，木质，厚，近扁平，背部顶端的下方有一弯曲的钩状尖头。

生境 海拔250～3300m。

省内分布 通城、武汉、竹溪、丹江口、宜昌、兴山、秭归、鄂州、罗田、巴东、宣恩、咸丰、神农架。

花期3—4月，单株花期14天左右。球果10月成熟。花粉黄色。花粉粒球形，分解后花粉表面多具褶皱凹陷。直径为20～30μm。无萌发孔。外壁层次不明显，表面具稀疏而大小不一的颗粒雕纹，颗粒大小约0.5μm。花粉轮廓线不平。侧柏花粉数量丰富，对早春蜂群繁殖有一定作用。

8.3 杨柳科

8.3.1 加杨 *Populus × canadensis* Moench

/ 杨柳科　杨属 /

野外主要识别特征　大乔木。树皮深沟裂，下部暗灰色，上部褐灰色。叶三角形或三角状卵形，

叶柄侧扁而长，带红色。雌雄异株。蒴果卵圆形。

　　生境　湿地栽培。

　　省内分布　各地均有栽培。

　　花期 4 月。花粉浅黄色。

8.3.2 响叶杨 *Populus adenopoda* Maximowicz

/ 杨柳科　杨属 /

野外主要识别特征　乔木。叶卵状圆形或卵形，边缘有内曲圆锯齿，齿端有腺点，基部截形或心形。叶柄侧扁，被绒毛或柔毛，顶端有 2 显著腺点。

蒴果卵状长椭圆形。

　　生境　海拔 1500m 以下山坡林中。

　　省内分布　来凤、咸丰、鹤峰、恩施、利川、建始、巴东、长阳、兴山、神农架、十堰、谷城、崇阳、阳新、罗田等地。

　　花期 3—4 月。

8.3.3 山杨 *Populus davidiana* Dode

/ 杨柳科　杨属 /

野外主要识别特征　乔木。树皮光滑灰绿色或灰白色，叶三角状卵圆形或近圆形，先端钝尖、急尖或短渐尖，边缘有密波状浅齿。叶柄侧扁。蒴果卵状圆锥形。

生境　海拔 1400 ~ 2400m 山脊或林中。

省内分布　巴东、兴山、神农架、房县、十堰、保康等地。

花期 3—4 月。

8.3.4 大叶杨 *Populus lasiocarpa* Olivier

/ 杨柳科　杨属 /

别名　水冬瓜（建始）。

野外主要识别特征　乔木。树皮暗灰色，叶卵形，比任何杨叶均大，基部深心形，常具 2 腺点，边缘具反卷的圆腺锯齿，具柔毛，沿脉尤为显著。叶柄圆，有毛，常与中脉为红色。蒴果卵形。

生境　海拔 1200 ~ 2300m 山坡林中。

省内分布　鹤峰、恩施、建始、巴东、宜昌等地。

花期 4—5 月。

8.3.5 小叶杨 *Populus simonii* **Carriere**　　/杨柳科　杨属/

野外主要识别特征　乔木。叶菱状卵形、菱状椭圆形或菱状倒卵形，中部以上较宽，先端突急尖或渐尖，基部楔形、宽楔形或窄圆形，叶边具细锯齿。叶柄圆筒形，黄绿色或带红色。

　　生境　海拔 800 ~ 1300m 山坡、河岸。

　　省内分布　鹤峰、兴山、郧西等地。

　　花期 3—5 月。花粉淡黄色，数量丰富，是早春粉源植物之一。叶柄基部有蜜腺。

8.3.6 椅杨 *Populus wilsonii* **C. K. Schneider**　　/杨柳科　杨属/

野外主要识别特征　乔木。树皮浅纵裂，暗灰褐色。小叶宽卵形，或近圆形至宽卵状长椭圆形，先端钝尖，基部心形至圆截形，边缘有腺状圆齿牙。叶柄圆，紫色，先端有时具腺点。蒴果卵形。

　　生境　海拔 400 ~ 2400m 山地沟边、路旁、林缘。
　　省内分布　鹤峰、建始、巴东、长阳、兴山、神农架、房县等地。

　　花期 4—5 月。

8.3.7 垂柳 *Salix babylonica* Linnaeus

别名　吊杨柳、杨柳、柳属、杨柳条、青丝柳。

野外主要识别特征　乔木，树冠开展而疏散。枝细，下垂，叶狭披针形或线状披针形。先端长渐尖，基部楔形两面无毛或微有毛，上面绿色，下面色较淡。

生境　海拔 800m 以下河边、路边、湿地。

省内分布　各地均有栽培。

花期 3—4 月，单株花期 20～30 天，温度在 16℃以上的晴暖天气就能泌蜜吐粉，最合适的泌蜜温度为 20～22℃，泌蜜丰富。柳属蜜为琥珀色，有强烈的柳树皮味。花粉粒近圆形，黄色。

8.3.8 黄花柳 *Salix caprea* Linnaeus

野外主要识别特征　灌木或小乔木。叶卵状长圆形、宽卵形至倒卵状长圆形，先端急尖或有

小尖，常扭转，边缘有不规则的缺刻或齿，或近全缘。

生境　海拔 800m 以上山坡林中、灌丛中。

省内分布　利川、谷城等地。

花期 4 月下旬至 5 月上旬。

8.3.9 腺柳 *Salix chaenomeloides* **Kimura**　　/ 杨柳科　柳属 /

野外主要识别特征　小乔木。枝暗褐色或红褐色枝细，叶椭圆形、卵圆形至椭圆状披针形，先端急尖，基部楔形，边缘有腺锯齿。叶柄幼时被短绒毛，先端具腺点。蒴果卵状椭圆形。

生境　海拔 1200m 以下溪边、河岸旁。

省内分布　咸丰、鹤峰、利川、兴山、神农架、竹溪、钟祥、咸宁、崇阳、英山、罗田、武汉等地。

花期 4 月。花粉粒椭圆形或近圆形。

8.3.10 鸡公柳 *Salix chikungensis* **C. K. Schneider**　　/ 杨柳科　柳属 /

野外主要识别特征　灌木。叶椭圆形、椭圆状披针形、卵状披针形或长圆状倒披针形，先端短渐尖或急尖，基部楔形或阔楔形，边缘具细锯齿。叶柄具毛。蒴果卵状椭圆形。

生境　海拔 800m 以下山坡、路旁、溪河边。

省内分布　湖北大别山山区。

花期 4—5 月。

8.3.11 杯腺柳　*Salix cupularis* **Rehder**

野外主要识别特征　小灌木。叶椭圆形或倒卵状椭圆形，稀近圆形，先端近圆形，有小尖突，先端近圆形，有小尖突，基部圆形或宽楔形，上面暗绿色，下面稍带白色，全缘，无毛，叶柄淡黄色。蒴果。

生境　海拔约2500m山坡。

省内分布　巴东、神农架等地。

花期6月。

8.3.12 川鄂柳　*Salix fargesii* **Burkill**

野外主要识别特征　乔木或灌木。叶椭圆形或狭卵形，先端急尖至圆形，基部圆形至楔形，边缘有细腺锯齿，上面暗绿色，下面淡绿色，脉上被白色长柔毛。蒴果长圆状卵形。

生境　海拔1100~1900m山坡林中。

省内分布　咸丰、鹤峰、恩施、利川、巴东、五峰、兴山、神农架等地。

花期不详。

8.3.13 紫枝柳　*Salix heterochroma* Seemen.　/ 杨柳科　柳属 /

野外主要识别特征　灌木或小乔木。枝深紫红色或黄褐色。叶椭圆形至披针形或卵状披针形，先端长渐尖或急尖，基部楔形，上面深绿色，下面带白粉，花药卵状长圆形，黄色。蒴果卵状长圆形。

生境　海拔 1000～2000m 山坡丛林中。

省内分布　鹤峰、利川、建始、长阳、兴山、神农架等地。

花期 4—5 月。

8.3.14 湖北柳　*Salix hupehensis* K. S. Hao ex C. F. Fang & A. K. Skvortsov

/ 杨柳科　柳属 /

野外主要识别特征　灌木。枝黑棕色，无毛。叶卵状披针形，先端渐尖或急尖，基部渐狭或宽楔形，上面暗绿色，无毛或沿中脉散生疏柔毛，下面被丝状绒毛，全缘。叶柄有柔毛。

生境　海拔 1800～3150m 的地区，多生长在林中及山坡。

省内分布　长阳。

花期 3—4 月。

8.3.15 宝兴矮柳　*Salix microphyta* Franchet

野外主要识别特征　矮小灌木。幼枝红褐色，老枝暗褐色。叶多变化，卵形、倒卵形、长圆形或匙形，上面深绿色，叶脉凹下，下面淡绿色，叶脉微隆起，边缘具明显内弯的圆腺齿。叶柄无毛。

　　生境　海拔 2300m 以上灌丛中。

　　省内分布　湖北省西部。

　　花期 7 月。

8.3.16 宝兴柳　*Salix moupinensis* Franchet

别名　穆坪柳。

野外主要识别特征　乔木。叶形变化较大，长圆形、椭圆形、倒卵形或卵形，先端急尖或短渐尖，基部圆形至楔形，边缘有腺锯齿，上面暗绿色，下面淡绿色，上端有 1 至数枚腺点。

　　生境　海拔 1100m 以上山谷沟边。

　　省内分布　利川。

　　花期 4 月。花药黄色。

8.3.17 裸柱头柳 *Salix psilostigma* **Andersson**   / 杨柳科　柳属 /

野外主要识别特征　灌木，稀小乔木。叶披针形，稀狭椭圆状披针形，先端渐尖，稀急尖，基部楔形或楔圆形，叶下面密被白色绒毛，中脉突起，侧脉不十分明显，全缘或有极不明显的疏腺锯齿。

生境　海拔 1000～1500m 山坡灌丛中。

省内分布　湖北西南部（五峰）。

花期 5 月下旬至 6 月上旬。

8.3.18 房县柳 *Salix rhoophila* **C. K. Schneider**   / 杨柳科　柳属 /

野外主要识别特征　灌木。叶椭圆形至长圆形，先端急尖或钝，基部圆形，全缘，两面无毛或幼时具毛，稀下面有绒毛；叶柄上面具微柔毛。

生境　海拔 800～2600m 山坡、溪流边。

省内分布　宣恩、房县等地。

花期 3 月。

8.3.19 南川柳 *Salix rosthornii* **Seemen** / 杨柳科 柳属 /

野外主要识别特征 乔木或灌木。叶披针形，椭圆状披针形或长圆形，稀椭圆形，先端渐尖，叶柄有短柔毛，上端或有腺点。花与叶同时开放。蒴果卵形。

生境 海拔 1000m 以下低山地区水旁。

省内分布 鹤峰、利川、宜昌、神农架等地。

花期 3 月下旬至 4 月上旬。

8.3.20 红皮柳 *Salix sinopurpurea* **C. Wang & Chang Y. Yang**

/ 杨柳科 柳属 /

野外主要识别特征 灌木。叶对生或斜对生，披针形，先端短渐尖，基部楔形，边缘有腺锯齿，上面淡绿色，下面苍白色，中脉淡黄色，侧脉呈钝角开展，幼时有短绒毛，脉上尤密，成叶两面无毛。

生境 海拔 1000~1600m 山地丛林中。

省内分布 湖北省西北部（神农架、房县）。

花期 4 月。

8.3.21 三蕊柳 *Salix nipponica* **Franchet & Savatier** /杨柳科 柳属/

野外主要识别特征 灌木或乔木。叶阔长圆状披针形，披针形至倒披针形，先端常为突尖，基部圆形或楔形，上面深绿色，有光泽，下面苍白色，边缘锯齿有腺点。叶柄上部有2腺点。

生境 生于林区，多沿河生长。海拔500m以下。

省内分布 湖北省西北部。

花期4月。花粉粒椭圆形。

8.3.22 秋华柳 *Salix variegata* **Franchet** /杨柳科 柳属/

野外主要识别特征 落叶灌木。幼枝粉紫色。叶柄短，叶片倒披针形或倒卵形，基部楔形或渐狭。柔荑花序，雄性花序梗短，花丝合生，无毛，1圆筒状腺体，

雌花1腹腺，子房卵球形具短绒毛，无梗；蒴果狭卵形。

生境 山谷河边或河床。

省内分布 巴东、秭归、宜昌等地。

花期4—5月或7—8月，南方花期10~15天。柳树泌蜜为低温型，泌蜜适温20~22℃。

花粉黄色，花粉粒长球形，赤道面观为窄椭圆形，极面观为3裂圆形，表面具网状雕纹。

8.3.23 皂柳 *Salix wallichiana* Andersson　　　/ 杨柳科　柳属 /

野外主要识别特征　落叶灌木或小乔木。枝赤褐色或褐绿色。叶披针形或狭椭圆形。雄性柔荑花序无梗或少有，苞片棕色，长圆形或倒卵形。腺体 1 卵形矩形；雌性花序圆筒状，腺体 1，子房狭圆锥状具短柄，花柱短。蒴果裂片外卷。

生境　山坡，林缘，河边。

省内分布　来凤、利川、巴东、秭归、宜昌、五峰、长阳、兴山、神农架、竹溪、保康等地。

花期 4 月中下旬至 5 月初。南方花期 10 ~ 15 天。

8.3.24 紫柳 *Salix wilsonii* Seemen ex Diels　　　/ 杨柳科　柳属 /

野外主要识别特征　落叶乔木。枝暗棕色。托叶卵形或肾形；叶柄短柔毛，叶片椭圆形，基部楔形到圆形，边缘具圆齿。有花序梗的雄性柔荑花序，雄花正面和背轴腺常有叶；雌花背轴腺小，

子房卵球形具长柄；花柱无；柱头短 2 裂。蒴果卵球形长圆形。

生境　生于海拔 100 ~ 3600m 水边堤岸。

省内分布　鹤峰、巴东、宜昌、兴山、神农架、丹江口等地。

花期 3 月底至 4 月上旬。

8.3.25 庙王柳 *Salix biondiana* Seemen ex Diels / 杨柳科　柳属 /

野外主要识别特征　落叶灌木，稀为小乔木。枝淡棕色，叶柄无毛，叶全缘，长圆形到倒卵形。柔荑花序，雄性苞片长圆形或倒卵形长圆形，雄蕊2，花丝稍长于苞片，腺体狭长圆形。雌性花密集，轴棕色，苞片约倍于子房，腺体正面，子房无柄；

花柱短，柱头卵形。蒴果卵球形圆锥状。

生境　多生于海拔3500m左右的山坡、山谷。

省内分布　利川、宜昌、房县等地。

花期4月下旬至5月上旬。

8.3.26 中华柳 *Salix cathayana* Diels / 杨柳科　柳属 /

别名　红杨木、山柳（咸丰）。

野外主要识别特征　落叶灌木。多分枝，棕色；叶柄具柔毛，叶全缘椭圆形，背有白霜。柔荑花序，雄性花序梗具长柔毛，苞片黄棕色，卵形或倒卵形。2离生雄蕊，花药黄，卵球形或近球形。雌性有短花序梗，苞片倒卵状长圆形，具

缘毛。雌花腺体正面，花柱、柱头短，均2裂。蒴果近球形。

生境　生于1800～3000m的山谷及山坡灌丛中。

省内分布　利川、巴东、五峰、兴山、神农架等地。

花期5月。

8.3.27 小叶柳 *Salix hypoleuca* **Seemen** / 杨柳科 柳属 /

野外主要识别特征 落叶灌木或小乔木。枝暗褐色无角棱。花与叶近同时开放；叶椭圆、披针、椭圆状长圆形，稀卵形；叶脉背面突起，全缘。花丝中下部有长柔毛；雌花密集。

生境 生于海拔 1400～2700m 山坡林缘及山沟。

省内分布 利川、巴东、兴山、神农架、英山、通城等地。

花期 5 月上旬。

8.3.28 旱柳 *Salix matsudana* **Koidz** / 杨柳科 柳属 /

野外主要识别特征 落叶乔木，枝斜上，树冠广圆形；皮暗灰黑色。叶披针形，无毛，下面苍白色或带白色，边缘有细腺锯齿。雄性荑荑花序圆筒状，花药黄。

生境 平原，河岸上。海拔 1100m 以下山地、丘陵、平原。多为栽培。

省内分布 全省广泛分布。

花期 7—8 月，单株花期 21 天。

8.3.29 兴山柳 *Salix mictotricha* C. K. Schneider   / 杨柳科 柳属 /

野外主要识别特征 落叶灌木或小乔木。枝紫褐色或稍带黑色。叶全缘,椭圆形或宽椭圆形,基部圆形;雄花序近无梗,雄蕊2,花药黄色,宽椭圆形;苞片倒卵形,淡褐色,腺体1~(2),腹生(和背生),背腺有或无,长椭圆形;雌花序圆柱形,花序梗短;子房卵状椭圆形,无毛无柄,花柱、柱头各2裂;苞片长圆形,几与子房等长,黄褐色,腺体1,腹生。蒴果有短柄。

生境 生于海拔1300~1700m的山地。

省内分布 宣恩、兴山、神农架等地。

花期5月。

8.3.30 康定柳 *Salix paraplesia* C. K. Schneider   / 杨柳科 柳属 /

野外主要识别特征 落叶乔木。枝带紫色或灰色,叶倒卵状椭圆形,基部楔形,边缘有明显的细腺锯齿;叶柄先端有腺点。花序梗长,轴有柔毛;雄蕊5~7枚,花药宽椭圆形或近球形;苞片长圆形或椭圆形,腺体2,背腹腺基部常结合;

雌花子房长卵形或卵状圆锥形,有短柄,花柱与柱头明显2裂;雌花仅有腹腺1~2,或2深裂。蒴果卵状圆锥形。

生境 生于海拔1500~3900m的山谷、河边,或栽培。

省内分布 长阳、荆门等地。

花期4—5月。

8.3.31 多枝柳 *Salix polyclona* C. K. Schneider 　　/杨柳科　柳属/

野外主要识别特征 落叶乔木或灌木。枝紫褐色，近无毛。叶全缘，椭圆形，基部圆形；雄花序轴具柔毛，雄蕊2枚，黄色花药球形；苞片

倒卵形；棒形腹腺1；雌花子房卵状长圆形，近无柄，花柱、柱头均2裂；苞片褐色；长圆形腹腺1。蒴果卵状圆锥形，有短柄。

生境 生于海拔2100m的山坡。

省内分布 房县、神农架等地。

花期5月。

8.4 杨梅科

8.4.1 杨梅 *Myrica rubra* Siebold & Zuccarini 　　/杨梅科　杨梅属/

别名 酸梅（咸丰）。

野外主要识别特征 常绿乔木。叶革质，倒披针形，全缘。花雌雄异株。雄花具4~6枚雄蕊，花药椭圆形，暗红色；雌花子房卵形，花柱短。核果球形。

生境 生长在海拔125~1500m的山坡或山谷林中，喜酸性土壤。

省内分布 咸丰、咸宁、通山、通城、崇阳、阳新、兴山、十堰、来凤等地。

花期4月。花粉丰富，对春季蜂群繁殖有一定作用。花粉粒扁球形，极光切面为钝三角形，赤道光切面为椭圆形，表面具颗粒状雕纹。

8.5.1 胡桃楸 *Juglans mandshurica* **Maximowicz** / 胡桃科　胡桃属 /

野外主要识别特征　乔木；树冠扁圆形；树皮灰色，具浅纵裂。奇数羽状复叶，小叶 15～23 枚；叶柄基部膨大。雄性荑荑花序长 9～20cm，花序轴被短柔毛。雄花具短花柄；雄蕊 12 枚、稀 13 或 14 枚，花药长约 1mm，黄色，药隔急尖或微凹。雌性穗状花序具 4～10 枚雌花。雌花长 5～6mm，

柱头鲜红色。果序长 10～15cm，俯垂，通常具 5～7 个果实。

生境　多生于土质肥厚、湿润、排水良好的沟谷两旁或山坡的阔叶林中。

省内分布　竹溪、房县、丹江口、宜昌、兴山、利川、建始、巴东、宣恩、鹤峰、神农架。

花期 5 月。

8.5.2 化香树 *Platycarya strobilacea* **Siebold & Zuccarini**

/ 胡桃科　化香树属 /

别名　凡香树（来凤）、山柳（武穴市）。

野外主要识别特征　落叶小乔木，高 2～6m；树皮灰色，老时则不规则纵裂。二年生枝条暗褐色，具细小皮孔；嫩枝被有褐色柔毛，不久即脱落而无毛。叶总柄显著短于叶轴，叶总柄及叶轴初时被稀疏的褐色短柔毛，后来脱落而近无毛，具 7～23

枚小叶；小叶纸质，侧生小叶无叶柄，对生或生于下端者偶尔有互生，卵状披针形至长椭圆状披针形，两性花序和雄花序在小枝顶端排列成伞房状花序束，直立。果序球果状，卵状椭圆形至长椭圆状圆柱形。

生境　海拔 1800m 以下山地疏林中、林缘、路旁。

省内分布　全省广布。

花期 4—5 月，单株花期 15 天。

8.5.3 湖北枫杨 *Pterocarya hupehensis* Skan /胡桃科 枫杨属/

野外主要识别特征 乔木，高 10～20m；小枝深灰褐色，皮孔灰黄色，显著；芽显著具柄，裸出，黄褐色，密被盾状着生的腺体。奇数羽状复叶，叶缘具单锯齿，沿中脉具稀疏的星芒状短毛，下面浅绿色，在侧脉腋内具 1 束星芒状短毛，侧生小叶对生或近于对生，长椭圆形至卵状椭圆形，下部渐狭，基部近圆形，歪斜，顶端短渐尖，中间以上的各对小叶较大，下端的小叶较小，顶生 1 枚小叶长椭圆形，基部楔形，顶端急尖。果序轴近于无毛或有稀疏短柔毛；果翅阔，椭圆状卵形。

生境 常生于河溪岸边、湿润的森林中。

省内分布 利川、恩施、建始、巴东、武汉等。

花期 4—5 月，单株花期 13 天。

8.6 桦木科

8.6.1 多脉鹅耳枥 *Carpinus polyneura* Franch /桦木科 鹅耳枥属/

野外主要识别特征 乔木；小枝疏被白色柔毛或无毛。叶椭圆状披针形或卵状披针形，稀椭圆形，基部楔形或近圆，沿脉密被柔毛。叶柄长 0.5～1cm，疏被柔毛或无毛；雌花疏被柔毛。苞片半宽卵形，外缘疏生齿，基部无裂片，内缘全缘。小坚果宽卵球形，长 2～3mm，疏被柔毛，顶端被长柔毛。

生境 生于海拔 600～1600m 的山坡林中。

省内分布 兴山、咸丰、鹤峰、神农架等地。

花期 5—6 月。

8.7.1 锥栗 *Castanea henryi* (Skan) Rehder & E. H. Wilson

/ 壳斗科 栗属 /

别名 板栗（咸丰）。

野外主要识别特征 落叶小乔木。叶顶部长渐尖至尾状长尖，叶缘的裂齿有线状长尖，叶背无毛，嫩叶有黄色鳞腺且叶脉两侧有疏长毛。成熟壳斗连刺径 2.5 ~ 4.5cm，每壳斗有坚果 1 个。

生境 海拔 600 ~ 2000m 的山地林中。

省内分布 咸丰、鹤峰、利川、建始、巴东、五峰、长阳、兴山、神农架、房县、十堰、丹江口、崇阳、英山等地。

花期 5—7 月。

8.7.2 甜槠 *Castanopsis eyrei* (Champ. ex Benth.) Tutcher

/ 壳斗科 锥属 /

野外主要识别特征 乔木。大树的树皮纵深裂，块状剥落。叶革质，卵形，披针形或长椭圆形，长 5 ~ 13cm，顶部长渐尖。壳斗顶部的刺密集而较短，坚果阔圆锥形。

生境 海拔 700 ~ 1200m 山坡杂木林中。

省内分布 来凤、咸丰、利川、通山。

花期 6—7 月，单株花期 18 天左右。

8.7.3 秀丽锥 *Castanopsis jucunda* **Hance**

野外主要识别特征　乔木，芽鳞、嫩枝、嫩
叶叶柄、叶背及花序轴均被早脱落的红棕色略松
散的蜡鳞，枝、叶均无毛。叶卵形，卵状椭圆形
或长椭圆形，叶缘至少在中部以上有锯齿状。壳

斗近圆球形，刺
多条在基部合生

成束；坚果阔圆锥形，果脐位于坚果底部。

　　生境　海拔 250m 山坡杂木林中。

　　省内分布　通山、阳新等地。

　　花期 5—6 月，单株花期 14 天左右。

8.7.4 小叶青冈 *Cyclobalanopsis myrsinaefolia* **(Blume) Oersted**

　　野外主要识别特征　常绿乔木，高 20m，胸
径达 1m。小枝无毛，被凸起淡褐色长圆形皮孔。
叶卵状披针形或椭圆状披针形，长 6 ~ 11cm，宽
1.8 ~ 4cm，顶端长渐尖或短尾状，基部楔形或近圆
形，叶缘中部以上有细锯齿，侧脉每边 9 ~ 14 条，
常不达叶缘，叶背粉白色，干后为暗灰色，无毛。

雄花序长 4 ~ 6cm；雌花序长
1.5 ~ 3cm。壳斗杯形，包着坚
果 1/3 ~ 1/2，小苞片合生成 6 ~ 9
条同心环带，环带全缘。坚果
卵形或椭圆形。

　　生境　生于海拔 200 ~
2500m 的山谷、阴坡杂木林中。

　　省内分布　湖北西部十堰
有群落分布。

　　花期 6 月。

8.7.5 曼青冈 *Cyclobalanopsis oxyodon* (Miquel) Oersted

/ 壳斗科　青冈属 /

野外主要识别特征　常绿乔木。叶长椭圆形至长椭圆状披针形，叶缘有锯齿，叶背被灰白色或黄白色粉及平伏单毛和分叉毛，不久即脱净。壳

斗杯形，包着坚果 1/2 以上；小苞片合生成 6~8 条同心环带，环带边缘粗齿状。

生境　海拔 700~2800m 的山坡、山谷杂木林中。

省内分布　五峰等地。

花期 5—6 月，单株花期 17 天左右。

8.7.6 包果柯 *Lithocarpus cleistocarpus* (Seemen) Rehder & E. H. Wilson

/ 壳斗科　柯属 /

野外主要识别特征　乔木。枝、叶均无毛。叶革质，卵状椭圆形或长椭圆形，长 9~16cm，全缘。壳斗近圆球形，顶部平坦，被淡黄灰色细片状蜡鳞，包着坚果绝大部分，果脐凸起。

生境　海拔 1000~1900m 的山坡林中。

省内分布　咸丰、鹤峰、建始、巴东、五峰、长阳、兴山、神农架、房县等地。

花期 4—5 月，单株花期 16 天左右。

8.7.7 多穗柯 *Lithocarpus polystachyus* **Rehder**

/ 壳斗科　柯属 /

野外主要识别特征　常绿小乔木，一般高
5～6m。叶薄革质，卵状披针形或近椭圆形，或
倒卵状椭圆形至倒卵状披针形，长 12～20cm，宽
5～8cm，先端突渐尖，尾状，基部渐狭，叶下面

薄被白粉屑，全缘。果序长 22～25cm，
果常 3 个聚生一处；总苞直径 7～13mm，
浅盘状，鳞片三角形，紧密排列，密被毛。

生境　生长在海拔 1400m 以下的山
地林中、山谷沟边。

省内分布　产来凤、咸丰、利川、恩
施、建始等县（市）等地。

花期 4—5 月。

8.7.8 麻栎 *Quercus acutissima* **Carruthers**

/ 壳斗科　栎属 /

野外主要识别特征　落叶乔木。叶顶端长渐
尖，有刺芒状锯齿，两面同色，幼时被柔毛。壳
斗杯形，包着坚果约 1/2，连小苞片直径 2～4cm；
小苞片钻形或扁条形，向外反曲，被灰白色绒毛。

生境　海拔 1700m 以下山坡或丘陵地疏林中。

省内分布　来凤、咸丰、利川、巴东、宜昌、
五峰、神农架、房县、十堰、竹山、广水、武汉、
英山等地。

花期 5—6 月，
单株花期 15 天
左右。叶柄基部
有蜜腺，能分泌
甜汁，特别在高温
高湿条件下，泌蜜
量多。

8.7.9 巴东栎 *Quercus engleriana* Seemen

/壳斗科　栎属/

野外主要识别特征　常绿或半常绿乔木。小枝幼时被灰黄色绒毛，后渐脱落。叶片椭圆形、卵形、卵状披针形，叶缘常中部以上有锯齿，叶片幼时两面密被棕黄色短绒毛；叶柄长 1～2cm。壳斗碗形，包着坚果 1/3～1/2；小苞片卵状披针形。

生境　海拔 800～1700m 山坡林中。

省内分布　宣恩、咸丰、鹤峰、恩施、利川、建始、巴东、五峰、长阳、兴山、神农架、十堰等地。

花期 4—5 月，单株花期 12 天左右。

8.7.10 乌冈栎 *Quercus phillyreoides* A. Gray

/壳斗科　栎属/

野外主要识别特征　常绿灌木或小乔木。叶革质，倒卵形或窄椭圆形，顶端钝尖或短渐尖，基部圆形或近心形，叶缘中部以上具疏锯齿，两面同为绿色，老叶两面无毛或仅叶背中脉被疏柔毛；叶柄长 3～5mm。壳斗杯形，包着坚果 1/2～2/3；小苞片三角形。坚果长椭圆形。

生境　海拔 500～1400m 山坡林中。

省内分布　宣恩、咸丰、鹤峰、恩施、利川、巴东、五峰、神农架、十堰等地。

花期 4—5 月，单株花期 13 天左右。

8.7.11 枹栎 *Quercus serrata* **Murray**

野外主要识别特征　落叶乔木。树皮灰褐色，深纵裂。叶缘有腺状锯齿，幼时被伏贴单毛，老时及叶背被平伏单毛或无毛。壳斗杯状，包着坚果 1/4 ~ 1/3，果脐平坦。

生境　海拔 800 ~ 1700m 山坡林中。

省内分布　宣恩、咸丰、鹤峰、利川、建始、巴东、五峰、兴山、宜昌、神农架、房县、保康、十堰、武汉等地。

花期 3—5 月，单株花期 16 天左右。

注：枹栎的变种短柄枹栎 *Quercus serrata* Thunb. var. *brevipetiolata*（A. DC.）Nakai。FOC 已予以合并。

8.8　榆科

8.8.1 榆树 *Ulmus pumila* **Linnaeus**

野外主要识别特征　落叶乔木；叶椭圆状卵形，基部偏斜或近对称，一侧楔形至圆，另一侧圆至半心脏形，叶面平滑边缘具锯齿。先花后叶，翅果近圆形，淡绿色至白黄色，宿存花被无毛，4

浅裂边缘有毛，果梗较花被短。

生境　生于海拔 1000 ~ 2500m 以下的山坡、山谷、川地、丘陵及沙岗等处。

省内分布　荆门、十堰、襄阳、武汉、罗田等地。

花期 3—6 月。

8.9.1 水蓼 *Polygonum hydropiper* **Linnaeus**　　/蓼科　蓼属/

野外主要识别特征　一年生草本。叶披针形或椭圆状披针形，具辛辣味；托叶鞘疏生短硬伏毛，具短缘毛。总状花序呈穗状，常下垂，花稀疏；萼片有腺点苞片绿色，疏生短缘毛。

生境　海拔1500m以下山坡路旁草丛中、沟边、池塘边、湖岸湿地。

省内分布　全省广布。

花期5—9月。不经水淹，生虫嗑花影响泌蜜。干旱高温蜜多，阴雨低温蜜少。昼夜温差大，湿度高，蜜蜂易患大肚病。隔水采集，蜜蜂已被淹死。花粉淡黄色，花粉粒球形，极面观三裂圆形；具散孔，外壁表面具有网状雕纹。蜜浅琥珀色，有异味。

8.9.2 红蓼 *Polygonum orientale* **Linnaeus**　　/蓼科　蓼属/

野外主要识别特征　一年生草本。茎、叶、托叶鞘、苞片均被柔毛。叶宽卵形至卵状披针形；托叶鞘常沿顶端具翅。总状花序呈穗状，常数个组成圆锥状；苞片具长缘毛。

生境　海拔1500m以下山地、丘陵、平原路旁、沟边湿地。

省内分布　各地均有分布，亦有栽培。

花期6—9月。

花粉球形，直径约60μm。具散孔。外壁两层，表面具网状纹饰，网脊明显。

8.9.3 赤胫散 *Polygonum runcinatum* var. *sinense* **Hemsley**

/ 蓼科　蓼属 /

野外主要识别特征　多年生草本，具根状茎，茎直立或上升，具纵棱，有毛或近无毛；叶羽裂，三角状卵形，顶端渐尖，侧生裂片 1 ~ 3 对，两面疏生糙伏毛，下部叶叶柄具狭翅，基部有耳，托叶鞘膜质；花序头状，顶生；花淡红色或白色，花被 5 深裂，花药紫色，花柱 3，中下部合生。

生境　海拔 1000 ~ 2500m 的山坡草丛中、沟边潮湿地。

省内分布　来凤、咸丰、秭归、宣恩、恩施、利川、巴东、宜昌、兴山、神农架、保康等地。

花期 6—7 月，单株花期 16 天左右。

8.10　苋科

8.10.1 牛膝 *Achyranthes bidentata* **Blume**

/ 苋科　牛膝属 /

别名　白牛膝、土牛膝（通称）、牛膝肚（神农架）。

野外主要识别特征　多年生草本。茎略呈灰褐色。叶椭圆形或披针形，叶柄紫红色。花小，绿色，成穗状花序；花后花序梗伸长，可达 15cm。小苞片两侧有膜质小裂片，退化雄蕊顶端平圆，略带波状。

生境　海拔 1400m 以下山坡路旁阴湿处、沟边。

省内分布　全省广布。

花期 9—10 月，单株花期 20 天。

8.10.2 尾穗苋 *Amaranthus caudatus* Linnaeus /苋科　苋属/

别名　老枪谷。

野外主要识别特征　一年生草本。茎粗壮直立，有纵棱条，淡绿色或粉红色。叶片菱状卵形或菱状披针形，有小芒尖。圆锥花序下垂，中央花穗特别长，呈尾状。胞果盖裂，种子淡黄色。

生境　海拔 1200m 以下栽培于田圃或庭园，或逸为野生。

省内分布　恩施、巴东、兴山、神农架，保康、谷城、竹溪、咸宁、京山。

花期 5—8 月，单株花期 60 天。

8.10.3 青葙 *Celosia argentea* Linnaeus /苋科　青葙属/

别名　狗尾草、百日红、鸡冠花、野鸡冠花、指天笔、海南青葙。

野外主要识别特征　一年生草本；全株无毛；叶长圆状披针形、披针形或披针状条形，绿色常带红色，先端尖或渐尖，具小芒尖，基部渐窄；塔状或圆柱状穗状花序不分枝，花初为白色顶端带红色，或全部粉红色，后白色。

生境　海拔 1000m 以下山坡、路旁、沟边、园圃。

省内分布　武汉、竹溪、房县、丹江口、宜昌、兴山、秭归、罗田、利川、建始、巴东、来凤、鹤峰、神农架等地。

花期 5—8 月。青葙泌蜜丰富，蜜蜂爱采。花粉粒球形，外壁表面具颗粒状雕纹。

8.10.4 鸡冠花 *Celosia cristata* **Linnaeus** / 苋科　青葙属 /

别名　鸡冠花（通称）、鸡公花（秭归、南漳）、野鸡冠花、凤尾鸡冠花（枣阳）。

野外主要识别特征　一年生草本。穗状花序多分枝呈鸡冠状、卷冠状或羽毛状，花红、紫、黄、橙色。

生境　海拔1300m以下庭园栽培。

省内分布　全省均有分布。

花期6—11月，单株花期90天。

8.11　马齿苋科

8.11.1 马齿苋 *Portulaca oleracea* **Linnaeus** / 马齿苋科　马齿苋属 /

别名　豆瓣菜、瓜子菜（秭归）。

野外主要识别特征　一年生草本，全株无毛。叶互生或近对生；叶片似马齿状，扁平肥厚。花3～5朵簇生枝端，午时盛开；萼片绿色盔形，基部合生；

花黄色。

生境　海拔1300m以下的山地、路旁、田间、园圃。

省内分布　各地均有分布。

花期5—8月。

8.12 莲科

8.12.1 莲 *Nelumbo nucifera* **Gaertner**

/ 莲科 莲属 /

别名 荷花、莲花。

野外主要识别特征 水生草本。叶圆形，全缘，叶柄长，高出水面。花单生在长花梗顶端，花托（莲房）果期膨大，海绵质。

生境 自生或栽培在池塘或水田内。

省内分布 全省均有分布。

花期 6—8 月。花粉丰富，蜜蜂爱采，有利于蜂群繁殖，为良好的粉源植物之一。花粉黄色，长球形，赤道面观椭圆形，极面观为 3 裂圆形，具 3 孔沟，沟长，沟边缘不平，沟膜具颗粒。外壁两层，外层较厚；表面具短棒状雕纹，棒粗而弯曲，似分散的大颗粒。花粉轮廓线凸波形。

8.13 睡莲科

8.13.1 睡莲 *Nymphaea tetragona* **Georgi**

/ 睡莲科 睡莲属 /

别名 子午莲。

野外主要识别特征 水生草本。叶圆心形或肾圆形，全缘，上面光滑，下面略带紫红色。花漂浮水面上，花瓣多数白色，略短于萼片；柱头 5~8，放射状排列。浆果三角状球形，宿存萼片包被，内含多数长圆形种子。

生境 生于池沼湖泊中。

省内分布 全省均有分布。

花期 6—8 月。花数量不多，蜜蜂颇爱采集。花粉黄色，扁球形，极面观近钝三角形。大小为 18.3μm×26.3μm。具环状萌发孔。外壁两层，内层较厚，表面具大小不一的短棒状颗粒，从正面看，成为分散的颗粒雕纹，颗粒分布较稀，大小不一。

8.14 连香树科

8.14.1 连香树 *Cercidiphyllum japonicum* Siebold & Zuccarini

/ 连香树科　连香树属 /

野外主要识别特征　落叶大乔木。叶生短枝上的叶近圆形、宽卵形或心形，生长枝上的叶椭圆形或三角形。雄花常 4 朵丛生，近无梗；雌花 2~6（~8）朵，丛生。蓇葖果 2~4 个，荚果状。

生境　海拔 1000~1900m 阴山坡、沟谷林中。

省内分布　宣恩、鹤峰、恩施、利川、建始、巴东、秭归、宜昌、五峰、长阳、兴山、神农架、房县、竹溪、英山。

花期 3 月，单株花期 12 天。连香树是风媒植物，其花部特征有许多适合风媒传粉的特点：花先叶开放，花小，无花被，无蜜腺和气味，花粉量大。

8.15 芍药科

8.15.1 芍药 *Paeonia lactiflora* Pallas

/ 芍药科　芍药属 /

别名　野芍药。

野外主要识别特征　多年生草本。下部茎生叶为二回三出复叶，上部茎生叶为三出复叶。花生茎顶和叶腋，有时仅顶端一朵开放，叶腋有花芽；花直径 8~11.5cm；萼片 4，花瓣 9~13。花丝长，黄色。

生境　分布于海拔 1000~2300m 的山坡草地。
省内分布　全省均有栽培。

花期 2—3 月，单株花期 10 天。泌蜜不多，集中栽培处能采到少量粉蜜。花粉粒长球形，极面观为 3 裂圆形，赤道面观椭圆形，具 3 孔沟。外壁表面具网状雕纹，网孔圆形。芍药花粉中蛋白质含量较高。

8.15.2 牡丹 *Paeonia suffruticosa* Andrews /芍药科 芍药属/

野外主要识别特征 落叶灌木。二回三出复叶，偶尔近枝顶的叶为 3 小叶。花单生枝顶。苞片 5；萼片 5；花色多；花瓣 5 或重瓣，顶端呈不规则的波状；雄蕊多数。花丝紫色、红色、粉红色，上部白色。

生境 我国特有名贵花卉，湖北各地均有栽培。

省内分布 全省均有栽培。

花期 3—4 月，单株花期 12 天。泌蜜丰富，蜜蜂爱采。花粉粒长球形，赤道面观为长椭圆形，极面观为 3 裂圆形。具 3 孔沟。外壁表面具清楚的网状雕纹，网至两极和沟边不变细，网孔圆形，直径 0.5～0.7μm。

8.16 毛茛科

8.16.1 大火草 *Anemone tomentosa* (Maxim.) Pei /毛茛科 银莲花属/

野外主要识别特征 多年生草本，块根分枝，直立。叶基生，小叶卵形或三角状卵形，边缘具小裂片的有锯齿。聚伞花序，苞片 3，萼片 5；子房密被绒毛，柱头斜，无毛。瘦果，具细柄，被绵毛。

生境 海拔 1200～2350m 的山地草坡或路边阳处。

省内分布 武汉、丹江口、兴山、罗田、巴东、神农架、保康等地。

花期 7—10 月。

8.16.2 升麻 *Cimicifuga foetida* Linnaeus

/ 毛茛科　升麻属 /

别名　狗尾升麻（巴东）。

野外主要识别特征　多年生草本；根茎粗壮，直立；叶卵形，稍革质，边缘具深锯齿；总状花絮，萼片白色，倒卵状圆形退化雄蕊宽椭圆形；蓇葖果长圆形，种子椭圆形，褐色。

生境　海拔 1300 ~ 2500m 的山坡林下草丛中。

省内分布　房县、宜昌、兴山、五峰、恩施、利川、建始、巴东、宣恩、咸丰、鹤峰、神农架等地。

花期 7—9 月。

8.16.3 山木通 *Clematis finetiana* H. Léveillé & Vaniot

/ 毛茛科　铁线莲属 /

别名　雪球藤、老虎毛、老虎须、九里花、过山照、大叶光板力刚。

野外主要识别特征　木质藤本。茎圆柱形。三出复叶；小叶片薄革质或革质，卵状披针形、狭卵形至卵形。花常单生，或为聚伞花序、总状聚伞花序，腋生或顶生，有 1 ~ 3 (~ 7) 花，少数 7 朵以上而成圆锥状聚伞花序；苞片小，钻形；萼片 4 (~ 6)，开展，白色，狭椭圆形或披针形；雄蕊无毛，药隔明显。

生境　海拔 300 ~ 1300m 的山坡草丛中、林中或沙岩山涧。

省内分布　全省均有广布。

花期 4—6 月。

8.16.4 黄连 *Coptis chinensis* **Franch.**

别名　鸡爪连（通称）。

野外主要识别特征　多年生草本。根状茎黄色；叶具长柄，革质，卵状三角形；聚伞花序，苞片披针形，萼片黄绿色，长椭圆状卵形；花瓣线形或线状披针形，中央有蜜槽；种子长椭圆形，褐色。

生境　海拔 500～2000m 的山地林中或山谷阴处。

省内分布　宣恩，鹤峰，恩施，利川，巴东，秭归，兴山，神农架，房县，十堰，竹山，竹溪，保康，通城，罗田等地。

花期 4 月，单株花期 11 天左右。

8.16.5 唐松草 *Thalictrum aquilegiifolium* **var.** *sibiricum* **Linnaeus**

野外主要识别特征　多年生草本，茎直立，中空。叶互生，小叶倒卵形或近圆形，全缘或具疏粗齿。复单歧聚伞花序伞房状，萼片白色或带紫色。瘦果，倒卵形，具细柄。

生境　海拔 500～1800m 草原、山地林边草坡或林中。

省内分布　通城、罗田。

花期 7 月。

8.17.1 三叶木通 *Akebia trifoliata* **(Thunberg) Koidzumi**

/ 木通科　木通属 /

别名　八月柞（通称）、腊扎藤（宜都）。

野外主要识别特征　落叶木质藤本；小叶卵形，椭圆形或披针形，革质或纸质。腋生总状花序，雄花萼片淡紫色，卵圆形；雌花萼片暗紫红色，宽卵形或卵圆形。蓇葖果，长圆形，种子卵球形。

生境　海拔 250～1000m 的山坡灌丛中和沟边。

省内分布　宣恩、建始、鹤峰、兴山、竹溪、丹江口、钟祥、罗田等地。

花期 4—6 月，单株花期 12 天左右。

8.17.2 猫儿屎 *Decaisnea insignis* **(Griffith) J. D. Hooker et Thomson**

/ 木通科　猫儿屎属 /

别名　天鸟（巴东）、猫屎瓜（咸丰、南漳）、猫屎八月柞（保康）。

野外主要识别特征　落叶灌木，分枝粗壮；树皮灰褐色，枝稍被白粉；小叶中脉在下面凸起，上面凹陷，小叶柄基部略带紫红色；果实圆柱状，成熟时蓝

紫色，含浆汁，种子卵形，扁平，棕黑色。

生境　海拔 800～1 200m 的山林灌丛中和沟边。

省内分布　咸丰、宣恩、利川、鹤峰、建始、巴东、宜昌、兴山、房县、罗田等地。

花期 5—6 月，单株花期 13 天左右。

8.17.3 牛姆瓜 *Holboellia grandiflora* Reaub. / 木通科 八月瓜属 /

野外主要识别特征 常绿木质藤本；掌状复叶具长柄，有小叶 3～7 片，革质或薄革质，倒卵形、长圆形、卵形，稀倒披针形。花排成总状花序，花淡绿白色或淡紫色，雌雄同株；果长圆形，常孪生。

生境 生于海拔 500m 以上的山坡灌丛中。

省内分布 宣恩、赤壁、崇阳等地。

花期 5—6 月，单株花期 12 天左右。

8.18 五味子科

8.18.1 五味子 *Schisandra chinensis* (Turczaninow) Baillon
/ 五味子科 五味子属 /

别名 北五味子。

野外主要识别特征 落叶，木质藤本，小枝灰褐色，稍有棱。叶边缘疏生有腺体的细齿，上面绿色，无毛，下面脉上嫩时有短柔毛，无白粉。

花乳白色或粉红色，雌雄异株，雄花有雄蕊 5，少数 4 或 6，雌蕊心皮 17～40。

生境 海拔约 1600m 山地杂木林中。

省内分布 来凤、宣恩、兴山、十堰、郧西、竹山、崇阳、英山、罗田。

花期 4—5 月，单株花期 15 天。

8.18.2 铁箍散 *Schisandra propinqua* subsp. *sinensis* (Oliver) R. M. K. Saunders

野外主要识别特征　落叶木质藤本，全株无毛，当年生枝褐色或变灰褐色，有银白色角质层。叶坚纸质，卵形、长圆状卵形或狭长圆状卵形，先端渐尖或长渐尖，基部圆或阔楔形，下延至叶柄。花橙黄色，常

单生或 2~3 朵聚生于叶腋，或 1 花梗具数花的总状花序；花被片椭圆形，雄蕊较少，6~9 枚；成熟心皮亦较小，10~30 枚。

生境　生于沟谷、岩石山坡林中。海拔 500~2000m。

省内分布　湖北省西部各地。

花期 6—7 月。

8.18.3 华中五味子 *Schisandra sphenanthera* Rehder & E. H. Wilson

/ 五味子科　五味子属 /

别名　南五味子。

野外主要识别特征　落叶木质藤本，老枝灰褐色，小枝紫红色。叶倒卵形，两面绿色。花淡黄色，或带粉红色，雌雄异株，雄花有雄蕊 11~19，花丝短基部连合，雌花心皮 30~50。小浆果熟时鲜红色，光滑。

生境　600~2300m 山地林或灌丛中，或山谷沟边。

省内分布　来凤、宣恩、咸丰、鹤峰、恩施、利川、建始、巴东、宜昌、长阳、兴山、神农架、十堰、丹江口、保康、宜都、随州、赤壁、英山、罗田等地。

花期 4—5 月，单株花期 16 天。

8.19.1 香叶树 *Lindera communis* **Hemsley** /樟科　山胡椒属/

野外主要识别特征　常绿灌木或小乔木；树皮淡褐色。叶互生，厚革质，卵圆形、卵形或宽卵形，先端渐尖或短尾尖。雌雄异株，伞形花序腋生，花5~8朵，花瓣6，果卵形，基部具杯状果托。

生境　常见于干燥沙质土壤，散生或混生于常绿阔叶林中。

省内分布　武汉、竹溪、宜昌、兴山、通山、恩施、利川、建始、巴东、宣恩、咸丰、来凤、鹤峰、神农架等地。

花期3—4月，单株花期15天左右。花粉粒黄色近球形，大小约55μm×42μm。极面观为三裂椭圆形，也具有3个较深的萌发沟，沟长达两极。花粉表面为皱波状纹饰，并密布细小的孔穴。

8.19.2 香叶子 *Lindera fragrans* **Oliver** /樟科　山胡椒属/

野外主要识别特征　常绿小乔木；树皮黄褐色。叶互生；披针形至长狭卵形；三出脉。伞形花序腋生；总苞片4，内有花2~4朵。雄花黄色；花被片6，近等长，雄蕊9，花丝无毛，第三轮的基部有2个宽肾形几无柄的腺体。果长卵形。

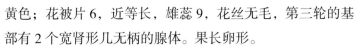

生境　生于海拔700~2030m的沟边、山坡灌丛中。

省内分布　竹溪、房县、丹江口、宜昌、兴山、秭归、巴东、宣恩、来凤、鹤峰、神农架等地。

花期4—5月，单株花期13天左右。

8.19.3 山胡椒　*Lindera glauca* **(Sieb. et Zucc.) Blume**

/ 樟科　山胡椒属 /

别名　牛筋树。

野外主要识别特征　落叶小乔木或灌木状。枝、叶芳香，小枝无毛。叶互生，披针形或长圆形，长 4 ~ 11cm，侧脉 6 ~ 10 对；叶柄长 0.6 ~ 2cm，浅红色。伞形花序单生或簇生。果近球形，径约5mm，黑色。

生境　生于向阳的山地、灌丛、疏林或林中路旁、水边。

省内分布　全省均有分布。

花期 3—4 月。花粉黄色，球形，完全没有沟和孔，外壁薄而透明，易出现凹陷褶皱；外壁表面具刺状雕纹。

8.19.4 黑壳楠　*Lindera megaphylla* **Hemsley**

/ 樟科　山胡椒属 /

野外主要识别特征　常绿乔木。小枝粗圆，紫黑色，无毛。叶集生枝顶，倒披针形或倒卵状长圆形，稀长卵形。伞形花序多花，花序梗密被黄褐色或近锈色微柔毛。果椭圆形或卵圆形，紫黑色，无毛。

生境　生于山坡、谷地湿润常绿阔叶林或灌丛中，海拔 1600 ~ 2000m 处。

省内分布　鄂西地区。

花期 2—4 月。花粉 32.9（30 ~ 40）μm，外壁无小穿孔，外壁表面平滑，刺三角形排列极稀疏，基部无垫状突起。

8.19.5 山鸡椒 *Litsea cubeba* (Lour.) Persoon

野外主要识别特征　落叶小乔木或灌木状。枝、叶芳香，小枝无毛。叶互生，披针形或长圆形，长 4 ~ 11cm，侧脉 6 ~ 10 对；叶柄长 0.6 ~ 2cm，浅红色。伞形花序单生或簇生。果近球形，径约 5mm，黑色。

生境　生于向阳的山地、灌丛、疏林或林中路旁、水边。

省内分布　鄂西及鄂东南地区。

花期 2—3 月，花期 30 天左右。花小、黄绿色，花粉粒球形，花粉完全没有沟和孔，不具花粉管出口。外壁薄而透明，内壁厚而光滑；表面具刺。中蜂每群可产蜜 5 ~ 10kg，蜜琥珀色，味芳香。

8.19.6 宜昌润楠 *Machilus ichangensis* Rehder & E. H. Wilson

野外主要识别特征　乔木，树冠卵形。小枝纤细而短，无毛，褐红色。叶圆状披针形至长圆状倒披针形，坚纸质；叶柄纤细，长 0.8 ~ 2cm。圆锥花序生自当年生枝基部脱落苞片的腋内，总梗纤细，紫红色。果近球形，黑色，有小尖头。

生境　生于山坡或山谷的疏林内。

省内分布　鄂西地区。

花期 4 月。花粉近圆形，直径 40.2μm，小刺不足 1μm，排列整齐，基本未见膨大，有小穿孔，未见垫状隆起。

8.19.7 小果润楠 *Machilus microcarpa* Hemsley
/ 樟科　润楠属 /

野外主要识别特征　乔木。小枝纤细，无毛。叶倒卵形、倒披针形至椭圆形或长椭圆形，革质；叶柄细弱。圆锥花序集生小枝枝端，较叶为短。果球形，直径 5~7mm。

生境　生于山坡或山谷的疏林内。

省内分布　利川、巴东、宣恩、鹤峰等地。

花期 3—4 月。花小、黄绿色。中蜂每群可产蜜 5~10kg，蜜琥珀色，味芳香。

8.19.8 竹叶楠 *Phoebe faberi* (Hemsley) Chun
/ 樟科　楠属 /

野外主要识别特征　乔木。小枝粗壮，干后变黑色或黑褐色。叶厚革质或革质、长圆状披针形或椭圆形；中脉上面下陷，下面突起，叶缘外反。花序多个，生于新枝下部叶腋。果球形。

生境　生于山坡或山谷的疏林内。

省内分布　利川、巴东、宣恩、鹤峰等地。

花期 4—5 月。花多而细小，花黄绿色。

8.19.9 紫楠　*Phoebe sheareri* (Hemsley) Gamble　　/ 樟科　楠属 /

野外主要识别特征　乔木。树皮灰褐色。叶长 8～27cm，宽 3.5～9cm，侧脉 8～13 对，在边缘网结；叶柄长 1～2.5cm。圆锥花序长 7～18cm，顶端分枝。果卵圆形，长约 1cm；果柄稍粗，被毛；宿存花被片松散。

生境　生于海拔 1000m 以下的山地阔叶林中。

省内分布　宣恩等地。

花期 4—5 月。花粉黄色，数量较多，雄蕊基部有 2 个蜜腺，蜜源丰富。

8.20　罂粟科

8.20.1 白屈菜　*Chelidonium majus* Linnaeus　　/ 罂粟科　白屈菜属 /

别名　山黄连（秭归、远安、竹溪、南漳）、小人血七（秭归）、牛金花（远安，南漳）、八步紧、断肠草（远安）、假黄连（竹溪、南漳）。

野外主要识别特征　多年生草本，具黄色乳汁。主根粗壮，茎聚伞状多分枝，叶互生倒卵状长圆形，羽

状全裂；伞形花序顶生，苞片卵形。花芽、萼片卵圆形，花瓣黄色倒卵形，花药长圆形，子房线形，柱头 2 裂。蒴果狭圆柱形，种子卵形暗褐色。

生境　生于海拔 500～2200m 的山坡、山谷林缘草地或路旁、石缝。

省内分布　秭归、恩施、宜昌、神农架、十堰、丹江口、竹溪、南漳、远安、襄阳、麻城、红安等地。

花期 4—9 月。蜜粉丰富，蜜蜂爱采，对蜂群繁殖较为有利。

8.20.2 延胡索 *Corydalis yanhusuo* W. T. Wang ex Z. Y. Su et C. Y. Wu

别名　玄胡（通城）、延胡（秭归）。

野外主要识别特征　多年生草本。块茎球形。茎基部之上有1鳞片。叶3～4枚，叶片二回三出全裂，总状花序长3～6.5cm；花瓣紫红色，长1.5～2cm，距圆筒形，长1～1.2cm。蒴果线形。

生境　生于丘陵草地，有的地区有引种栽培。

省内分布　通城、五峰、秭归、远安、保康、随县、孝感、英山、仙桃、潜江。

花期4月中旬至5月上旬。数量不多，但能在早春为蜂群提供部分蜜粉，有助于蜂群繁殖。

8.20.3 虞美人 *Papaver rhoeas* Linnaeus

/ 罂粟科　罂粟属 /

野外主要识别特征　一年生草本。被糙毛。茎分枝。花蕾有长梗，未开放时下垂；萼片2，花开放后脱落；花瓣4，紫红色，基部常有深紫色斑；雄蕊多数；花柱极短，柱头辐射状分枝。

生境　常见栽培，原产欧洲。为观赏植物。

省内分布　全省各地栽培。

花期3—8月。数量不多，但能在早春为蜂群提供部分蜜粉，有助于蜂群繁殖。

8.21 白花菜科

8.21.1 醉蝶花 *Tarenaya hassleriana* (Chodat) Iltis

/ 白花菜科 醉蝶花属 /

别名 蝴蝶梅、醉蝴蝶（通称）。

野外主要识别特征 强壮草本，全株被黏质腺毛；有特殊臭味；叶为具5~7小叶的掌状复叶，小叶草质；总状花序，密被黏质腺毛；苞片单一；

雌雄蕊柄长1~3mm；几无花柱，柱头头状。蒴果圆柱形。

生境 栽培。

省内分布 原产热带美洲，全省均有栽培。

花期3—5月，单株花期15天左右。

8.22 十字花科

8.22.1 青菜 *Brassica chinensis* Linnaeus

/ 十字花科 芸苔属 /

别名 小白菜（通称）。

野外主要识别特征 一年生或二年生草本，无毛，带粉霜；根粗，坚硬；总状花序顶生，呈圆锥状，花浅黄色；长角果线形，坚硬，无毛。种子球形，紫褐色，有蜂窝纹。

生境 栽培。

省内分布 全省均有栽培。

花期4月，单株花期16天左右。

8.22.2 芥菜 *Brassica juncea* **(Linnaeus) Czern. et Coss**

/十字花科　芸苔属/

别名　羊角儿菜、菱角菜、芥。

野外主要识别特征　一年生草本；常无毛。基生叶大头羽裂，边缘均有缺刻或牙齿，具小裂片；茎下部叶较小，边缘有缺刻或牙齿；茎上部叶有柄。花黄色。种子球形，紫褐色。

生境　喜肥沃、疏松、湿润土壤。

省内分布　全省均有栽培。

花期 3—5 月，单株花期 16 天左右。开花泌蜜 20 多天。泌蜜适温 26～27℃，在 30℃高温和比较干旱的情况下，也能正常泌蜜。由于花冠较深，蜜蜂常从花冠基部吸其蜜。泌蜜丰富，常年每群可采蜜 10～20kg。

花粉黄色，数量较多，有利于蜂群繁殖。蜂蜜浅琥珀色，极易结晶。

8.22.3 白菜（大白菜）　*Brassica rapa* **var.** *glabra* **Regel**

/十字花科　芸苔属/

别名　小白菜、大白菜。

野外主要识别特征　二年生草本，高 40～60cm，常全株无毛。基生叶多数，大形，倒卵状长圆形至宽倒卵形，长 30～60cm，宽不及长的一半，

顶端圆钝，边缘皱缩，波状，有时具不显明牙齿，中脉白色，很宽，有多数粗壮侧脉；叶柄白色，扁平，边缘有具缺刻的宽薄翅；上部茎生叶长圆状卵形、长圆披针形至长披针形。花鲜黄色，直径 1.2～1.5cm；花瓣倒卵形，基部渐窄成爪。长角果较粗短，两侧压扁，直立，具喙。

生境　我国南北各省区广泛栽培，品种较多。

省内分布　全省均有栽培。

花期 5 月，单株花期 15 天。此种只有留种时，才见花开。

8.22.4 荠 *Capsella bursa-pastoris* (Linnaeus) Medic. /十字花科 荠属/

别名 荠菜、荠荠菜、地米菜、芥。

野外主要识别特征 一年生或二年生草本，高 20~50cm；茎直立，上部分枝。基生叶呈莲座状，平铺地上，有柄，长圆状披针形，羽状深裂，茎生叶狭披针形，基部抱茎，边缘有缺刻或锯齿，两面有毛。总状花序顶生和腋生，花白色，雄蕊6枚，

4强，基部有2个蜜腺。短角果，三角形、扁平，顶端稍缺，种子细小，椭圆形，红棕色。

生境 为常见杂草，生于田野、路旁、沟边和庭院等处。

省内分布 全省均有分布。

花期4—6月。数量多，分布广，花期早，有蜜粉，对早春蜂群繁殖很有利。

8.22.5 播娘蒿 *Descurainia sophia* (Linnaeus) Webb ex Prantl

/十字花科 播娘蒿属/

别名 大蒜芥、婆婆蒿、米米蒿、腺毛播娘蒿。

野外主要识别特征 一年生草本，高30~70cm，茎直立，上部多分枝，密生叉状毛或灰柔毛。叶互生，狭卵形，2~3回羽状深裂，裂片线形；下部叶有柄，上部叶无柄。总状花序顶生，花淡黄色，雄蕊6枚，雌蕊圆柱形。长角果，线形；种子1行，矩圆形至卵形，略扁，褐色。

生境 多生于田野、山坡湿地、河岸、沟谷等处。

省内分布 分布于宜昌、房县、郧阳、郧西、竹溪、保康、远安、宜城、谷城、荆门、襄阳、武汉等地。

花期4—5月，数量多，分布广，花期早而且长，有粉、蜜，对蜂群繁殖有利。

8.22.6 葶苈 *Draba nemorosa* Linnaeus

/十字花科 葶苈属/

别名 猫耳草、光果葶苈。

野外主要识别特征 一年生草本，高 10 ~ 30cm。基生叶成莲座状贴地生长，无柄，长圆状倒卵形，或长圆状椭圆形，先端钝，基部渐狭，边缘具疏锯齿或全缘，茎生叶卵形至卵状椭圆形，先端钝或稍尖，基部渐狭成叶柄，边缘具稀疏的齿状浅裂，两面密被柔毛和星状毛。总状花序顶生，花黄色或黄白色。果实为扁平的长角果，种子细小，卵形，黄褐色。

生境 海拔 400 ~ 1000m 山坡草丛中。

省内分布 神农架、十堰、丹江口、竹溪、随州。

花期 3—4 月上旬。如春季雨水充足，生长茂盛，蜂群进蜜不仅能够繁殖，而且有余。

8.22.7 萝卜 *Raphanus sativus* Linnaeus

/十字花科 萝卜属/

野外主要识别特征 直根肉质，长圆形。茎有分枝，无毛，稍具粉霜。花白色或粉红色；花瓣倒卵形，具紫纹。长角果在相当种子间处缢缩，并形成海绵质横隔；种子卵形，红棕色，有细网纹。

生境 栽培。

省内分布 全省均有分布。

花期 4—5 月。

8.22.8 蔊菜 *Rorippa indica* (Linnaeus) Hiern ／十字花科 蔊菜属／

别名 野油菜。

野外主要识别特征 一年生草本，茎直立，近基部分枝。下部叶有柄，羽状分裂，上部叶无柄，卵形或阔披针形。总状花序顶生或侧生，花小，多数，具细花梗；萼片4，卵状长圆形，花瓣4，黄色，

匙形，基部渐狭成短爪，雄蕊6，2枚稍短。长角果线状圆柱形，短而粗。

生境 海拔2200m以下山坡路旁、田埂、园圃、石缝等处。

省内分布 全省均有分布。

花期3—7月，由南向北推迟。蜜粉丰富，有利于蜂群春、夏繁殖，集中处有时能取到少量蜂蜜。花粉形态泌蜜特性不详。

8.22.9 菥蓂 *Thlaspi arvense* Linnaeus ／十字花科 菥蓂属／

别名 败酱草（荆门、神农架）。

野外主要识别特征 一年生草本；茎直立。基生叶倒卵状长圆形。总状花序顶生；花白色，直径约2mm；花梗细，长5~10mm；萼片直立，卵形，长约2mm，顶端圆钝；花瓣长圆状倒卵形，长2~4mm，顶端圆钝或微凹。短角果倒卵形或近圆形。种子每室2~8个。

生境 生在平地路旁，沟边或村落附近。

省内分布 神农架、郧西、丹江口、荆门、武汉等。

花期3—4月。

8.23 木犀科

8.23.1 连翘 *Forsythia suspensa* (Thunb.) Vahl

/ 木犀科 连翘属 /

别名 元召（巴东、秭归、远安）、元翘（长阳）、连壳（秭归）、连翘壳（远安）、黄寿丹（潜江）。

野外主要识别特征 阔叶灌木；枝条开展或下垂，节间空；单叶对生，或 3 裂至三出复叶，卵形，宽卵形或椭圆形卵形，近革质，边缘有锯齿。

先叶开花，花金黄色；蒴果，卵球形。

生境 生于海拔 1000m 左右山地灌丛或林缘，多为栽培。

省内分布 十堰、郧西、房县、丹江口、宜昌、兴山、秭归、五峰、巴东、神农架等地。

花期 3—4 月。

8.23.2 光蜡树 *Fraxinus griffithii* C. B. Clarke

/ 木犀科 梣属 /

野外主要识别特征 半落叶乔木，树皮灰白色。羽状复叶，革质或薄革质，卵形至长卵形。圆锥花序顶生，叶状苞片匙状线形，花萼杯状，萼齿阔三角形，裂片舟形。翅果阔披针状匙形，坚果圆柱形。

生境 海拔 100～2000m 的干燥山坡、林缘、村旁、河边。

省内分布 兴山、秭归、恩施、巴东。

花期 4—6 月，单株花期 12 天左右。

8.23.3 日本女贞 *Ligustrum japonicum* **Thunberg** / 木犀科 女贞属 /

野外主要识别特征 常绿灌木；叶革质，椭圆形或卵状椭圆形；圆锥花序顶生，塔形，花药长圆形，花柱稍伸出于花冠管外，柱头棒状，先端浅 2 裂；果长圆形或椭圆形。

生境 生于低海拔的林中或灌丛中。

省内分布 武汉。

花期 7—8 月，单株花期 21 天左右。

8.23.4 女贞 *Ligustrum lucidum* **W.T.Aiton** / 木犀科 女贞属 /

别名 冬青子（南漳、武汉、潜江）、冬青（罗田、大冶）、爆格蚤（潜江）。

野外主要识别特征 常绿灌木或乔木；叶光滑，长卵形至椭圆形，全缘；花无梗，花冠裂片反折，与花冠管近等长；果熟时蓝黑色，略弯曲，被白粉。

生境 生于海拔 1000m 左右的混交林缘或谷地。

省内分布 武汉、阳新、大冶、竹溪、房县、丹江口、兴山、秭归、长阳、五峰、鄂州、罗田、通城、通山、恩施、利川、建始、巴东、宣恩、来凤、鹤峰、神农架等地。

花期 5—7 月。

8.23.5 蜡子树 *Ligustrum leucanthum* (S.Moore) P.S.Green

/ 木犀科　女贞属 /

别名　白倒钩藤（咸丰）、小叶毛冬青、小白蜡树（建始）、小蜡（保康）。

野外主要识别特征　落叶灌木或小乔木；小枝常水平开展，被毛；叶纸质，椭圆形至披针形，两面常被毛；花序着生小枝顶端；果球形至长圆形，蓝黑色。

生境　海拔 1000~2000m 的密林中或山沟灌丛中。

省内分布　十堰、竹溪、房县、宜昌、兴山、秭归、五峰、保康、罗田、麻城、通城、通山、恩施、利川、建始、巴东、宣恩、来凤、鹤峰、神农架等地。

花期 5—7 月。

8.23.6 小蜡 *Ligustrum sinense* Lour

/ 木犀科　女贞属 /

别名　小白蜡树（恩施）、冬青子（鹤峰、十堰）、白蜡树（十堰）、青葵子（罗田）、蜡叶树、冬青（崇阳）。

野外主要识别特征　落叶灌木或小乔木；叶纸质或薄革质，卵形、长圆形或披针形；圆锥花序顶生或腋生，花序轴被较密黄色柔毛或近无毛，基部有叶；果近球形。

生境　海拔 130~2500m 的山坡、山谷、溪边、河旁、路边的密林、疏林或混交林中。

省内分布　武汉、宜昌、五峰、荆门、罗田、英山、通山、恩施、利川、宣恩、来凤、鹤峰、神农架等地。

花期 4—5 月，单株花期 12 天左右。

8.23.7 银桂 *Osmanthus fragrans* 'Latifolius'

别名　红糖茶（利川）。

野外主要识别特征　常绿乔木或灌木；叶对生，革质，椭圆形至椭圆状披针形，缘或上半部疏生细锯齿；花序簇生于叶腋；花梗纤细，花色较浅，常银白、乳白至乳黄色。

生境　水热条件好、降水量适宜的亚热带气候区域。

省内分布　全省广为栽培。

花期 8—10 月，单株花期 10 天左右。

8.23.8 四季桂 *Osmanthus fragrans* var. *semperflorens*

别名　红糖茶（利川）。

野外主要识别特征　常丛生灌木状；叶显著二型，春叶较宽，近全缘，秋叶较窄，

多有锯齿；花序顶生或腋生，二型，春、冬季花常为有总梗的帚状花序或圆锥花序，秋季花常为无总梗的簇生聚伞花序。

生境　水热条件好、降水量适宜的亚热带气候区域。

省内分布　全省均有栽培。

花期 4—10 月，单株花期 13 天左右。

8.23.9 金桂 *Osmanthus fragrans* var. *thunbergii* / 木犀科 木犀属 /

别名 红糖茶（利川）。

野外主要识别特征 中小乔木，有明显主干；叶革质，椭圆形，先端渐尖，基部楔形，全缘或具锯齿齿，无毛；簇生聚伞花序腋生，花色为淡黄、金黄至深黄色。

生境 水热条件好、降水量适宜的亚热带气候区域。

省内分布 全省广为栽培。

花期 7—9 月，单株花期 12 天左右。

8.24 伯乐树科

8.24.1 伯乐树 *Bretschneidera sinensis* Hemsley / 伯乐树科 伯乐树属 /

别名 钟萼木（通称）。

野外主要识别特征 乔木，树皮灰褐色；小枝有较明显的皮孔。叶互生，奇数羽状复叶；花大，两性，两侧对称，组成顶生、

直立的总状花序；花萼阔钟状，果为蒴果，3 ~ 5 瓣裂。

生境 生于低海拔至中海拔的山地林中。

省内分布 恩施、利川等地。

花期 4—5 月，单株花期 13 天左右。

8.25.1 瓦松 *Orostachys fimbriata* (Turczaninow) A. Berger

/景天科　瓦松属/

别名　酸塔花、瓦花。

野外主要识别特征　二年生肉质草本，直立，高 10～30cm；第一年生莲座叶；叶宽条形，渐尖，基部叶早落，条形至披针形，干后有暗紫色圆点；花序穗状，呈塔形，花紫红色。蓇葖果，矩圆形。

生境　海拔 1800m 以下屋顶、墙头及石上。

省内分布　全省广布。

花期 8—9 月，适应性强，泌蜜丰富。花粉粒长球形，表面具模糊的条纹——网状雕纹。

8.25.2 凹叶景天 *Sedum emarginatum* Migo

/景天科　景天属/

别名　石板菜、石板还阳、码酸。

野外主要识别特征　多年生草本；叶对生，匙状倒卵形至宽卵形，先端有缺刻；聚伞状花序，顶生，花多，无梗，萼片有短距；花瓣黄色；蓇葖略叉开，腹面有浅囊状隆起。蓇葖果略叉开。

生境　生长于海拔 600～1800m 的阴湿石缝中。

省内分布　来凤、宣恩、咸丰、鹤峰、恩施、巴东、五峰、兴山、神农架、十堰、石首、咸宁、通山、赤壁、崇阳、大冶、武穴、蕲春。

花期 5—9 月，单株花期 32 天。

8.25.3 佛甲草 *Sedum lineare* **Thunberg**

别名　鼠牙半枝莲、铁指甲。

野外主要识别特征　多年生草本；茎肉质，不育枝斜上；叶线形，常3叶轮生，少对生，基部无柄；聚伞花序顶生，中心花有短梗，分枝上花无梗；

花黄色。蓇葖果略叉开，长4~5mm。

　　生境　生于在低山阳处或阴湿处。

　　省内分布　武汉、竹溪、秭归、鄂州、巴东、宣恩等地。

　　花期4—5月。花粉丰富，蜜蜂爱采，为良好的辅助蜜源植物。

8.26　虎耳草科

8.26.1 落新妇 *Astilbe chinensis* **(Maxim.) Franch. et Savat**

别名　红升麻、金毛狗、阴阳虎。

野外主要识别特征　多年生草本。茎无毛。基生叶为二至三回三出羽状复叶；顶生小叶片菱状椭圆形，侧生小叶片卵形至椭圆形，圆锥花序，下部第一回

分枝长4~11.5cm，通常与花序轴成15°~30°角斜上；花序轴密被褐色卷曲长柔毛；苞片卵形，几无花梗；花密集；萼片5，卵形，种子褐色。

　　生境　生于海拔390~3600m的山谷、溪边、林下、林缘和草甸等处。

　　省内分布　兴山、当阳、恩施、巴东、宣恩、鹤峰、神农架。

　　花期6—9月。

8.26.2 大花溲疏 *Deutzia grandifora* **Bunge**

别名　笛儿棵、哨子棵。

野外主要识别特征　落叶灌木，高 1～2m。叶卵形，先端渐尖，基部圆楔形，边缘密生细锯齿，表面粗糙，背面有白色星状毛。聚伞花序，生侧枝顶端，有 1 或 3 花；花瓣 5，白色，镊合状排列，雄蕊 10 枚，花丝有翼；子房下位，花柱 3 枚。蒴果，半球形，具有宿存细长花柱。

生境　常生于低山林下、石缝及山坡灌丛中。

省内分布　郧西、丹江口。

花期 4—6 月，花期约 20 天。蜜粉丰富，为春季较好的辅助蜜源植物之一。

8.27　绣球花科

8.27.1 中国绣球 *Hydrangea chinensis* **Maximowicz**

别名　粉团花、脱皮龙。

野外主要识别特征　灌木，叶薄纸质至纸质，披针形或椭圆形，伞形状或伞房状聚伞花序顶生，

无总花梗；花瓣黄色，椭圆形或倒披针形，蒴果卵球形，顶端孔裂；种子淡褐色，无翅，具网状脉纹。

生境　海拔 1400m 以下疏林中。

省内分布　宣恩、利川。

花期 1—2 月，单株花期 16 天左右。

8.27.2 蜡莲绣球 *Hydrangea strigosa* **Rehder**

/ 绣球花科　绣球属 /

别名　狗骨常山（湖北）。

野外主要识别特征　灌木，叶纸质，有锯齿，伞房状聚伞花序大，顶端稍拱，分枝扩展，密被灰白色糙伏毛，花瓣长卵形，初时顶端稍连合，后分离，基部截平；子房下位，花柱 2，蒴果坛状，顶端截

平，种子褐色，具纵脉纹，两端具翅。

生境　海拔 400～1500m 林下沟边、山坡等处。

省内分布　来凤、宣恩、咸丰、鹤峰、利川、建始、巴东、秭归、宜昌、五峰、神农架、房县、十堰、丹江口、竹山、竹溪、南漳、远安、宜都、咸宁、通城、崇阳、大冶。

花期 1—2 月，单株花期 16 天左右。

8.28　金缕梅科

8.28.1 枫香树 *Liquidambar formosana* **Hance**

/ 金缕梅科　枫香树属 /

别名　三角枫、枫树。

野外主要识别特征　乔木；树皮灰褐色。叶阔卵形，掌状 3 裂。雄性短穗状花序；雌性头状花序，花多。头状果序圆球形，蒴果下半部藏于花序轴内，具宿存花柱及针刺状萼齿。

生境　生于平地、村落附近及低山的次生林。

省内分布　武汉、竹溪、兴山、荆州、麻城、利川、巴东、宣恩、咸丰、来凤、鹤峰、神农架等地。

花期 4 月中旬。花粉丰富，有利于蜂群繁殖。花粉粒球形，直径 47.8mm，表面具颗粒状雕纹。

8.29.1 二球悬铃木 *Platanus acerifolia* (Aiton) Willdenow

/ 悬铃木科　悬铃木属 /

野外主要识别特征　大乔木。树皮光滑，大片块状脱落；嫩枝密生灰黄色绒毛；老枝秃净，红褐色。叶深裂或浅裂，具离基三出脉，托叶长约1.5cm，基部鞘状，叶5～7掌状深裂。花4数，球状果序常为2，稀1或3个。

生境　湿润肥沃的微酸性或中性壤土生长。

省内分布　湖北广泛栽培作行道树。

花期4—5月。

8.30.1 龙芽草 *Agrimonia pilosa* Ledebour

/ 蔷薇科　龙芽草属 /

别名　毛竹英、路边黄。

野外主要识别特征　多年生草本，根状茎倾斜，常有地下芽。奇数羽状复叶，有托叶，有小的小叶着生在大的小叶之间。

花小，两性，黄色，成狭总状穗状花序；萼管在果时倒圆锥形或陀螺形；花柱顶生。

生境　海拔100～1200m的山坡草地、山谷溪边、灌丛及疏林下。

省内分布　全省广泛分布。

花期5—12月。花粉金黄色。花粉粒长球形，赤道面观为椭圆形，极面观为钝三角形，具3孔沟。

8.30.2 山桃 *Amygdalus davidiana* (Carriére) de Vos ex L. Henry

/ 蔷薇科　桃属 /

别名　毛桃、野桃（丹江口）。

野外主要识别特征　乔木，树皮暗紫色，光滑。花单生，先于叶开放，粉或白色；花萼钟形，无毛。

果实近球形，淡黄色，果肉薄而干，不可食，直径约 3cm。

生境　生于海拔 800m 以上的山坡、山谷沟底或荒野疏林及灌丛内。

省内分布　兴山、丹江口。

花期 3—4 月。

8.30.3 桃 *Amygdalus persica* Linnaeus

/ 蔷薇科　桃属 /

别名　桃树（通称）、六月桃、狗屎桃子（宜都）、野桃（十堰、英山）、毛桃（十堰、随县、通城）、七月桃（竹溪）、山桃（赤壁）。

野外主要识别特征　小乔木；叶长圆披针形，边缘有锯齿。花单生，先叶开放；萼筒钟形，被

短柔毛。果实常卵球形，白至橙黄色，向阳面具红晕，果肉多汁，直径 5 ~ 7cm。

生境　常见栽培作果树或观赏用，或野生。

省内分布　各地均有栽培。

花期 3—5 月，单株花期 10 天。

8.30.4 杏 *Armeniaca vulgaris* **Lamarck**　　　/ 蔷薇科　杏属 /

别名　杏子树（通称）、杏树（十堰）、麦黄谷、
羊屎杏（郧西）、苦杏、麦杏（丹江口）、山杏（襄
阳）、药杏（宜城）。

野外主要识别特征　乔木，高5~8m。叶基
部圆形。花单生，花萼常反折。果黄色或黄红色，
果肉多汁；核平滑，沿腹缝线有沟。

生境　多在海拔900m以下山坡或宅旁栽培。

省内分布　湖北各地均有栽培。

花期3—4月，单株花期5~7天，群体花期
约半月。花粉淡黄，数量较多，花蜜琥珀色，有浓
郁的杏仁香味。花粉粒近球形，极面观三裂圆形，
具3孔沟，孔干明显。

8.30.5 樱桃 *Cerasus pseudocerasus* **(Lindley) Loudon**　/ 蔷薇科　樱属 /

野外主要识别特征　乔木，高2~6m。叶基
部圆形，边有尖锐重锯齿。花序伞房状或伞形，
萼筒钟状，花柱无毛；花瓣白色，先端下凹或2裂。
核果近球形。

生境　生于海拔1100~1350m山坡林中或宅
旁栽培。

省内分布　各地均有栽培。

花期3—4月，10天左右。

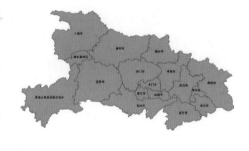

8.30.6 康定樱桃 *Cerasus tatsienensis* (Batalin) T. T. Yu & C. L. Li

/ 蔷薇科　樱属 /

野外主要识别特征　灌木或小乔木，高 2~5m。叶片基部圆形，边有重锯齿；花序伞形或近伞形，萼筒无毛；花叶同开，花瓣顶端圆形。

生境　海拔 1600~2600m 的山坡林中。

省内分布　巴东、五峰、兴山、神农架等地野生，武汉等地栽培。

花期 3—4 月，单株花期 10 天。

8.30.7 木瓜 *Chaenomeles sinensis* (Thouin) Koehne / 蔷薇科　木瓜属 /

别名　光皮木瓜(通称)、清棠宣木瓜(利川)、饭木瓜、药木瓜(南漳、保康)，铁脚梨(钟祥)。

野外主要识别特征　树皮成片状脱落；小枝无刺。叶边有刺芒状锯齿；托叶膜质，卵状披针形，

边有腺齿。花单生于叶腋，后于叶开放；萼片有齿，反折。

生境　海拔 1200m 以下栽培。

省内分布　恩施、神农架、十堰、襄阳、钟祥、黄冈、武汉等地栽培。

花期 4 月。

8.30.8 华中栒子 *Cotoneaster silvestrii* **Pampanini** /蔷薇科 栒子属/

别名 湖北栒子。

野外主要识别特征 灌木。枝条细弱，分叉。叶卵形或卵圆形至椭圆形，上面浓绿色，下面被薄而密的灰绒毛。伞房花序有 6~12 花；萼被长柔毛，或脱落，萼片宽三角形，长 1mm；花瓣白色，近圆形，宽 5mm。果球形，红色。

生境 生长在海 700~2500m 的山坡杂木林中。

省内分布 产巴东、兴山、神农架、丹江口、郧西。

花期 5 月，单株花期 15 天。

8.30.9 水栒子 *Cotoneaster multiflorus* **Bunge** /蔷薇科 栒子属/

野外主要识别特征 落叶灌木，枝条细瘦。叶片基部宽楔形或圆形，无毛。聚伞花序，总花梗和花梗无毛；萼筒钟状，内外均无毛；花瓣平展，先端圆钝或微缺，基部有短爪，白色；果实近球形或倒卵形。

生境 海拔 1800~2500m 山坡杂木林中或林缘、灌丛中。

省内分布 神农架。

花期 5—6 月，花粉丰富，泌蜜稳定。

8.30.10 湖北山楂　*Crataegus hupehensis* **Sargent**　　/ 蔷薇科　山楂属 /

野外主要识别特征　小枝紫褐色，无毛有刺；叶缘有锯齿，上半部有 3~4 对浅裂片。花序无毛。果实黄色或红色；小核 5，内面两侧平滑。

生境　生于海拔 500m 以上的山坡灌丛中。

省内分布　秭归、宜昌、五峰、兴山、神农架、房县、十堰、丹江口、竹溪、远安、保康、广水、大冶、蕲春、黄梅、英山、罗田。

花期 5—6 月。

8.30.11 蛇莓　*Duchesnea indica* **(Andrews) Focke**　　/ 蔷薇科　蛇莓属 /

别名　蛇泡草（通称）、龙吐珠（远安、荆门）、宝珠草（远安）、红顶果（京山）、头顶珠（天门）。

野外主要识别特征　草本，高 10~30cm；小叶片倒卵形至菱状长圆形。花托果期鲜红色。瘦果光滑或具不显明突起，鲜时有光泽。

生境　生于海拔 1800m 以下草丛中及路旁。

省内分布　广泛分布。

花期 6—8 月，蜜粉丰富。

8.30.12 东方草莓 *Fragaria orientalis* **Losinskaja** /蔷薇科 草莓属/

别名　白泡（恩施、鹤峰、竹溪）、地泡（恩施、鹤峰、宣恩）、白地泡（来凤）、三角龙（五峰）、地泡子（秭归）、大麦泡（竹溪）。

野外主要识别特征　多年生草本，茎和叶柄被开展的毛，小叶3，质地较薄，两面有毛，下面在脉上较密；花序聚伞状，白色；花梗密被展开

的毛；萼片在果期水平展开。

生境　生于海拔720～2200m沟边湿地或草丛中。

省内分布　来凤、宣恩、鹤峰、恩施、利川、巴东、秭归、宜昌、五峰、兴山、当阳、神农架、房县、谷城、保康、随州等地。

花期4—5月，单株花期25天。

8.30.13 湖北海棠 *Malus hupehensis* **(Pampanini) Rehder**

/蔷薇科 苹果属/

别名　小石枣、茶海棠、秋子、花红茶、野花红、野海棠。

野外主要识别特征　乔木。叶片卵形至卵状椭圆形，嫩时常呈紫红色。伞房花序，具花4～6朵；花萼和花梗都带紫红色；花瓣倒卵形，长约1.5cm，基部有短爪，粉白色或近白色；雄蕊20，花丝长

短不齐，约等于花瓣之半；花柱3。

生境　海拔1900m以下山沟灌丛或疏林中。

省内分布　来凤、宣恩、咸丰、鹤峰、秭归、神农架、十堰、丹江口、崇阳、英山、武汉。

花期4—5月。

8.30.14 苹果 *Malus pumila* Miller

野外主要识别特征　小乔木。栽培种；叶边锯齿稍深，小枝、冬芽及叶片上毛茸较多；伞房花序，集生于小枝顶端；果实扁球形或球形，直径大，果梗短，先端常有隆起，萼洼下陷。

生境　生于海拔 50～2500m 山坡梯田、平原旷野以及黄土丘陵等处。

省内分布　低海拔地区有栽培。

花期 5 月。

8.30.15 光叶石楠 *Photinia glabra* (Thunberg) Maximowicz

野外主要识别特征　常绿乔木，叶革质，边有疏钝锯齿，叶柄长 1～1.5cm。花序总梗及花梗无毛，花梗疣点不显著。果卵形，红色。

生境　生于 1400m 以下山坡杂木林中。

省内分布　恩施、通山、崇阳等地野生，武汉等地有栽培。

花期 4—5 月。

8.30.16 石楠 *Photinia serratifolia* (Desfontaines) Kalkman

/ 蔷薇科　石楠属 /

别名　千里红（潜江）。

野外主要识别特征　常绿乔木或灌木，叶革质，边缘有疏生带腺体的稀锯齿，叶柄 2 ~ 4cm，被柔毛。复伞房花序顶生，花序及花梗无毛。果卵形，红色。

生境　生于 400 ~ 1450m 山坡林中或灌丛中。

省内分布　宣恩、鹤峰、恩施、利川、建始、巴东、宜昌、兴山、神农架、十堰、丹江口、通山、崇阳、阳新、英山等地，也有栽培。

花期 4—5 月，单株花期 16 天。

8.30.17 李 *Prunus salicina* Lindley

/ 蔷薇科　李属 /

别名　苦李子（通称）、乌梅（通称）、红梅（鹤峰）、李仁（长阳、秭归）、野李子（十堰、英山）、梅子（十堰）、苦梅子（房县、谷城）、梅子树（保康）、家李子（随县）、野乌梅（钟祥）。

野外主要识别特征　小乔木。叶片光滑无毛。

花通常 3 朵簇生，稀 2。果核常有沟纹；果实大。

生境　生于 1500m 以下山坡灌丛中、山谷疏林中或溪边等处。

省内分布　各地均有栽培。

花期 3—5 月，单株花期 14 天。

8.30.18 全缘火棘 *Pyracantha atalantioides* (Hance) Stapf

/ 蔷薇科　火棘属 /

别名　小山楂（崇阳）。

野外主要识别特征　灌木，高达 3m。叶边通常为全缘，有时带细锯齿，中部最宽，幼时有黄褐色柔毛，老时两面无毛，下面微带白霜。复伞房花序梗被黄褐色柔毛。梨果扁球形，亮红色。

生境　海拔 360～1400m 的山坡林中或山谷灌丛。

省内分布　宣恩、咸丰、鹤峰、巴东、五峰、兴山、房县、十堰、崇阳等地。

花期 4—5 月。

8.30.19 火棘 *Pyracantha fortuneana* (Maximowicz) H. L. Li

/ 蔷薇科　火棘属 /

别名　救兵粮（恩施、巴东、竹溪）、红籽木、救早粮、红籽刺泡（咸丰）、救命粮（远安、房县）、救军粮（远安、竹山）、茶呆子（远安）、木楂果子（神农架）。

野外主要识别特征　灌木，高达 3m；叶边缘有钝锯齿，中部以上最宽，两面皆无毛。复伞房花序梗近于无毛。梨果近球形，橘红色或深红色。

生境　海拔 400～2200m 以上的山坡或沟谷、路旁、灌丛中。

省内分布　全省分布。

花期 3—5 月。

8.30.20 杜梨 *Pyrus betulifolia* **Bunge**

别名　海棠（十堰）、棠梨（南漳）。

野外主要识别特征　乔木，高达 10m；幼枝和二年枝均被绒毛。叶边有尖锐锯齿，上面光亮下面被绒毛。花序被绒毛，萼片脱落。

生境　生于 1800m 以下的山坡灌丛中或平地

阳处。

省内分布　宜昌、长阳、兴山、神农架、十堰、保康、南漳、罗田。

花期 4 月。

8.30.21 豆梨 *Pyrus calleryana* **Decaisne**

别名　棠梨（保康、随县、荆门）。

野外主要识别特征　小乔木。枝条棕黑色，无毛。叶宽卵形，边有圆钝锯齿，两面无毛。伞形总状花序，花序无毛，花柱 2，稀 3，萼片脱落。梨果球形，直径约 1cm，黑褐色。

生境　海拔 700~2000m 的山坡杂木林或林缘。喜温暖潮湿气候。

省内分布　鹤峰、利川、建始、巴东、秭归、宣恩、宜昌、五峰、兴山、当阳、神农架、十堰、竹溪、房县、保康、谷城、荆门、随州、罗田、武昌等地有栽培。

花期 4 月。

花粉粒黄色，长球形，极面观为 3 裂圆形或钝三角形，赤道面观为长椭圆形或椭圆形；外壁具短而细的条状雕纹。

8.30.22 沙梨 *Pyrus pyrifolia* (N. L. Burman) Nakai /蔷薇科 梨属/

别名 糖梨子（巴东），白梨、野梨（鹤峰），棠棣（通城）。

野外主要识别特征 乔木，枝条无毛或幼时被丛卷毛，二年枝灰棕色或暗棕色。叶卵状长圆形，边缘有锐刚毛状锯齿。花柱5，稀4。伞形总状花序，花序无毛或初被丛卷毛，萼片脱落。果实近球形，浅褐色。

生境 海拔600~1500m的山坡或住宅附近。

省内分布 宣恩、咸丰、鹤峰、利川、巴东、建始、竹溪、五峰、兴山、神农架、房县、十堰、宜昌、襄阳、潜江、通城、崇阳、罗田、武汉等地。

花期4月。花粉粒黄色，长球形，赤道面观为长椭圆形，极面观为3裂圆形。外壁具短而细的条状雕纹。

8.30.23 麻梨 *Pyrus serrulata* Rehder /蔷薇科 梨属/

野外主要识别特征 乔木。枝条幼时被绵毛，后无毛，二年枝紫棕色。叶卵圆形，有细锐锯齿，花柱3~4。伞形总状花序，稍被绵毛；萼片宿存，或有时部分脱落。果实近球形或侧卵形，直径约1.5cm，深褐色。

生境 海拔300~1500m的山地灌丛中或林缘。

省内分布 鹤峰、宜昌、建始、兴山、武汉、神农架、十堰等地。

花期4月。在25℃泌蜜最多，以18~25℃为宜。花粉粒黄色，长球形，极面观为3裂圆形或钝三角形，赤道面观为长椭圆形或椭圆形；外壁具短而细的条状雕纹。

8.30.24 小果蔷薇 *Rosa cymosa* **Trattinnick**

/ 蔷薇科　蔷薇属 /

别名　八日棒、红刺根（来凤），白花刺（宜城），狗儿刺（蕲春），野蔷薇（监利）。

野外主要识别特征　常绿攀缘灌木。小枝圆柱形，有钩状皮刺；复伞房花序；萼片有羽状裂片；花瓣白色，倒卵形，先端凹，基部楔形。

生境　喜阳。分布于海拔2700m以下的山坡或沟边阳处。

省内分布　来凤、宣恩、咸丰、鹤峰、利川、建始、巴东、宜昌、五峰、神农架、十堰、宜城、京山、通山、赤壁、崇阳、蕲春、武穴、英山、罗田、武汉等地。

花期5—6月。花粉黄色，近球形，极面观为3裂圆形，具3孔沟；赤道面观为近圆形，具单孔沟；花粉表面具条脊状纹饰。

8.30.25 金樱子 *Rosa laevigata* **Michaux**

/ 蔷薇科　蔷薇属 /

别名　糖罐子（通称），刺梨子（宜昌、远安、钟祥），刺头（长阳、南漳），倒挂金钩、黄茶瓶（长阳），刺呆子（秭归），倒挂金钟（钟祥）。

野外主要识别特征　常绿攀缘灌木。小枝紫褐色，有散生弯曲皮刺；托叶有齿，早落；花大形，单生，无苞片，花瓣白色，宽倒卵形，先端微凹。花梗萼筒密被针刺；萼片直立、全缘、宿存；花柱离生，不外伸。

生境　喜阳。海拔1600m以下向阳的山野、田边、沟旁、河边灌丛。

省内分布　武汉、阳新、宜昌、兴山、秭归、五峰、当阳、南漳、罗田、英山、黄梅、通城、崇阳、通山、利川、建始、巴东、宣恩、鹤峰等地。

花期4—6月。花粉黄色，长球形，少数为亚长球形，极面观为3裂圆形或钝三角形，具3孔沟；花粉表面具细条纹网状纹饰，条脊光滑。

8.30.26 野蔷薇 *Rosa multiflora* Thunberg

/ 蔷薇科　蔷薇属 /

别名　多花蔷薇。

野外主要识别特征　落叶灌木。枝细有皮刺。小叶 5～9，倒卵形至长圆形，边缘有锯齿，下面疏被柔毛；托叶箅齿状分裂。伞房花序圆锥状，花多数；花梗有腺毛及柔毛；花白色或粉红色，有

芳香，直径 2～3cm；花柱伸出花托口外，结合成柱状，无毛。果球形，直径 6mm，褐红色。

生境　1700m 以下的山坡阴处灌丛或草丛中。

省内分布　武汉、竹溪、宜昌、兴山、五峰、云梦、罗田、通城、恩施、利川、建始、巴东、宣恩、咸丰、鹤峰、神农架。

花期 5 月。

8.30.27 缫丝花 *Rosa roxburghii* Trattinnick

/ 蔷薇科　蔷薇属 /

野外主要识别特征　铺散灌木，高 1～2.5m；树皮灰褐色，成片状剥落。花单生或 2～3 朵集生；花瓣重瓣至半重瓣，淡红色或粉红色，花直径 5～6cm。

生境　喜阳。野生或栽培，野生海拔 600～1300m 的沟边及灌丛。

省内分布　宣恩、咸丰、鹤峰、恩施、利川、巴东、五峰、兴山、神农架、郧阳、竹溪、丹江口、通山、崇阳、阳新等地。

花期 5—7 月。花粉粒长球形，赤道面观为长椭圆形，极面观为 3 裂圆形。表面具细网状雕纹，网孔圆形，大小均匀，网脊较细，略成条纹状。

8.30.28 山莓 *Rubus corchorifolius* Linnaeus　/蔷薇科　悬钩子属/

别名　三月泡（通称），栽秧泡、三阳泡（咸丰），大麦泡（十堰），麦泡子（神农架、谷城、随县），五月泡（南漳），秧泡（鄂城）。

野外主要识别特征　直立灌木，全株具柔毛；果实近球形或卵球形，被柔毛；叶片卵形至卵状披针形，不分裂；花萼无刺，萼片卵形或三角状卵形，顶端急尖至短渐尖；花单生，花瓣白色，长于萼片。

生境　海拔 2000m 以下山坡、路旁灌丛中。

省内分布　宣恩、咸丰、鹤峰、恩施、利川、建始、巴东、宜昌、兴山、远安、神农架、房县、十堰、丹江口、郧阳、竹溪、保康、南漳、谷城、随州、京山、广水、松滋、咸宁、赤壁、阳新、大冶、鄂州、武汉、崇阳、罗田等地。

花期 2—3 月。花粉黄色，圆球形至近长球形，极面观长球形，赤道面观 3 裂圆形，外壁穿孔 – 网状。

8.30.29 鸡爪茶 *Rubus henryi* Hemsley & Kuntze　/蔷薇科　悬钩子属/

野外主要识别特征　攀缘灌木。叶片 3 ~ 5 深裂；裂片披针形或狭长圆形，边缘有稀疏细锐锯齿，顶生裂片与侧生裂片之间常成锐角；总花梗、花梗和花萼无腺毛或仅于花萼疏生腺毛；果实黑色。

生境　海拔 700 ~ 1800m 的山地疏林或山顶

灌丛。

省内分布　宣恩、鹤峰、长阳、巴东、宜昌、兴山、赤壁、利川、五峰、崇阳等地。

花期 3—5 月，单株花期 22 天左右。花粉黄色，长球形，极面观 3 裂圆形，赤道面观菱形，外壁皱波状，具小圆穿孔。

8.30.30 高粱泡 *Rubus lambertianus* Seringe　　/ 蔷薇科　悬钩子属 /

别名　黄泡（恩施、竹溪）、黄水泡（利川），高粱泡、牛眼泡（房县），红娘藤、十月莓（南漳）。

野外主要识别特征　半落叶藤状灌木，枝、叶柄及梗被毛及刺。叶卵形，3～4浅裂，两侧下部浅裂片急尖或稍钝；萼片被微毛，边灰色。顶生圆锥花序；聚合果近球形，红色。

生境　海拔350～1700m的山谷林中或沟边。

省内分布　来凤、宣恩、咸丰、鹤峰、恩施、利川、巴东、宜昌、五峰、兴山、远安、当阳、神农架、房县、十堰、郧阳、房县、长阳、丹江口、枣阳、安陆、大悟、保康、赤壁、崇阳、罗田、红安、阳新等地。

花期7—8月。

花粉黄色，长球形。极面观钝三角形，赤道面观长球形。外壁条纹密集，条纹间具稀疏小圆穿孔。

8.30.31 茅莓 *Rubus parvifolius* Linnaeus　　/ 蔷薇科　悬钩子属 /

别名　红梅消（孝感），麦泡（鄂州）、地鸡泡（阳新）、五月地（京山）。

野外主要识别特征　灌木，枝呈弓形弯曲，被柔毛和稀疏钩状皮刺。三出复叶，顶小叶较大，边缘重粗锯齿。伞房花序顶生或腋生，花淡红至紫红色，花瓣内曲。

生境　低海拔地区山坡、丘陵荒野、路旁。

省内分布　鹤峰、宜昌、五峰、当阳、十堰、京山、孝感、赤壁、阳新、鄂州、武穴、武汉、丹江口、襄阳、通城、神农架等地。

花期5—6月。花粉极面观三裂圆形，赤道面观圆球形，外壁条纹细密、不规则。小穿孔形成网眼。

8.30.32 木莓 *Rubus swinhoei* **Hance**

别名　乌泡（利川）、红泡刺（咸丰）。

野外主要识别特征　攀缘灌木；茎细而圆，暗紫褐色，疏生微弯小皮刺。叶片卵形、宽卵形至长圆披针形，不分裂或浅裂，叶片下面有灰白色或浅黄灰色绒毛；花萼外被灰色绒毛；萼片卵形或三角状卵形。

生境　海拔 600～1600m 的山坡或沟边林下或灌丛。

省内分布　来凤、宣恩、咸丰、鹤峰、利川、巴东、宜昌、兴山等地。

花期5—6月。花粉黄色，长球形，极面观3裂圆形，赤道面观圆球形，外壁为条纹－穿孔状。

8.30.33 插田泡 *Rubus coreanus* **Miquel**

别名　三月泡（咸丰、远安），和尚刺（咸丰），红梅消（远安），大乌泡、菜子泡（南漳），瑞阳泡（宜城）。

野外主要识别特征　灌木，羽状复叶小叶5~7，边缘粗锯齿，叶下面灰绿色，顶小叶有时3浅裂。伞房花序生于侧枝顶端，花淡红色至深红色，花瓣内曲。果实近球形，深红色至紫黑色。

生境　海拔 1600m 以下山坡或沟边灌丛。

省内分布　宣恩、咸丰、鹤峰、恩施、利川、建始、巴东、秭归、宜昌、兴山、远安、神农架、十堰、枣阳、南漳、宜城、竹溪、保康、丹江口、通城、咸宁、通山、崇阳、武汉、罗田、红安等地。

花期7—9月，单株花期12天左右。花粉圆球形，极面观三裂圆形，赤道面观圆球形，外壁纹饰穿孔较多、较密，但未连接成网。

8.30.34 川莓 *Rubus setchuenensis* **Bureau & Franchet**

/ 蔷薇科　悬钩子属 /

别名　倒竹伞（利川）、乌泡（咸丰、鹤峰）、大乌泡根（建始）。

野外主要识别特征　攀缘灌木，叶片近圆形或宽卵形，顶端圆钝或近截形，边缘5~7裂，裂片顶端圆钝；萼片披针形，顶端尾尖；花紫红色；果实黑色。

生境　海拔500~1400m山坡、沟谷岩边灌丛或林缘。

省内分布　来凤、宣恩、咸丰、鹤峰、恩施、利川、建始、五峰等地。

花期6—9月，单株花期11天左右。花粉圆球形，极面观裂圆形，赤道面观圆球形，外壁纹饰以脑纹为主，脑纹间具一定数量、粗细的小穿孔。

8.30.35 小白花地榆 *Sanguisorba tenuifolia* var. *alba* **Trautvetter & C. A. Meyer**

/ 蔷薇科　地榆属 /

野外主要识别特征　多年生草本。茎有棱，光滑。基生叶为羽状复叶，有小叶7~9对，叶柄无毛；头状花序，白色；萼片白色。基生叶小叶片带状披针形，基部圆形，微心形至斜宽楔形，

边有缺刻状急尖锯齿。

生境　海拔200~1700m的山坡草地、草甸及林缘。

省内分布　罗田。

花期7—9月。

8.30.36 高丛珍珠梅 *Sorbaria arborea* C. K. Schneider

/蔷薇科 珍珠梅属/

野外主要识别特征 落叶灌木。羽状复叶，小叶片 13～17 枚；小叶片对生，披针形至长圆披针形，羽状网脉。顶生大型圆锥花序，分枝开展；花直

径 6～7mm；萼筒浅钟状；花瓣近圆形，先端钝，长 3～4mm，白色；雄蕊 20～30，着生在花盘边缘，约长于花瓣 1.5 倍。

生境 山坡林边、山溪沟边，海拔 2500～3500m。

省内分布 建始、巴东、五峰、秭归、长阳、兴山、神农架、房县、竹溪。

花期 6—7 月。

8.30.37 石灰花楸 *Sorbus folgneri* (C. K. Schneider) Rehder

/蔷薇科 花楸属/

野外主要识别特征 乔木。嫩枝、叶柄、叶片下面和花序上均密被白色绒毛，经久不落。叶边有锯齿或浅裂片，侧脉直达叶边齿端。果实上无宿存萼片。花瓣卵形，先端圆钝，白色。

生境 海拔 600～1100m 的山沟边阴湿处。

省内分布 宣恩、咸丰、鹤峰、利川、建始、恩施、巴东、秭归、神农架、十堰、通山、崇阳、兴山、宜昌、长阳、五峰、通城、崇阳等地。

花期 4—5 月。花粉超长球形，极面观呈三角形，赤道面观呈长椭圆形，外壁条网状具穿孔。

8.30.38 麻叶绣线菊 *Spiraea cantoniensis* **Loureiro**

野外主要识别特征　灌木。叶菱状长圆形，先端尖，基部尖楔形，两面无毛，下面蓝绿色。伞形花序有总梗，花梗无毛或最后无毛。花瓣白色，近圆形或倒卵形，先端微凹或圆钝。蓇葖直立开张，无毛。

生境　海拔 600～1100m 的山沟边阴湿处。

省内分布　武汉。

花期 8—9 月，单株花期 17 天左右。花粉黄色，近长球形，极面观为 3 裂圆形，赤道面观近长球形；外壁具条脊状纹饰，穿孔较多未形成网状。

8.30.39 中华绣线菊 *Spiraea chinensis* **Maximowicz**

/ 蔷薇科　绣线菊属 /

别名　铁黑汉条（南漳）、绣线菊（赤壁）。

野外主要识别特征　灌木。叶片菱状卵形至倒卵形，叶边粗锯齿。伞形花序有总梗，具短绒毛，萼筒钟状，萼片长三角形。花瓣白色，近圆形，先端微凹或圆钝。蓇葖果有柔毛。

生境　海拔 600～1100m 的山坡灌丛中、山坡、路旁、林下。

省内分布　来凤、宣恩、鹤峰、利川、巴东、兴山、神农架、十堰、南漳、随州、通山、赤壁、崇阳、武汉、黄石、鄂州、武穴、英山、麻城、红安。

花期 8—9 月，单株花期 15 天左右。花粉黄色，长球形，极面观为 3 裂圆形，赤道面观为椭圆形。外壁两层明显，为条纹 - 穿孔状。

8.31.1 合欢 *Albizia julibrissin* Durazz

/豆科　合欢属/

别名　夜合欢（通称），夜关门（钟祥），绒花树、马缨花（潜江）。

野外主要识别特征　落叶乔木。小叶 10～30 对，线形至长圆形，长 6～12mm，宽 1～4mm，向上偏斜，先端有小尖头，有缘毛。花粉红色；荚果带状，嫩荚有柔毛，老荚无毛。

生境　海拔 1400m 以下的山坡沟边或林中。

省内分布　各地均有栽培。

花期 7 月。合欢花期通常是各地的断蜜期，对维持群势，保证繁殖作用很大。花粉除供蜂群生活所需外，在数量多而集中处还可取蜜 2～10kg。花粉粒为复合花粉，16 合体，扁球形；正面观为近椭圆形或圆形，侧面观为窄椭圆形。外壁表面具迷糊的颗粒状雕纹。

8.31.2 紫穗槐 *Amorpha fruticosa* Linnaeus

/豆科　紫穗槐属/

别名　紫槐（郧西）、紫树槐（枣阳）。

野外主要识别特征　灌木，幼枝被细绒毛。叶柄密被白色细绒毛；小叶 11～17，两面被毛。

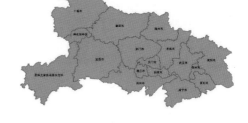

穗状花序顶生或枝端腋生。花序密被短柔毛；花蓝紫色。荚果弯曲，先端尖喙。

生境　生长路旁、沟边。

省内分布　各地均有栽培。

花期 5—6 月。蜜粉丰富，泌蜜较为丰富。花粉红色。蜜琥珀色，略有异味。

8.31.3 薄叶羊蹄甲 *Bauhinia glauca* subsp. *tenuiflora* (Watt ex C.B. Clarke) K.et S

/ 豆科　羊蹄甲属 /

别名　湖北羊蹄甲、猪腰子藤（恩施、利川、来凤、鹤峰）、大夜关门（恩施、远安）、双肾藤（利川、远安）、腰子藤（建始、神农架）、弯叶树（宜昌）、腰子七（兴山）。

野外主要识别特征　蔓性藤本。小枝疏生红褐色毛，卷须1个或2个对生，有黄褐色柔毛。叶近肾形。伞房花序；花序轴、花梗密生红棕色毛。荚果线形，扁平，无毛。

生境　生长在山坡沟边灌丛中或草地上。

省内分布　来凤、宣恩、咸丰、鹤峰、恩施、利川、建始、巴东、秭归、宜昌、长阳、兴山、神农架、远安等地。

花期6月。

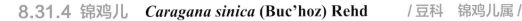

8.31.4 锦鸡儿 *Caragana sinica* (Buc'hoz) Rehd

/ 豆科　锦鸡儿属 /

别名　羊鲜草（恩施）、鹅担刺（宜都）、土黄芪（宜都、宜城、通城、京山）、白鲜皮（长阳、罗田）、洋雀花（宜都、房县、通城）、雀儿花（阳新）。

野外主要识别特征　落叶灌木或小乔木；小叶2对，羽状。花萼宽管状，基部囊状凸起；花单生，花冠黄色，常带红色，旗瓣狭，倒卵形，翼瓣柄长为瓣片的1/2，耳短钝。

生境　生长在山坡或路旁。

省内分布　各地均有栽培。

花期3—5月。泌蜜丰富，开花泌蜜15～20天。据国外资料介绍，每公顷可泌蜜350kg。花粉粒长球形，赤道面观为长椭圆形，极面观为3裂圆形；外壁具不明显的细网状雕纹，网孔圆形。

8.31.5 紫荆 *Cercis chinensis* **Bunge**

别名　马桑树（保康），裸枝树、箩筐树（钟祥），紫珠（钟祥、潜江）。

野外主要识别特征　乔木，经栽培后常为灌木。叶互生，近圆形，基部深心形，两面无毛；叶柄带紫色。花先于叶开放，4～10朵簇生老枝上，近无总梗。荚果线形，扁平。

生境　海拔1400m以下山坡、沟边，或栽培于庭院。

省内分布　各地均有栽培。

花期4—5月，单株花期15天左右。

8.31.6 黄檀 *Dalbergia hupeana* **Hance**

别名　倒钩藤（来凤）、檀木树（保康）、檀树（咸宁）、檀香（通城）。

野外主要识别特征　乔木。叶长15～25cm；小叶3～5对，近革质。圆锥花序花密集，花冠白

色或淡紫色。雄蕊10，为5与5的2组。荚果长圆形或阔舌状。

生境　生于海拔300～1000m处山坡沟边林中。

省内分布　全省广布。

花期6—8月，单株花期10天左右。

8.31.7 大豆 *Glycine max* (Linnaeus) Merr

/ 豆科 大豆属 /

野外主要识别特征 一年生草本，茎粗壮，直立，密被褐色长硬毛。花紫色、淡紫色或白色。荚果肥大。

生境 海拔 600~1100m 的山沟边阴湿处。

省内分布 各地均有栽培。

花期 7—8 月。大豆泌蜜有很大的地域性，要求特殊的自然条件，并受品种限制，是个偶然泌蜜的植物。蜜蜂采蜜的品种在东北为大白眉。在山东为平顶黄、牛毛黄等品种，只有在大旱高温（30℃以上）之年才能泌蜜，但泌蜜年份很少。花粉粒长球形，赤道面观为枕形，极面观为钝三角形；外壁具网状雕纹，网孔形状和大小不同，网脊具细颗粒。蜜为琥珀色，结晶暗黄色，颗粒较粗。

8.31.8 羽叶长柄山蚂蝗 *Hylodesmum oldhamii* (Oliver) H. Ohashi & R. R. Mill

/ 豆科 长柄山蚂蝗属 /

别名 月亮草（利川）、山扁豆（鹤峰）、大野黄豆（竹溪）。

野外主要识别特征 小灌木，枝有短柔毛；羽状复叶，披针形或长圆状披针形，两面疏生短柔毛。圆锥花序顶生，疏松，花序轴密生黄色短柔毛。花冠粉红色。荚果，荚节半菱形。

生境 生长在海拔 1200~2250m 处山坡草丛中。

省内分布 鹤峰、利川、建始、巴东、秭归、兴山、神农架、竹溪等地。

花期 6—8 月。

8.31.9 长柄山蚂蝗 *Hylodesmum podocarpum* (Candolle) H. Ohashi & R. R. Mill

/ 豆科　长柄山蚂蝗属 /

别名　裤裙脚（五峰）,山豆根（房县、蕲春）、逢人打、扁草子（远安）、野黄豆（神农架、随县）。

野外主要识别特征　小灌木,小叶 3,顶生小叶宽倒卵形;托叶线状披针形。花冠紫红色。荚果略呈宽半倒卵形,被钩状毛和小直毛。荚果。

生境　生长在海拔 300 ~ 1900m 处山坡林下或草丛中。

省内分布　宣恩、巴东、秭归、宜昌、五峰、长阳、兴山、神农架、房县、十堰、竹山、竹溪、远安、襄阳、随州、通城、阳新、黄石、蕲春、黄梅、罗田等地。

花期 7—8 月。

8.31.10 鸡眼草 *Kummerowia striata* (Thunb.) Schindl

/ 豆科　鸡眼草属 /

别名　人字草（鹤峰、当阳、竹溪）、三叶人字草（宜都、通城）。

野外主要识别特征　一年生草本。小叶纸质,倒卵形或长圆形,边缘白色粗毛。托叶有长缘毛。花单生或几朵簇生;花梗无毛,花萼钟状,带紫色;花冠粉红色或紫色。

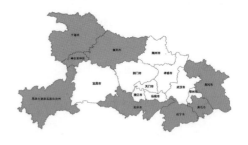

生境　生长在海拔 1300m 以下山坡草地或林下。

省内分布　来凤、宣恩、咸丰、鹤峰、利川、巴东、神农架、房县、十堰、竹溪、保康、当阳、襄阳、枣阳、监利、黄石、英山、罗田等地。

花期 7—9 月。

8.31.11 含羞草 *Mimosa pudica* Linnaeus　　　/ 豆科　含羞草属 /

野外主要识别特征　直立或蔓生或攀缘半灌木。茎圆柱状，具散生钩刺及倒生刺毛。二回羽状复叶，羽片通常2对。头状花序长圆形，花淡红色。荚果边缘有长刺毛。

生境　生于旷野荒地、灌木丛中，常栽培供观赏。

省内分布　各地均有栽培。

花期7月。

8.31.12 常春油麻藤 *Mucuna sempervirens* Hemsl　　/ 豆科　油麻藤属 /

别名　牛麻藤（五峰、当阳）。

野外主要识别特征　藤本，常绿木质藤本。小叶3，长圆形或卵状椭圆形。总状花序生于老茎

上，花冠深紫色。荚果木质，带形，被红褐色短毛和脱落性长刚毛，种子间常缢缩；种子带红色、褐色或黑色，扁，长圆形。

生境　生于海拔1000m以下山沟边或峡谷中。

省内分布　宣恩、鹤峰、巴东、十堰、丹江口、五峰、当阳、通山等地。

花期4—5月，单株花期15天左右。

8.31.13 槐 *Styphnolobium japonicum* (Linnaeus) Schott /豆科 槐属/

野外主要识别特征 乔木。叶柄基部膨大，包裹芽；小叶9~15，对生或近互生，纸质，卵状披针形或卵状长圆形。圆锥花序顶生，常呈金字塔形，花冠白色或淡黄色。荚果串珠状。

生境 海拔1200m以下的山坡、路旁或宅边。

省内分布 各地均有栽培。

花期7—8月，单株花期12天左右。槐由花蕾吐白到开花为（12.20±5.58）天，整个花期（11.40±2.23）天。花蕾吐白后，逐渐开花，花期稍长；若连日低温，偶遇高温就很快盛开，花期缩短。槐花期正是西南季风盛行之际，因此，风是影响泌蜜的主要因素之一。紫萼型的花冠浅、花瓣薄，泌蜜多，蜂易采。

8.31.14 山野豌豆 *Vicia amoena* Fisch. ex DC /豆科 野豌豆属/

别名 野豌豆（五峰）。

野外主要识别特征 多年生草本，多分枝，各部疏生柔毛。羽状复叶，小叶8~16片，对生，长卵形至阔披针形，先端钝或凹入。总状花序腋生，花萼钟状，花冠蓝紫色、蓝色或红紫色。荚果，狭长圆形，种子卵形，褐色或黑褐色。

生境 生于海拔80~7500m草甸、山坡、灌丛或杂木林中。

省内分布 五峰、神农架、房县、丹江口、大悟等地。

花期4—6月，单株花期16天左右。18℃泌蜜，20~28℃泌蜜最多。花期不怕雨浇，只要气温高，雨停蜜蜂就大量从事采集。

8.32 酢浆草科

8.32.1 酢浆草　*Oxalis corniculata* Linnaeus　/ 酢浆草科　酢浆草属 /

别名　黄花酢浆草、老鸭嘴、满天星。

野外主要识别特征　草本，全株被柔毛。小叶3，倒心形。花单生或数朵集为伞形花序状，腋生，总花梗淡红色，与叶近等长，果后延伸；花瓣黄色。蒴果长圆柱形，5棱，具宿萼。

生境　生长在山坡草池、河谷沿岸、路边、

田边、荒地或林下阴湿处等。

省内分布　各地均有分布。

花期3—7月，由南向北推迟。数量多，分布广，花期长，有蜜粉，蜜蜂爱采。花粉粒长球形，极面观为3裂圆形，赤道面观为椭圆形。具3孔沟；沟较宽。表面具清楚的网状雕纹，网孔圆形，大小较一致。

本属红花酢浆草（*O. corymbosa* Candolle），别名铜锤草，也是蜜源植物。

8.33 牻牛儿苗科

8.33.1 老鹳草　*Geranium wilfordii* Maximowicz / 牻牛儿苗科　老鹳草属 /

别名　燕展翅（建始）、一口针（房县）、老牛筋（南漳）、风路草（潜江）。

野外主要识别特征　多年生草本。基生叶圆肾形，5深裂；茎生叶3裂。花序腋生和顶生，花瓣白色或淡红色，倒卵形。雄蕊花丝淡棕色，雌蕊花柱分枝紫红色。蒴果。

生境　海拔1800m以下山坡、沟谷阴湿处、路旁草丛中。

省内分布　各地均有分布。

花期6—8月；花粉粒近球形，萌发孔为3短沟，大小为（8～14）10.4μm。花粉外壁的一级纹饰为短棒型，二级纹饰为穴状和网状。

8.34.1 柚 *Citrus maxima* (Burm.) Merr　　　　　/芸香科　柑橘属/

野外主要识别特征　常绿乔木，嫩枝扁且有棱。叶较大，质颇厚，色浓绿，阔卵形或椭圆形，翼叶明显。总状花序，有时兼有腋生单花；花柱粗长。果球形，较大；果皮海绵质；果皮油胞大而凸起。

生境　常生于山坡，或栽培于房前屋后、田边地坎向阳处。

省内分布　来凤、宣恩、鹤峰、利川、建始、巴东、秭归、宜昌、神农架、十堰、鄂州、浠水等地。

花期 4—5 月。

8.34.2 甜橙 *Citrus sinensis* (Linnaeus) Osbeck　　　/芸香科　柑橘属/

野外主要识别特征　乔木，枝少刺或近于无刺。叶通常比柚叶略小，翼叶狭长，明显或仅具痕迹，叶片卵形或卵状椭圆形。花白色，很少背面带淡紫红色，总状花序有花少数，或兼有腋生单花；花萼 5 ~ 3 浅裂，花瓣长 1.2 ~ 1.5cm；雄蕊 20 ~ 25 枚；花柱粗壮，柱头增大。果圆球形，扁

圆形或椭圆形，橙黄至橙红色，果皮难或稍易剥离，瓢囊 9 ~ 12 瓣。

生境　栽培。

省内分布　宣恩、鹤峰、恩施、利川、建始、巴东、秭归、宜昌、长阳、咸宁、通城、武汉。湖北三峡地区为集中栽培区域。

花期 3—5 月。由于栽培面积大，蜜源丰富。

8.34.3 枳 *Citrus trifoliata* **Linnaeus**

/ 芸香科　柑橘属 /

野外主要识别特征　落叶乔木。枝绿色，嫩枝扁，有纵棱，刺长达 4cm。叶柄有狭长翼叶，指状三出叶。花单朵或成对腋生，有大小二型；花瓣白色，匙形。果顶微凹，有环圈。

生境　生于海拔 1000m 以下的山坡路旁，或栽培在村头、庭院内。

省内分布　全省均有分布。

花期 5—6 月。

8.34.4 飞龙掌血 *Toddalia asiatica* **(Linnaeus) Lamarck**

/ 芸香科　飞龙掌血属 /

野外主要识别特征　茎枝及叶轴有甚多向下弯钩的锐刺。小叶无柄，对光透视可见密生的透明油点。花淡黄白色；雄花序为伞房状圆锥花序；雌花序呈聚伞圆锥花序。果橙红或朱红色，有 4~8 条纵向浅沟纹。

生境　较常见于灌木、小乔木的次生林中，攀缘于它树上，石灰岩山地也常见。

省内分布　来凤、宣恩、咸丰、鹤峰、恩施、利川、建始、巴东、秭归、宜昌、五峰、长阳、神农架、郧阳、襄阳等地。

花期 10—12 月。

8.34.5 花椒 *Zanthoxylum bungeanum* **Maximowicz** /芸香科 花椒属/

野外主要识别特征 落叶小乔木，茎干上刺常早落，枝上刺基部具宽而扁的长三角形。小叶5～13，卵形，叶翼甚窄；具细裂齿；叶背干后有

红褐色斑纹。果紫红色，油点微凸起，芒尖甚短或无。

生境 生于平原至海拔较高的山地，耐旱，喜阳光，各地多栽种。

省内分布 全省均有分布。

花期4—5月。

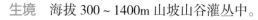

8.34.6 砚壳花椒 *Zanthoxylum dissitum* **Hemsley** /芸香科 花椒属/

野外主要识别特征 攀缘藤本；枝干上的刺多劲直，刺褐红色。全缘或叶边缘有裂齿。花序腋生，花序轴有短细毛；萼片及花瓣均4片，萼片紫绿色；花瓣淡黄绿色；雄蕊4枚；退化雌蕊顶端4浅裂；雌花无退化雄蕊。果密集于果序上，外果皮比内果皮宽大。

生境 海拔300～1400m山坡山谷灌丛中。

省内分布 来凤、宣恩、咸丰、鹤峰、恩施、利川、建始、巴东、秭归、宜昌、五峰、长阳、兴山、神农架、房县、十堰、郧西、竹溪、南漳、保康、谷城、老河口、襄阳。

花期4—5月。

8.34.7 花椒簕　*Zanthoxylum scandens* Blume 　　/芸香科　花椒属/

野外主要识别特征　木质藤本。小叶 5～25 片，卵形至长圆形，基部偏斜。伞房圆锥花序腋生或兼有顶生；花瓣淡黄，萼片顶部紫红色，均 4 数。果梗短于 1cm，分果瓣紫红色，具短芒尖。

生境　海拔 200～1600m 山坡林中、灌丛中、河岸、路旁。

省内分布　宣恩、鹤峰、巴东、通山、崇阳。花期 3—5 月。

8.34.8 刺异叶花椒　*Zanthoxylum dimorphophyllum* var. *spinifolium* Rehder et E. H. Wilson 　　/芸香科　花椒属/

野外主要识别特征　落叶乔木，枝少刺。单小叶，指状 3 小叶，2～5 小叶或 7～11 小叶，小叶的叶缘有针状锐刺；叶缘具钝齿。花被片 6～8、一轮排列。分果瓣紫红色，干后绿或黑色，顶侧有短芒尖。

生境　生于山坡疏林或灌木丛中。

省内分布　来凤、宣恩、鹤峰、恩施、利川、巴东、神农架、房县、郧西、竹溪、保康、当阳、宜都等地。

花期 4—5 月。

8.35.1 楝树 *Melia azedarach* Linnaeus /楝科 楝属/

别名 苦楝（通称）、楝树果、楝枣子、紫花树（远安）。

野外主要识别特征 树皮灰褐色，纵裂。二至三回奇数羽状复叶；小叶对生。圆锥花序约与叶等长，花芳香；裂片卵形或长圆状卵形，先端急尖，花萼 5 深裂；花瓣淡紫色；雄蕊管紫色，花药 10 枚。核果球形至椭圆形，种子椭圆形。花粉数量多、泌蜜量大。

生境 海拔 1100m 以下的山坡、旷野、村边、路旁或疏林中。

省内分布 各地均有分布。

花期 4—5 月。花粉粒众多，淡黄色，呈类圆球形，赤道面和极面观形态相近，萌发孔为沟状，有 3 ~ 4 条孔沟，花粉粒表面纹理不甚明显，较平滑。

8.35.2 红椿 *Toona ciliata* Roem /楝科 香椿属/

野外主要识别特征 叶为偶数或奇数羽状复叶，长 25 ~ 40cm，通常有小叶 7 ~ 8 对。花白色；雄蕊 5。蒴果干后紫褐色，有苍白色皮孔；种子两端具翅。

生境 海拔 1500m 以下的山坡、沟谷林中、河边、村旁。

省内分布 各地均有分布，亦有栽培。

花期 5—6 月，单株花期 14 天左右。

8.36　远志科

8.36.1 黄花倒水莲　*Polygala fallax* **Hemsley**

/ 远志科　远志属 /

别名　尿泡七（巴东）、土黄芪（建始）、阳雀花（五峰）、野黄芪、黄金参、童儿草（巴东）。

野外主要识别特征　灌木或小乔木；根粗壮，单叶互生，膜质叶披针形，全缘，网状脉明显；总状花序，萼片5，上面1枚盔状；3枚花瓣正黄色，侧生花瓣2/3以上与龙骨瓣合生，龙骨瓣盔状，鸡冠状附属物具柄；绿黄色蒴果，棕黑色种子。

生境　生于山谷林下水旁阴湿处。

省内分布　巴东、建始、五峰等地。

花期4—5月，单株花期18天。

8.37　大戟科

8.37.1 红背山麻杆　*Alchornea trewioides* **(Benth.) Muell. Arg.**

/ 大戟科　山麻杆属 /

别名　红帽顶树。

野外主要识别特征　灌木或小乔木。叶互生，阔心形或卵圆形。花单性，雌雄异株；雄花序穗状，腋生或生于一年生小枝已落叶腋部，长7~15cm，具微柔毛，雄花（3~5）11~15朵簇生于苞腋。

生境　生于海拔15~400m山地矮灌丛中或疏林下或石灰岩山灌丛中。

省内分布　建始。

花期3—5月。数量很多，分布较广，花粉黄色，数量丰富，为主要粉源植物之一。

8.37.2 重阳木 *Bischofia polycarpa* Blume　　　　　/ 大戟科　重阳木属 /

野外主要识别特征　常绿乔木，掌状复叶，小叶 3 片，革质，卵形至椭圆状卵形，花单性，雌雄异株，春季与叶同时开放，组成总状花序；生于上部叶腋，花小，淡黄色，无花瓣，雄花片和雄蕊 5，退化子房短；退化雄蕊 5，花柱长，线形。果为浆果状。

生境　低海拔旷地上，尤以河边堤岸、湿润肥沃的沙质土壤最为适宜。常有栽培。

省内分布　建始、五峰、巴东、宜昌、阳新、崇阳等，武汉有栽培。

花期 4—5 月。花朵数量多，蜜粉皆有，有利于蜂群繁殖。

8.37.3 假奓包叶 *Discocleidion rufescens* (Franchet) Pax & K. Hoffmann
/ 大戟科　丹麻杆属 /

别名　毛丹麻杆。

野外主要识别特征　灌木或小乔木；小枝、叶柄、花序均密被长柔毛；叶纸质，卵形或卵状椭圆形；总状花序或下部多分枝呈圆锥花序，雄花 3 ~ 5 朵簇生于苞腋，花萼裂片长约 2mm，顶端

渐尖；雄蕊 35 ~ 60 枚，花丝纤细；腺体小，棒状圆锥形。蒴果扁球形。

生境　海拔 300 ~ 1200m 山坡林中、林缘、路旁、沟边。

省内分布　宣恩、恩施、建始、巴东、秭归、宜昌、五峰、长阳、兴山、神农架、十堰、丹江口、南漳、保康、襄阳、京山、随州、红安等地。

花期 4—8 月。

8.37.4 白背叶 *Mallotus apelta* (Lour.) Muell-Arg. /大戟科 野桐属/

别名 白桐树（来凤）、狗尾巴树（鹤峰）、叶下白（远安）、野桐（武昌、崇阳、钟祥）。

野外主要识别特征 灌木或小乔木，小枝、叶柄和花序均密被白色星状毛。叶互生，卵形，全缘或顶部3浅裂，具长柄，表面深绿色，背面白色。花单性，雌雄异株，雄花序顶生，不分枝或分枝

的穗状花序，雌花序顶生或侧生，不分枝的穗状花序；花黄白色。

生境 生于荒地、灌丛、林缘、村旁，喜肥土壤。

省内分布 宣恩、恩施、建始、巴东、秭归、宜昌、五峰、长阳、兴山、神农架、十堰、丹江口、南漳、保康、襄阳、京山、随州、红安等地。

花期6—9月。白背叶多以群落分布，花密集，花期长，花粉黄色，数量很多，为主要粉源植物之一，对促进蜂群繁殖作用很大。白背叶开花时花药已成熟散花粉，花粉主要是单核花粉，少数为两细胞花粉。

8.37.5 野桐 *Mallotus tenuifolius* Pax /大戟科 野桐属/

别名 青构皮、山桐麻、绣球桐麻（咸丰）、高山野桐子。

野外主要识别特征 灌木或小乔木。小枝和花序密被绒毛。叶片三角状心形或宽卵形。花雌雄异株，花序总状或下部常具3~5分枝，长8~20cm；雄花在每苞片内3~5朵；花蕾球形；花萼裂片长约3mm。蒴果近球形，被绒毛和浓密软刺。

生境 海拔500~1800m山坡疏林中、林缘、灌丛中。

省内分布 来凤、宣恩、咸丰、鹤峰、利川、建始、巴东、宜昌、五峰、长阳、兴山、神农架、房县、十堰、南漳、随州、崇阳、黄梅、英山等地。

花期4—6月，单株花期12天。此种常以群落分布，花多密集，为辅助蜜源植物。

8.37.6 粗糠柴 *Mallotus philippensis* (Lam.) Muell. Arg.

/ 大戟科　野桐属 /

别名　香桂树。

野外主要识别特征　常绿灌木或小乔木。叶
互生，全缘或有钝齿；近叶柄基部有 2 腺体。花
单性，雌雄同株，无花瓣，穗状花序顶生或腋生；
雄花序单生或成束，雄蕊 18 ~ 32 枚；雌花序单生，
萼管状，子房和花柱有红色腺点。蒴果，近球形，
密被红色粉状茸毛，种子球形。

生境　海拔 250 ~ 1200m 山坡、林缘、路旁灌丛中。

省内分布　来凤、宣恩、恩施、建始、巴东、宜昌、五峰、
兴山、神农架、南漳、咸宁、赤壁、通山、通城等地。

花期 4—5 月。植物群落分布居多，花多且密集，泌蜜
较为丰富，中蜂每群能产蜜 1.5 ~ 2.5kg，蜜质优良。为湖
北重要的辅助蜜源植物。

8.37.7 蓖麻 *Ricinus communis* Linnaeus

/ 大戟科　蓖麻属 /

别名　大麻子、洋黄豆。

野外主要识别特征　一年生草本。单叶互生，
盾状圆形，掌状分裂至中部以下，边缘有不规则
锯齿。总状花序或圆锥花序，长 15 ~ 30cm 或更长；
雄花的雄蕊束众多。蒴果卵球形或近球形，种子
椭圆形，微扁平。

生境　海拔 500 ~ 1800m 山坡疏林中、林缘、
灌丛中。

省内分布　全省均有分布。

花期 5—10 月，为期长达 2 个多月。雄花能产
生大量花粉，花外蜜腺能分泌甜汁，均为蜜蜂采
集利用。蓖麻雄花能产生大量花粉，花外蜜腺能
分泌甜汁，蜜蜂爱采。花粉淡黄色，花粉粒长球形，极面观为 3 裂圆形，赤道面观为椭
圆形。其 3 孔沟，沟细长，沟膜不平，内孔横长，与沟和交成十字形。外壁两层，外层厚
于内层；表面具细致的网状雕纹，网孔小，圆形，网脊由细颗粒组成，具模糊的极细小刺。

8.37.8 油桐　*Vernicia fordii* (Hemsley) Airy Shaw　　／大戟科　油桐属／

别名　三年桐、罂子桐、虎子桐（远安）、桐子（神农架）、桐树（竹溪）。

野外主要识别特征　落叶乔木。单叶互生，阔卵形或卵形，先端短尖，基部截形或心形。花单生，雌雄同株，排列于枝顶成短圆锥花序，先叶开放，花冠白色，基部有黄红色条纹及斑点，核果，近球形，种子扁圆形，黑色。

生境　海拔 1000m 以下山坡、沟谷的湿润而排水良好的沙质土壤上。

省内分布　全省均有栽培。

花期 5 月，单株花期 12 天。花粉白色，数量较多，蜜蜂爱采。泌蜜中等，分布集中地区个别年份能采到少量商品蜜。油桐花期对蜂群繁殖、养王、分蜂有一定价值。为湖北省春季主要蜜源植物之一。

8.38　黄杨科

8.38.1 大花黄杨　*Buxus henryi* Mayr　　／黄杨科　黄杨属／

别名　水黄杨（鹤峰）、黄杨树（五峰）。

野外主要识别特征　灌木。叶薄革质，披针形。花序腋生，花密集，基部苞片卵形；雄花：萼片长圆形或倒卵状长圆形。雌花：外萼片长圆形，

内萼片卵形。花柱狭长，扁平，先端向外弯曲。柱头线状倒心形。蒴果。

生境　生于海拔 600～1650m 山坡灌丛中或山沟石缝处。

省内分布　鹤峰、恩施、利川、秭归、宜昌、五峰、长阳、兴山、神农架、郧西等地。

花期 2—3 月，单株花期 18 天。

8.38.2 尖叶黄杨 *Buxus sinica* var. *aemulans* (Rehder & E. H. Wilson) P. Bruckner & T. L. Ming

/黄杨科　黄杨属/

别名　水黄杨木（咸丰）。

野外主要识别特征　灌木。常见的为叶椭圆状披针形。花序腋生，头状，花密集，苞片阔卵形。雄花无花梗，外萼片卵状椭圆形，内萼片近圆形。雌花子房较花柱稍长，无毛，花柱粗扁，柱头倒心形。蒴果圆形，一般长 3mm。

生境　生于海拔 600～2000m 山坡灌丛中或沟边半阴处。

省内分布　来凤、宣恩、咸丰、鹤峰、神农架、十堰等地。

花期 3 月，单株花期 16 天。花粉黄色，花粉粒近球形，轮廓不圆。具散孔；孔小。外壁外层较厚；表面具网状雕纹。网孔较小。呈不规则形状。

8.38.3 野扇花 *Sarcococca ruscifolia* Stapf

/黄杨科　野扇花属/

野外主要识别特征　常绿灌木，分枝较密，具纤维根；叶革质，卵形、宽椭圆状卵形、椭圆状披针形或窄披针形。花序腋生，短总状或复总状，花序轴被微毛；苞片披针形或卵状披针形；花白色，芳香；雄蕊长约 7mm；雌花具小苞片多

枚，窄卵形。果实熟时猩红至暗红色，宿存花柱 2～3。

生境　生于海拔 200～2600m 的山坡、林下或沟谷中。

省内分布　宣恩、咸丰、鹤峰、恩施、利川、建始、巴东、宜昌、五峰、长阳、兴山、宜都、神农架、丹江口、保康、随州、赤壁、英山、罗田等地。

花期 1—5 月，单株花期 20 天。

8.39.1 南酸枣　*Choerospondias axillaris* (Roxburgh) B. L. Burtt

/ 漆树科　南酸枣属 /

别名　酸枣（咸丰）。

野外主要识别特征　落叶乔木。单数羽状复叶，互生，常集生于小枝顶端，小叶 7~15，对生，全缘。花杂性异株，聚伞圆锥花序；花萼 3~5 裂；花瓣 5；雄蕊 10，花盘 10 裂；子房上位，5 室，每室有 1 胚珠；花柱 5。核果卵形。

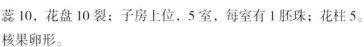

生境　海拔 300~1300m 山坡、沟谷林中或沟边阳处。

省内分布　来凤、鹤峰、利川、建始、长阳、兴山、广水、崇阳等地。

花期 6 月，单株花期 14 天。

8.39.2 黄栌　*Cotinus coggygria* Scopoli

/ 漆树科　黄栌属 /

别名　酸枣（咸丰）。

野外主要识别特征　灌木。叶倒卵形或卵圆形，先端圆形或微凹，基部圆形或阔楔形，全缘，两面或尤其叶背显著被灰色柔毛。圆锥花序被柔毛；花杂性，花萼无毛，裂片卵状三角形；花瓣卵形或卵状披针

形，无毛；花盘 5 裂，紫褐色；果肾形，无毛。

生境　海拔 500~1600m 山坡沟旁灌丛中。

省内分布　恩施、利川、巴东、宜昌、长阳、兴山、神农架、房县、十堰、竹溪、保康、荆门、随州等地。

花期 6—7 月，单株花期 13 天。黄栌是湖北植被分布面积比较大的灌丛群落，蜜源丰富。

8.39.3 毛黄栌 *Cotinus coggygria* var. *pubescens* Engler

/漆树科　黄栌属/

别名　酸枣（咸丰）。

野外主要识别特征　灌木。叶倒卵形或卵圆形，全缘，两面或尤其叶背显著被灰色柔毛。圆锥花

序被柔毛；花杂性，花萼无毛，裂片卵状三角形；花瓣卵形或卵状披针形，无毛；花盘5裂，紫褐色；果肾形，无毛。

生境　海拔500~1600m山坡沟旁灌丛中。

省内分布　恩施、利川、巴东、宜昌、长阳、兴山、神农架、房县、十堰、竹溪、保康、京山、随州等地。

花期6—7月。

8.39.4 黄连木 *Pistacia chinensis* Bunge

/漆树科　黄连木属/

别名　蚊蛤、五倍子（英山）、岩林倍（咸丰）。

野外主要识别特征　落叶乔木；奇数羽状复叶

互生，有小叶5~6对，纸质，披针形或卵状披针形或线状披针形，全缘。花单性异株，先花后叶，圆锥花序腋生，雄花序排列紧密，雌花序排列疏松，花小。核果。

生境　生于海拔140~3550m的石山林中。

省内分布　全省均有分布。

花期6月，单株开花16天左右。花粉为单粒，球形或近球形，花粉粒大小整齐；饱满花粉粒达95%以上；每花药平均花粉量为$1.17×10^{5}$粒。

8.39.5 红麸杨 *Rhus punjabensis* Stewart var. *sinica* (Diels) Rehd. et Wils.

/ 漆树科　盐肤木属 /

别名　五倍子（巴东）、倍子树（来凤）、蚊蛤（十堰）、清麸楝（神农架）、肤楝头（保康）。

野外主要识别特征　落叶乔木或小乔木。奇数羽状复叶有小叶 3～6 对，叶轴上部具狭翅；叶卵状长圆形或长圆形，全缘。圆锥花序长 15～20cm，密被微绒毛；花小，白色，花盘厚，紫红色，无毛。核果近球形。

生境　生于 460～3000m 的石灰山灌丛或密林中。

省内分布　来凤、宣恩、咸丰、鹤峰、恩施、利川、建始、巴东、宜昌、五峰、兴山、神农架、十堰、竹溪、保康、南漳、谷城、武汉等地。

花期 5～6 月，单株开花 10 天左右。

8.39.6 野漆 *Toxicodendron succedaneum* (Linnaeus) O. Kuntze

/ 漆树科　漆树属 /

别名　野洋漆（利川）、漆树（保康）。

野外主要识别特征　落叶乔木或小乔木；小枝粗壮，无毛。奇数羽状复叶互生，常集生小枝顶端，无毛，有小叶 4～7 对，小叶，全缘，两面无毛，叶背常具白粉。圆锥花序长 7～15cm，为叶长之半，多分枝，无毛；花黄绿色，开花时外卷，花盘 5 裂。核果。

生境　海拔 500～1300m 山坡林中或林缘灌丛中。

省内分布　来凤、宣恩、咸丰、利川、兴山、神农架、房县、保康、随州、广水、咸宁、通城、英山、麻城等地。

花期 5—6 月。因树大花多，漆树的蜜粉丰富，蜜蜂爱采。

8.39.7 毛漆树 *Toxicodendron trichocarpum* (Miq.) O. Kuntze

野外主要识别特征 落叶乔木或灌木；小枝灰色；顶芽大，密被黄色绒毛。奇数羽状复叶互生，有小叶 4～7 对。小叶纸质，全缘，边缘具缘毛，侧脉在叶背突起。圆锥花序长 10～20cm，密被黄褐色微硬毛，花黄绿色；花萼无毛，裂片狭三角形，

花瓣倒卵状长圆形，长约 2mm，无毛，先端开花时外卷，花盘 5 浅裂，无毛。核果扁圆形。

生境 海拔 900～1600m 山坡、沟边、林中。

省内分布 宣恩、鹤峰、利川、五峰、咸宁、通山等地。

花期 6 月。

8.40 冬青科

8.40.1 刺叶冬青 *Ilex bioritsensis* Hayata

野外主要识别特征 常绿灌木或小乔木；小枝近圆形。叶片革质，卵形至菱形，先端渐尖，具刺，边缘波状，具硬刺齿。花簇生于二年生枝的叶腋内；花 2～4 基数，淡黄绿色。果椭圆形，成熟时红色。

生境 生于海拔 1800～3200m 的山地常绿阔

叶林或杂木林中。

省内分布 五峰、恩施、宣恩、鹤峰。

花期 4—5 月。花粉黄色，近球形，极面观冬青为 3 裂片状，赤道面观为圆形；外壁具网状雕纹。新蜜浅琥珀色，结晶乳白色，颗粒细腻；具辛辣和氨气气味；极易结晶。

8.40.2 冬青 *Ilex chinensis* **Sims**

别名　红冬青、油叶树。

野外主要识别特征　常绿乔木，高 15m；树皮灰黑色。叶片绿色，薄革质，椭圆形，边缘具圆齿，中脉背面隆起。花紫色，4~5 基数，花瓣开放时反折。果长球形，红色。

生境　生于海拔 2000m 以下的常绿阔叶林、山坡林缘。也有栽培。

省内分布　武汉、阳新、十堰、竹溪、宜昌、兴山、五峰、罗田、英山、浠水、蕲春、咸宁、崇阳、通山、赤壁、随州、恩施、利川、建始、巴东、宣恩、鹤峰等地。

花期 4—7 月。蜜粉丰富，诱蜂力强，对蜂群繁殖有一定作用。

8.40.3 枸骨 *Ilex cornuta* **Lindley et Paxt.**

别名　枸骨刺。

野外主要识别特征　常绿灌木或小乔木。树皮灰白色。叶厚革质，二型，四角状长圆形叶先端具 3 枚尖硬刺齿，中央刺齿反曲，两侧各具 1 ~ 2 刺齿，卵形叶全缘。

生境　海拔 1000m 以下的山坡、路旁、河边、村落附近或栽培于庭园中。

省内分布　利川、英山、大冶、罗田、通山、崇阳、武汉等地。

花期 4—5 月。蜜粉较为丰富，蜜蜂爱采，有利于蜂群繁殖。

8.40.4 铁冬青 *Ilex rotunda* **Thunberg**

别名　白银香、高粱树（利川）。

野外主要识别特征　常绿灌木或乔木，高可达 20m；树皮灰色至灰黑色。小枝圆柱形，较老枝具纵裂缝。叶仅见于当年生枝上，叶片薄革质或纸质。聚伞花序或伞形状花序。花白色。果近球形，成熟时红色。

生境　生于海拔 600m 的山坡常绿阔叶林中和林缘。

省内分布　来凤、利川、通山、崇阳等地。

花期 4 月。数量多、分布广，蜜粉丰富，蜜蜂爱采，对蜂群繁殖颇为有利，是一种大有栽培价值的蜜源树种。

8.40.5 云南冬青 *Ilex yunnanensis* **Franch.**

野外主要识别特征　常绿灌木或乔木，常绿，高 1～12m。叶片黑色或棕色，长圆状披针形，卵形，或椭圆形，革质。聚伞花序单生。雄花序白色或粉红色。果红色，球状。

生境　生于海拔 1500～3000m 的杂木林中。

省内分布　鹤峰、巴东、五峰、兴山、神农架等地。

花期 5—7 月。

8.41 省沽油科

8.41.1 野鸦椿 *Euscaphis japonica* **Thunberg Kantiz**

/省沽油科 野鸦椿属/

别名 红棕（湖北、四川）。

野外主要识别特征 落叶小乔木或灌木。小枝及芽红紫色，枝叶揉碎后有气味。叶厚纸质，长卵形或椭圆形。多花密生圆锥花序顶生，花序梗长，花黄白色；宿存萼片与花瓣5。蓇葖果果皮软革质，紫红色。

生境 生于海拔2000m以下的山坡灌丛或疏林中。

省内分布 全省广布。

花期4月，单株花期12天。

8.42 瘿椒树科

8.42.1 银鹊树 *Tapiscia sinensis* **Oliver**

/瘿椒树科 瘿椒树属/

野外主要识别特征 落叶乔木。奇数羽状复叶；圆锥花序腋生，雄花与两性花异株，黄色小花；两性花钟状花萼；花瓣5，狭倒卵形；雄蕊与花瓣互生；子房1室1胚珠；雄花有退化雌蕊。核果近球形或椭圆形。

生境 山坡上的森林，山谷，溪边；海拔500～2200m。

省内分布 来凤、宣恩、咸丰、鹤峰、恩施、利川、建始、巴东、宜昌、五峰、长阳、兴山、竹溪等地。

花期5月，单株花期12天。

8.43 无患子科

8.43.1 七叶树 *Aesculus chinensis* **Bunge**

/无患子科　七叶树属/

别名　娑罗子。

野外主要识别特征　落叶乔木。掌状复叶，有小叶 5 ~ 7，小叶长圆状倒披针形或倒卵状长圆形，先端渐尖。聚伞圆锥花序顶生，花杂性，白色，花萼钟状或管状，花瓣 4，雄蕊 5 ~ 8 枚，子房在

雄花中不发育。蒴果，球形。

生境　常生于海拔 100 ~ 1500m 的湿润阔叶林中；也有栽培。

省内分布　竹溪、丹江口、兴山、鹤峰、五峰等地。

花期 4—5 月。蜜粉丰富，蜜蜂很爱采，为有栽培价值的蜜源树种。

8.43.2 黄山栾树 *Koelreuteria bipinnata 'integrifoliola'* **(Merr.) T. Cher**

/无患子科　栾树属/

别名　山膀胱、巴拉子、图扎拉、灯笼树。

野外主要识别特征　与复羽叶栾树的区别点是小叶通常全缘，有时一侧近顶部边缘有锯齿。

生境　海拔 100 ~ 900m 山地疏林中。

省内分布　鹤峰、崇阳、武汉。

花期 8—10 月，单株花期 23 天。

8.43.3 无患子 *Sapindus saponaria* Linnaeus   / 无患子科 无患子属 /

别名 洗手果、木槵树、木挽子。

野外主要识别特征 落叶大乔木，一回羽状复叶，小叶 5~8 对，通常近对生，叶片薄纸质，长椭圆状披针形或稍呈镰形。花序顶生，圆锥形；花瓣 5。果近球形，橙黄色，干时变黑。

生境 各地寺庙、庭园和村边常见栽培。

省内分布 恩施、利川、建始、巴东、钟祥、罗田、宜昌、兴山、秭归、五峰、十堰、远安、荆门、松滋、武汉、通山，也有栽培。

花期春季。无患子的花在各时期的雌雄比例不一。开花顺序一般有两种情况，一种是不可孕花先开一部分，3~4 天后先开的不可孕花凋落，可孕花开，2 天后剩余的不可孕花全部开放；第二种是可孕花先开 1~2 天后，不可孕花逐渐开放。花期较长，蜜粉丰富，除供蜂群繁需用外，有时还可取少量商品蜜。

花粉扁球形，萌发孔为 3 孔沟，网状雕纹较细，网眼较小，极面观为三角形。

8.44   清风藤科

8.44.1 泡花树 *Meliosma cuneifolia* Franch.   / 清风藤科 泡花树属 /

野外主要识别特征 常绿或落叶乔木或灌木，常被毛。单叶或具近对生小叶的奇数羽状复叶，全缘或有锯齿。花小，两性，成顶生或腋生、多花的圆锥花序；萼片 4~5，具苞片；花瓣 5，大小极不相等，外面 3 片较大，凹陷，花蕾时包于外侧；内面 2 片极小，分离或退化为 2 裂的鳞片面与花丝合生；雄蕊 5，2 枚发育与内花瓣对生；3 枚退化与外花瓣对生。核果小。

生境 海拔 550~1600m 地山林中。

省内分布 宣恩、咸丰、鹤峰、利川、建始、巴东、长阳、兴山、神农架、房县、十堰、南漳、保康、谷城等地。

花期 6 月，单株花期 14 天。

8.45 凤仙花科

8.45.1 凤仙花 *Impatiens balsamina* **Linnaeus** / 凤仙花科 凤仙花属 /

别名 指甲花、急性子、凤仙透骨草。

野外主要识别特征 一年生草本。茎粗壮，直立。叶互生，边缘具锐锯齿。花单生或2~3簇生叶腋，无总花梗，密被柔毛；苞片位于花梗基部；子房及蒴果纺锤形，密被柔毛。种子圆球形。

生境 栽培。

省内分布 湖北宜昌、五峰、恩施、利川、神农架，湖北省内庭园广泛栽培。

花期7—10月。花粉黄白色，扁球形，左右对称，极面观为钝角长方形，赤道面观为阔椭圆形，表面具明晰而粗的网状雕纹。

8.46 鼠李科

8.46.1 多花勾儿茶 *Berchemia floribunda* (Wallich) **Brongniart**
/ 鼠李科 勾儿茶属 /

野外主要识别特征 藤状或直立灌木。叶纸质，上部叶较小，下部叶较大。花成顶生宽聚伞圆锥花序，侧枝长在5cm以下。

生境 生于山坡、沟谷、林缘、林下或灌丛中。

省内分布 武汉、大冶、竹溪、房县、丹江口、宜昌、兴山、长阳、五峰、襄阳、保康、红安、罗田、英山、黄梅、咸宁、崇阳、通山、赤壁、恩施、利川、建始、巴东、宣恩、来凤、鹤峰、神农架等地。

花期7—10月。花粉粒扁球形至近球形，赤道面观扁圆形，极面观钝三角形，萌发孔位于角上。具3孔沟，内孔横长，边缘加厚。外壁纹饰在光镜下为模糊的颗粒状，在扫描电镜下为细网状。

8.46.2 勾儿茶 *Berchemia sinica* **C. K. Schneider** / 鼠李科 勾儿茶属 /

野外主要识别特征 藤状灌木。叶纸质，互生，卵形或卵圆形，顶端圆形或钝，常有小尖头，上面绿色，无毛，下面灰白色。花黄色或淡绿色，排成窄聚伞状圆锥花序。

生境 生于海拔1000m以上山坡、沟谷灌丛或杂木林中。

省内分布 宣恩、咸丰、鹤峰、建始、兴山、神农架、十堰、郧西、竹山、竹溪、保康、宜城、随州、钟祥、通山、阳新、英山、宜昌、恩施、利川、巴东等地。

花期6—8月。

8.46.3 云南勾儿茶 *Berchemia yunnanensis* **Franch.**

/ 鼠李科 勾儿茶属 /

野外主要识别特征 藤状灌木；小枝平展，淡黄绿色，老枝黄褐色。叶纸质，卵状椭圆形。花黄色，数个排成聚伞总状或窄聚伞圆锥花序。核果圆柱形，成熟时红色，后黑色，有甜味。

生境 常生于山坡、溪流边灌丛或林中，海拔1500~3900m。

省内分布 竹溪、宜昌、兴山、恩施、利川、建始、巴东、宣恩、咸丰、鹤峰、神农架等地。

花期6—8月。泌蜜丰富。

8.46.4 小勾儿茶 *Berchemiella wilsonii* (Schneid.) Nakai

/鼠李科　小勾儿茶属/

野外主要识别特征　落叶灌木；小枝褐色，老枝灰色。叶纸质，互生，椭圆形，顶端钝，有短突尖，上面绿色，下面灰白色。顶生聚伞总状花序；花淡绿色。

生境　生海拔 1300m 的林中。

省内分布　兴山、长阳、五峰、保康、神农架、竹山、竹溪、房县等地。

花期 7 月。花粉扁球形；3 孔沟，孔沟交界处 4 块加厚较大而明显，并沿沟边延长，沟与内孔所形成的 H 形明显；内外壁厚度几相等；在光学显微镜下纹饰模糊，在扫描电镜下为细网纹状纹饰，网眼不明显，网脊粗糙。

8.46.5 马甲子 *Paliurus ramosissimus* (Lour.) Poir /鼠李科　马甲子属/

别名　白棘（《神农本草经》）、铁篱笆、铜钱树、马鞍树（四川）、雄虎刺（福建）、簕子、棘盘子（广东）。

野外主要识别特征　灌木。小枝有刺。叶互生，纸质，卵形或卵状椭圆形，边缘具细锯齿，基生三出脉，两面无毛。腋生聚伞花序，被黄色绒毛。

核果杯状，密生褐色绒毛。

生境　生于海拔 2000m 以下的山地和平原，野生或栽培。

省内分布　各地均有栽培。

花期 5—8 月，单株花期 16 天左右。蜜多粉少，蜜蜂爱采，辅助以蜜蜂生活饲料。

8.46.6 多脉猫乳　*Rhamnella martini* (H. Léveillé) C. K. Schneider

别名　香叶树。

野外主要识别特征　灌木或小乔木。幼枝纤细、无毛，老枝黑褐色，具黄色皮孔；叶纸质，边缘具细锯齿；腋生聚伞花序；花小，黄绿色，

萼片卵状三角形；核果近圆柱形，成熟后变黑紫色。

生境　山地灌丛或杂木林中，海拔800～2800m。

省内分布　各地均有栽培。

花期4—6月，单株花期16天左右。

8.46.7 鼠李　*Rhamnus davurica* Pall.

别名　黑狗丹、冻木树、冻绿树、狗李、冻绿柴、油葫芦子、绿皮刺、大脑头、黑刺、红冻。

野外主要识别特征　小乔木或灌木，树皮暗灰褐色，环状剥裂；小枝紧对生。叶对生或束生枝端，长圆状卵形或阔披针形，边缘具圆锯齿。花生于叶腋，花冠狭漏斗状钟形，萼片披针形。核果近球形，熟时黑色。

生境　山坡林下，灌丛或林缘和沟边阴湿处，海拔1800m以下。

省内分布　各地均有栽培。

花期5—6月，单株花期16天左右。泌蜜较为丰富。据苏联资料介绍，每公顷可产蜜35kg，对蜂群繁殖有利。

8.46.8 酸枣 *Ziziphus jujuba* var. *spinosa* (Bunge) Hu ex H.F.Chow.

/鼠李科　枣属/

别名　角针（山东）、硬枣（河南）、山枣树（河南）。

野外主要识别特征　落叶灌木或小乔木；小枝之字形弯曲，紫褐色。叶互生，椭圆形至卵状披针形，边缘有细锯齿，基部三出脉。花黄绿色，2～3朵簇生于叶腋。核果小，熟时红褐色，近球形或长圆形，味酸，核两端钝。

生境　海拔1700m以下的山区、丘陵或平原、野生山坡、旷野或路旁。

省内分布　各地均有栽培。

花期5—7月，单株花期16天左右。数量较多，分布较广，泌蜜丰富，蜜蜂爱采，对蜂群繁殖有良好作用。但有的地区和在天气较旱的情况下，蜜蜂不采。

8.47 葡萄科

8.47.1 三叶地锦 *Parthenocissus semicordata* (Wall.) Planch.

/葡萄科　地锦属/

野外主要识别特征　木质藤本。小枝圆柱形。卷须总状4～6分枝。叶为3小叶，中央小叶倒卵椭圆形或倒卵圆形，顶端骤尾尖，基部楔形，最宽处在上部，侧生小叶卵椭圆形或长椭圆形。多歧聚伞花序着生在短枝上，花蕾椭圆形；花盘不明显。果实近球形。

生境　海拔900～1750m山坡疏林中、林缘。

省内分布　来凤、宣恩、鹤峰、神农架、十堰、保康、远安、当阳、谷城、襄阳、枣阳等地。

花期5—7月。

8.47.2 狭叶崖爬藤 *Tetrastigma serrulatum* (Roxb.) Planch.

/ 葡萄科　崖爬藤属 /

别名　细齿崖爬藤。

野外主要识别特征　草质藤本。小枝纤细，圆柱形，有纵棱纹，无毛。卷须不分枝，相隔2节间断与叶对生。叶为鸟足状5小叶。花序腋生，集生成伞形；花蕾卵椭圆形，花盘在雄花中明显，4浅裂，在雌花中呈环状；子房下部与花盘合生。果实圆球形，紫黑色。

生境　生山谷林中、山坡灌丛岩石缝中，海拔500~2900m。

省内分布　利川、五峰等地分布。

花期3—6月，单株开花18天。

8.47.3 蘡薁 *Vitis bryoniifolia* Bunge

/ 葡萄科　葡萄属 /

别名　野葡萄、网脉葡萄。

野外主要识别特征　木质藤本。叶长圆卵形，3深裂，中央裂片再3裂或不裂，侧裂片不等2裂或不裂。圆锥花序，基部分枝发达或稀退化成一卷须。果实熟时紫红色。

生境　生于山谷林中、灌丛、沟边或田埂。

省内分布　宜昌、神农架、十堰、丹江口、宜城、荆门、咸宁、赤壁、通山、通城、崇阳、蕲春、武汉等地。

花期4—8月。

8.47.4 葡萄 *Vitis vinifera* **Linnaeus**

/ 葡萄科　葡萄属 /

别名　家葡萄（建始）。

野外主要识别特征　木质藤本。小枝圆柱形，有纵棱纹。卷须 2 叉分枝，每隔 2 节间断与叶对生。叶卵圆形，显著 3~5 浅裂或中裂。圆锥花序密集或疏散，多花，与叶对生，基部分枝发达，花瓣 5，呈帽状黏合脱落；花盘发达，5 浅裂。果实球形或椭圆形。

生境　原产亚洲西部。

省内分布　全省均有栽培。

花期 4—5 月，单株开花期 10 天左右。

8.48 杜英科

8.48.1 杜英 *Elaeocarpus decipiens* **Hemsley**

/ 杜英科　杜英属 /

野外主要识别特征　常绿乔木。叶革质，基部楔形，边缘有小钝齿。总状花序腋生或叶痕的腋部；花白色，下垂；花瓣与萼片等长，上半部撕裂成丝形；雄蕊 25~30 枚；子房 3 室。核果椭圆形。

生境　海拔 400~700m 林中。

省内分布　全省均有栽培。

花期 7 月，单株花期 13 天。泌蜜适宜温度在 18℃以上。

8.48.2 山杜英 *Elaeocarpus sylvestris* (Lour.) Poir. /杜英科 杜英属/

别名　羊屎树、羊仔树。

野外主要识别特征　常绿乔木；幼枝无毛。叶纸质，无毛，基部窄楔形，下延，边缘有钝锯齿。总状花序枝顶腋生；花白色；萼片 5 片；花瓣撕裂至中部，裂片丝状；雄蕊 13～15 枚；子房被毛。

核果椭圆形。

生境　海拔 350～2000m 常绿林里。

省内分布　宜昌。

花期 4—5 月。

8.49 锦葵科

8.49.1 蜀葵 *Alcea rosea* Linnaeus /锦葵科 锦葵属/

别名　一丈红、大蜀季、戎葵。

野外主要识别特征　一年生草本；叶 3～7 浅裂，裂片三角形至圆形；叶柄长 6～14cm；托叶卵圆形，先端 3 裂；花常红色，单生叶腋，花梗较叶柄短；小苞片 6～7。果盘状。

生境　省内广泛栽培。

省内分布　宜昌、兴山、五峰、英山、恩施、建始、巴东、神农架等地。

花期 6—10 月，单株花期 25 天。花粉多，有蜜。种子可榨油，花和种子可药用。

花粉粒球形，具散孔。外壁表面具大小两种刺状雕纹。

8.49.2 野葵 *Malva verticillata* Linnaeus

/锦葵科 锦葵属/

野外主要识别特征 二年生直立草本；叶肾形或圆形，掌状分裂，裂片三角形。花白色至淡粉色，直径5~15mm，3至多朵簇生于叶腋，近无梗；花瓣5，淡白色至淡红色。果扁球形，种子肾形，紫褐色。

生境 生于海拔800m以下山坡、田园、村庄附近路旁。

省内分布 十堰、竹溪、枣阳、钟祥、江陵、潜江、赤壁、大冶、武汉等地。

花期5—7月，单株花期18天。

8.49.3 地桃花 *Urena lobata* Linnaeus

/锦葵科 梵天花属/

别名 野棉花、刺头婆。

野外主要识别特征 半直立灌木，高约1m。叶形多样，下部叶近圆形，通常3~5裂，上部叶卵形至阔披针形，叶缘具不规则锯齿。花单生于叶腋或稍丛生，花萼杯状，花瓣5，鲜红色。果扁球形。

生境 生于村庄附近或路旁旷地、草地或疏灌木丛中。

省内分布 恩施、利川、巴东、宣恩、来凤、鹤峰等地。

花期7—12月，花期长，蜜粉丰富。

8.50 梧桐科

8.50.1 梧桐 *Firmiana simplex* **(Linnaeus) W.Wight** / 梧桐科 梧桐属 /

别名 青桐。

野外主要识别特征 落叶乔木,树皮青绿色,光滑。叶基心形,下面有星状短柔毛,有基出脉7条;顶生圆锥花序被短绒毛,花单性,黄绿色,无花瓣;花萼5深裂,裂片条形向外弯曲。种子有皱纹。

生境 生于海拔1000m以下的山坡林中或沟边。

省内分布 全省均有栽培。

花期6—7月,单株花期15天。

8.51 山茶科

8.51.1 杨桐 *Adinandra millettii* **(Hooker & Arnott) Bentham & J. D. Hooker ex Hance**
/ 山茶科 杨桐属 /

别名 黄瑞木。

野外主要识别特征 灌木或小乔木。单叶互生,革质,长圆状椭圆形。花两性,单朵腋生,萼片卵状披针形;花瓣白色,5片覆瓦状排列。浆

果不开裂,熟时黑色。

生境 生于海拔1300m以下的山坡旁灌丛、疏林或密林中。

省内分布 通山。

花期5—7月。

8.51.2 木荷 *Schima superba* Gardner & Champion / 山茶科 木荷属 /

野外主要识别特征 常绿乔木。叶革质椭圆形，有锯齿。花生于枝顶叶腋，总状花序，花白色，有长柄；萼片5，覆瓦状排列，宿存；花瓣5，最外1片风帽状，边缘多少有毛。蒴果先端圆或钝。

生境 生于海拔1500m以下的山坡阔叶林，

是亚热带常绿林里的建群种，在荒山灌丛是耐火的先锋树种。

省内分布 来凤、宣恩、鹤峰、恩施、利川、建始、巴东、竹溪、保康等地。

花期6—8月。蜜粉丰富，有利于蜂群繁殖和采蜜。

8.52 金丝桃科

8.52.1 金丝桃 *Hypericum monogynum* Linnaeus / 藤黄科 金丝桃属 /

别名 对叶草、黄花对叶草（咸丰）、野栀子（竹山）。

野外主要识别特征 灌木；叶倒披针形至长圆形，下面有密集脉网。花序具1~30花；花瓣全缘；雄蕊5束，与花瓣近等长；花柱合生，长度至少为子房1.5倍，柱头小。

生境 生长于海拔350~1200m山坡、路旁、灌丛中。

省内分布 来凤、咸丰、恩施、利川、巴东、秭归、兴山、神农架、竹山、谷城、襄阳、老河口、枣阳、钟祥、咸宁、通山、大冶、浠水、蕲春、黄梅、英山等地。

花期4—6月，单株花期14天。

8.52.2 金丝梅 *Hypericum patulum* Thunberg

/ 藤黄科　金丝桃属 /

别名　山连翘（巴东）、黄荆渣（利川）。

野外主要识别特征　灌木；叶披针形至卵形，先端钝至圆形，下面有疏或不可见的脉网；具柄。花序具1~15花；雄蕊5束，短于花瓣；花柱离生，长度在子房1.5倍内。

生境　生于海拔300~1400m山坡、山谷林下、灌丛中。

省内分布　来凤、宣恩、咸丰、鹤峰、恩施、利川、建始、巴东、五峰、长阳、神农架、竹山、竹溪、随州、大悟、咸宁、通城、阳新等地。

花期6—7月，单株花期15天。蜜粉丰富，花期长，是很好的辅助蜜源植物。花粉粒长球形，赤道面观狭椭圆形，极面观为3裂圆形。具3拟孔沟；沟长达两极，内孔不明显。外壁两极部分较其他部分厚，表面具模糊的网状雕纹，网孔小而圆，网脊无一定形状，由细颗粒组成。

8.53　柽柳科

8.53.1 柽柳 *Tamarix chinensis* Lour.

/ 柽柳科　柽柳属 /

别名　西湖柳，山川柳。

野外主要识别特征　乔木或灌木；老枝直立，幼枝，常开展而下垂；嫩枝悬垂。叶鲜绿色。总状花序侧生在去年生木质化的小枝上，花大而少，较稀疏而纤弱点垂，小枝亦下倾；花瓣5，粉红色，通常卵状椭圆形或椭圆状倒卵形，稀倒卵形，果时宿存；花盘5裂，裂片先端圆或微凹，紫红色，肉质，蒴果圆锥形。

生境　本种适应性强，耐涝、耐旱、耐贫瘠，喜生盐碱性沙地。

省内分布　罗田等地。

花期4—9月，开花泌蜜30多天。花期长、花朵多，蜜粉丰富，对促进蜂群繁殖作用很大。蜜琥珀色，味苦稍涩。花粉黄白色，近球形，外壁具网状雕纹。

8.54.1 毛叶山桐子 *Idesia polycarpa* var. *vestita* **Diels**

/大风子科 山桐子属/

野外主要识别特征 落叶乔木，叶大型，下有密的柔毛。叶柄有短毛。花雌雄异株或杂株，雄花绿色，雌花淡紫色。浆果长圆球形至圆球状。

生境 海拔 1200m 以下的山坡林中。

省内分布 来凤、宣恩、咸丰、鹤峰、恩施、利川、建始、五峰、崇阳、武汉。

花期 4—5 月，单株花期 15 天左右。

花粉近长球形，3 孔沟，沟狭长，两端尖细，外壁为细网状纹饰，网眼为圆形，椭圆形和不规则形，大小不一，极面和沟间区的网眼较大。

8.55 旌节花科

8.55.1 中国旌节花 *Stachyurus chinensis* **Franchet**

/旌节花科 旌节花属/

野外主要识别特征 落叶灌木。树皮光滑。叶于花后发出，互生，纸质至膜质，卵形，长圆状卵形至长圆状椭圆形。穗状花序腋生，先叶开放，长 5～10cm；花黄色，长约 7mm；萼片 4 枚，黄绿色；花瓣 4 枚，长约 6.5mm；雄蕊 8 枚，与花瓣等长，花药长圆形，纵裂，2 室。

生境 生于海拔 400～3000m 的山坡谷地林中或林缘。

省内分布 来凤、咸丰、鹤峰、恩施、建始、五峰、宜昌、秭归、兴山、神农架、崇阳、通山。

花期 3—4 月。花粉粒球形或近球形，赤道面观为近圆形或圆形，极面观为 3 裂圆形或近圆形，具 3 孔沟。

8.56.1 野梦花 *Daphne tangutica* var. *wilsonii* (Rehd.) H.F.Zhou ex C. Y.Chang

/ 瑞香科　瑞香属 /

野外主要识别特征　常绿灌木；叶片倒卵状披针形或长圆状披针形。头状花序生于小枝顶端，花外面紫色或紫红色，内面白色，花萼筒圆筒形，长 9 ~ 13mm。花药橙黄色，长圆形。果实卵形或近球形。

生境　生于海拔 1000m 以上的润湿林中。

省内分布　湖北西部。模式标本采自湖北西部宜昌。唐古特瑞香的变种。

花期4—5月。因花头状花序，花密集，且生于枝顶端，蜜蜂喜采集，为春季辅助蜜源植物。

8.56.2 结香 *Edgeworthia chrysantha* Lindley

/ 瑞香科　结香属 /

别名　子时花（巴东）、蒙花（咸丰、鹤峰、宣恩、长阳、房县、安陆、罗田）、软骨树（神农架）、梦树（竹溪）、枯枝梅（保康）、疙瘩花（罗田）。

野外主要识别特征　落叶灌木。叶互生而簇生于枝顶，椭圆状长圆形至长圆状倒披针形。头状花序顶生或侧生，具花 30 ~ 50 朵成绒球状，外

围以 10 枚左右被长毛而早落的总苞；花芳香，无梗，花萼长 1.3 ~ 2cm，黄色，顶端 4 裂，花药近卵形。

生境　海拔 400 ~ 2000m 山坡山谷林下灌丛中。

省内分布　宣恩、咸丰、鹤峰、恩施、利川、巴东、宜昌、五峰、长阳、兴山、神农架、房县、十堰、竹溪、南漳、保康、当阳、安陆、黄冈、罗田、武汉等地。

花期1—2月，单株花期20天。结香蜜粉丰富，蜜蜂爱采，为良好的辅助蜜源植物。花粉粒球形，具散孔，表面具瘤状雕纹；瘤表面具小刺——细颗粒雕纹。花粉轮廓线凹凸不平。

8.57 胡颓子科

8.57.1 胡颓子 *Elaeagnug pungens* **Thunberg** / 胡颓子科 胡颓子属 /

别名 羊奶子。

野外主要识别特征 常绿灌木，具棘刺。叶革质，椭圆形。花银白色，下垂；花圆筒形或漏斗形，上部4裂；雄蕊4；子房上位。果实椭圆形。

生境 丘陵边缘、沟边、山谷、山麓的灌木丛和疏林下阳光充足的地方。

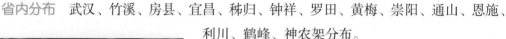

省内分布 武汉、竹溪、房县、宜昌、秭归、钟祥、罗田、黄梅、崇阳、通山、恩施、利川、鹤峰、神农架分布。

花期9—12月。蜜粉较为丰富，生长集中处有时每群还可产蜜5kg左右。本属蔓胡颓子（*E. glabra* Tbunb.）、宜昌胡颓子（*E. henryl* Warb.）、余山胡颓子（*E. argyi* Lēyl.）、长叶胡颓子（*E. bockii* Diels）等都是蜜源植物。

8.57.2 牛奶子 *Elaeagnus umbellata* **Thunberg** / 胡颓子科 胡颓子属 /

别名 甜枣、麦粒子。

野外主要识别特征 落叶灌木。枝开展，通常有刺。叶纸质，椭圆形至倒披针形。花先叶开放，黄白色，芳香，1~7朵丛生新枝基部，花被筒漏斗状，向基部渐狭，至子房上部收缩，上部4裂，雄蕊4枚；花柱线形，被鳞片。核果，成熟时红色。

生境 多生于干燥的山坡、山沟及河边沙地。

省内分布 全省均有分布。

花期4—5月，泌蜜丰富，蜜蜂爱采，为优良的辅助蜜源植物。

8.58.1 紫薇 *Lagerstroemia indica* Linn.

/ 千屈菜科　紫薇属 /

别名　痒痒树、百日红。

野外主要识别特征　落叶灌木或小乔木；树皮平滑；小枝纤细，具4棱。叶互生或有时对生，纸质，椭圆形、阔矩圆形或倒卵形。花淡红色或紫色、白色，直径3~4cm，常组成7~20cm的顶生圆锥花序；花瓣6，皱缩，具长爪；雄蕊36~42，外面6枚着生于花萼上，比其余的长得多；蒴果。

生境　半阴生，喜生于肥沃湿润的土壤上，也能耐旱，不论钙质土或酸性土都生长良好。

省内分布　原产亚洲，现广植于热带地区。全省均有分布。

花期6—9月。为优良的夏秋季蜜源植物。

8.58.2 石榴 *Punica granatum* Linnaeus

/ 千屈菜科　石榴属 /

别名　安石榴、若榴、若榴木、丹若、山力叶、安石榴、花石榴。

野外主要识别特征　落叶灌木或小乔木，小枝具棱角，枝条末端常有刺。叶对生或簇生，倒卵形或长圆披针形。花两性，1~5朵生于枝端或叶腋；萼筒钟形，红色，质厚，顶端5~8裂；花瓣5~8，红色多皱；雄蕊多数。果实球形，果皮厚，红色，顶端有宿存的花萼。

生境　栽培。

省内分布　各地均有栽培。

花期5—6月。花朵多，蜜粉丰富，蜜蜂爱采，有利于蜂群繁殖。花粉微结构形态：花粉粒长球形，赤道面观为长椭圆形，极面观为3裂片状。具3孔沟，表面具模糊的细网状雕纹，网孔小，不明显，网脊具细颗粒。花粉轮廓线稍呈不平。

8.59.1 珙桐 *Davidia involucrata* **Baill.**

别名　鸽子树、空桐、枢梨子。

野外主要识别特征　落叶乔木；树皮成不规则薄片剥落；叶互生，宽卵形或圆形，具三角状粗齿。花杂性同株；常由多数雄花与 1 枚雌花或两性花组成球形头状花序，径约 2cm，生于小枝近顶端叶腋，基部具 2 ~ 3 枚大型白色花瓣状苞片，

苞片长圆形或倒卵状长圆形，雄花无花萼，无花瓣，花药紫色；雌花及两性花子房下位，

6 ~ 10 室。核果。

生境　生于海拔 1500 ~ 2200m 的润湿的常绿阔叶落叶阔叶混交林中。

省内分布　宣恩，鹤峰，恩施，利川，巴东，宜昌，五峰，长阳，兴山，神农架等地，尤以宣恩分布面积最大。

花期 4—5 月，单株花期 10 天。

8.60.1 柳兰 *Chamerion angustifolium* (Linnaeus) Holub

野外主要识别特征　多年生草本，直立丛生；叶螺旋状互生，披针状长圆形至倒卵形；花序总状，直立，苞片下部三角状披针形；萼片紫红色长圆状披针形，花粉色至紫红色，花药长圆形。

生境　海拔 800 ~ 2400m 的山坡、林缘、路旁、沟边。

省内分布　宣恩、鹤峰、恩施、利川、建始、巴东、秭归、五峰、长阳、神农架、保康。

花期 6—9 月。花期较长，泌蜜丰富，蜜蜂爱采。花粉黄色，扁球形，极面为 4 ~ 5 角形，表面具细网状雕纹。具黏丝。蜜白色，质佳。

8.60.2 柳叶菜 *Epilobium hirsutum* Linnaeus　　/ 柳叶菜科　柳叶菜属 /

野外主要识别特征　多年生草本。茎密被伸展的长柔毛。叶对生，茎上部互生；卵形，先端锐尖或渐尖，基部抱茎。花单生叶腋；花瓣倒卵形，先端凹缺；柱头4裂。蒴果圆柱形。

生境　海拔400～1100m的河岸，山沟的沼泽地及溪边。

省内分布　来凤、宣恩、鹤峰、利川、秭归、五峰、长阳、神农架、房县、丹江口、竹溪、南漳、保康、襄阳、十堰、随州、咸宁、通山、通城、阳新等地。

花期6—8月。花粉近扁球形，极面观近三角形，具3萌发孔，孔圆形，向外突出。外壁内层在萌发孔处加厚。外壁表面具条纹状纹饰。具长黏丝。

8.60.3 月见草 *Oenothera biennis* Linnaeus　　/ 柳叶菜科　月见草属 /

野外主要识别特征　二年生直立草本。茎枝上端常混生有腺毛，基生莲座叶丛紧贴地面；穗状花序，不分枝，花瓣黄色，宽倒卵形，先端微凹；花丝近等长，子房绿色，圆柱状，具4棱。

生境　海拔600～1100m的山坡、田边地角。

省内分布　恩施、利川、宜昌、襄阳、咸宁、武汉，亦有栽培。

花期5—8月。夜间开花，花粉丰富，蜜蜂清晨大量采集。花粉淡黄色。

8.61.1 东北土当归 *Aralia continentalis* **Kitagawa**   / 五加科　楤木属 /

野外主要识别特征　多年生草本，地下有块状粗根茎。叶为二回或三回羽状复叶，羽片有小叶 3 ~ 7；圆锥花序紧密，二次分枝，花梗粗短，长 5 ~ 6mm。

生境　生于森林下和山坡草丛中，海拔 800 ~ 3200m。

省内分布　武汉、五峰、恩施、利川、宣恩、咸丰、鹤峰、神农架等地。

花期 9—11 月，单株花期 22 天。

8.61.2 长刺楤木（刺叶楤木）　*Aralia spinifolia* **Merr.**

/ 五加科　楤木属 /

别名　广东楤木。

野外主要识别特征　灌木；小枝灰白色，疏生多数或长或短的刺，并密生刺毛；二回羽状复叶，叶柄、叶轴和羽片轴密生或疏生刺和刺毛；托叶和叶柄基部合生，基部有小叶 1 对；圆锥花序大，长达 35cm，花序轴和总花梗均密生刺和刺毛；伞形花序直径约 2.5cm，有花多数；果实卵球形，黑褐色，有 5 棱。

生境　海拔约1000m山坡或林缘阳光充足处。

省内分布　武汉、兴山、崇阳。

花期 8—9 月，单株花期 20 天。

8.61.3 树参 *Dendropanax dentiger* (Harms) Merr / 五加科 五味子属 /

别名 半枫荷。

野外主要识别特征 乔木或灌木，枝条具细纵棱。叶形变异大；不裂叶生于枝下部，长椭圆形、椭圆状披针形至披针形，尖端渐尖，基部楔形或圆形；分裂叶片倒三角形，掌状裂。伞形花序，单个顶生或 2~5 个组成复伞形花序，果长椭圆形或卵状长圆形。

生境 海拔 1400m 以下常绿阔叶林或灌丛中。

省内分布 宣恩、利川。

花期 8—10 月。花期长，泌蜜涌，强群常年可取蜜 10~20kg。

8.61.4 糙叶五加 *Eleutherococcus henryi* Oliver / 五加科 五加属 /

别名 亨利五加。

野外主要识别特征 灌木，枝疏生下弯的粗刺。小叶片 5，少 3，上面粗糙，下面有短柔毛。由伞形花序组成圆锥花序，子房 5 室，花柱全部合生成柱状。花期 7—9 月。

生境 海拔 1000~2000m 山坡灌丛或林下。

省内分布 宣恩、恩施、建始、巴东、五峰、兴山、神农架、十堰、阳新、英山等地。

花期 5—6 月，单株花期 14 天。

8.61.5 细柱五加 *Eleutherococcus nodiflorus* (Dunn) S.Y.Hu

/ 五加科　五加属 /

别名　五加、短毛五加、柔毛五加。

野外主要识别特征　灌木，蔓生状，枝节上常疏生钩状扁刺。叶长枝上互生，或短枝上簇生，小叶片5，少3～4，两面无毛。单个伞形花序，少2个腋生或顶生短枝上，子房2室，花柱离生或仅基部合生。果实扁球形。

生境　350～1300m 山坡、林缘灌木丛中或村庄附近。

省内分布　武汉、宜昌、秭归、荆门、京山、钟祥、罗田、麻城、崇阳、恩施、利川、建始、巴东、宣恩、鹤峰、神农架。

花期4—7月。

8.61.6 刺五加 *Eleutherococcus senticosus* (Ruprecht & Maximowicz) Maximowicz

/ 五加科　五加属 /

别名　刺拐棒、老虎潦、一百针、坎拐棒子、短蕊刺五加。

野外主要识别特征　灌木达6m高。枝具紧密的星散，纤细，圆柱状，鬃状皮刺。叶柄纤细，有时具细皮刺；中心小叶小叶柄（0.6～）1.2～2cm，通常带褐色短柔毛；小叶（3～）5，椭圆状倒卵形

或者长圆形，纸质，背面具短柔毛在脉上，正面有星散毛，花序顶生，单生或复合伞形花序，生在多叶嫩枝上，通常具2～6伞形花序一同生；花冠紫色黄。子房5具心皮；花柱合并成一柱状 卵球形的果。

生境　田野，森林，路旁，山谷；低于海拔2000m。

省内分布　全省广布。

花期6—7月。

8.61.7 白簕 *Eleutherococcus trifoliatus* (Linnaeus) S. Y. Hu

/ 五加科　五加属 /

野外主要识别特征　蔓性灌木，枝条疏生先端下向钩曲的刺。小叶片 3，少 4～5，边缘有细锯齿或钝齿。3 个以上伞形花序组成复伞形或圆锥花序，子房 2 室，花柱基部或中部以下合生。

生境　生于村落，山坡路旁、林缘和灌丛中，

垂直分布自海平面以上至 3200m。

省内分布　来凤、宣恩、咸丰、鹤峰、恩施、利川、巴东、秭归、宜昌、五峰、长阳、兴山、神农架、十堰、襄阳、咸宁、赤壁、通山、通城、英山等地。

花期 8—11 月。

8.61.8 吴茱萸五加 *Gamblea ciliata* var. *evodiifolia* (Franchet) C.B.Shang et al.

/ 五加科　萸叶五加属 /

别名　萸叶五加、吴茱叶五加、吴茱萸叶五加。

野外主要识别特征　灌木或乔木，老枝暗色，新枝红棕色，无毛无刺。小叶片 3。顶生复伞形花序，花柱基部合生，中部以上分离而反折。

生境　海拔 600～1800m 林缘或林中。

省内分布　宣恩、鹤峰、恩施、利川、神农架、房县、十堰、竹溪、随州、蕲春、英山等地。

花期 5—7 月，单株花期 13 天。

8.61.9 常春藤 *Hedera nepalensis* var. *sinensis* (Tobler) Rehder

/ 五加科　常春藤属 /

别名　岩风藤、穿根藤（鹤峰）、追风藤、钻天风（远安）、上树蜈蚣（远安、南漳）。

野外主要识别特征　茎灰棕色或黑棕色。叶革质，营养枝上三角状卵形或长圆形，全缘或3深裂；花枝上椭圆卵状带菱形，全缘或1~3浅裂。伞形花序单个顶生或2~7个总状或伞房状组成圆锥花序。果球形，橙黄色。

生境　海拔1700m以下山地、平原山坡林中、沟谷或路旁。

省内分布　宣恩、鹤峰、恩施、利川、神农架、房县、十堰、竹溪、随州、蕲春、英山等地。

花期5月，单株花期18天。

8.61.10 异叶梁王茶 *Metapanax davidii* (Franch.) J. Wen & Frodin

/ 五加科　梁王茶属 /

别名　三杆枪（利川）、毛莲叶（鹤峰）、偏枫枫（远安）、树五加（南漳）。

野外主要识别特征　灌木或乔木。叶为单叶，稀在同一枝上有3小叶的掌状复叶；叶片薄革质至厚革质，长圆状卵形至长圆状披针形，或三角形至卵状三角形，不分裂、掌状2~3浅裂或深裂，伞形花序直径约2cm，有花10余朵；花瓣5，三角状卵形；果实球形，侧扁，黑色。

生境　海拔600~1800m山坡疏林或阳坡灌丛中。

省内分布　来凤、宣恩、咸丰、鹤峰、恩施、利川、建始、巴东、秭归、五峰、长阳、兴山、远安、神农架、房县、南漳、保康等地。

花期7—8月，单株花期15天。

8.61.11 假人参 *Panax pseudoginseng* **Wall.**

/五加科　人参属/

野外主要识别特征　多年生草本；根状茎短，竹鞭状，横生，叶为掌状复叶，4 枚轮生于茎顶；伞形花序单个顶生，有花 20～50 朵；子房 2 室；花柱 2（雄花中的退化，雌蕊上为 1 条），离生，反曲。

生境　海拔 1000～2000m 山坡或山谷林下阴湿处。

省内分布　宣恩、鹤峰、恩施、利川、建始、巴东、秭归、宜昌、五峰、长阳、兴山、神农架、郧阳、郧西、竹山、竹溪、南漳、保康、通山、罗田等地。

花期 4—5 月，单株花期 15 天。

8.61.12 通脱木 *Tetrapanax papyrifer* **(Hooker) K. Koch**

/五加科　通脱木属/

别名　大通草。

野外主要识别特征　常绿灌木或小乔木。叶集生枝顶，5～11 裂，裂片通常再 2～3 小裂，下面密生白色厚绒毛。圆锥花序密生白色星状绒毛。果球形，紫黑色。

生境　海拔 500～1500m 山坡、沟谷林下或林缘。

省内分布　全省山区各县市。

花期 9—11 月，单株花期 21 天。

8.62.1 芫荽 *Coriandrum sativum* **Linnaeus**

/ 伞形科　芫荽属 /

别名　香菜（通称）。

野外主要识别特征　一年生草本，有强烈气味；茎直立，有条纹。叶柄有鞘；叶膜质，一至多回羽状分裂。复伞形花序顶生或与叶对生；小总苞片数枚，线形；花白色或淡紫色。果圆球形，背面主棱及相邻次棱明显。

生境　原产欧洲地中海地区，引种栽培，分布几遍全国。

省内分布　各地均有栽培。

花期4—11月。开花泌蜜约30天。泌蜜丰富，诱蜂力强。蜜琥珀色，有强烈的芫荽香味。

8.62.2 独活 *Heracleum hemsleyanum* **Diels**

/ 伞形科　独活属 /

别名　大活。

野外主要识别特征　植株大型。根淡黄色。茎下部叶为一至二回羽状分裂，被稀疏的刺毛，裂片3分裂；茎上部叶卵形，3裂。总苞片少数，披针形；小总苞全缘。花瓣白色，二型。果实近球形，背棱和中棱丝线状，侧棱有翅。

生境　生于海拔1000m山坡阴湿的灌丛林下。

省内分布　鹤峰、恩施、利川、巴东、宜昌、兴山、神农架、十堰、竹溪、保康、通山、通城等地。

花期8—10月，单株花期一般17天。

8.62.3 防风　*Saposhnikovia divaricata* (Turczaninow) Schischkin

/ 伞形科　防风属 /

别名　北防风（通称）。

野外主要识别特征　多年生草本，高 20～80cm，更粗壮，外皮棕褐色或黄褐色。茎单生，纵肋。叶二回羽状全裂。复伞形花序顶生，无总苞片，小总苞片披针形，数片；花白色。双悬果椭圆形，扁平，侧棱有翅。

生境　生于草原、丘陵、多砾石山坡，也有栽培。

省内分布　宣恩、鹤峰、恩施、利川、巴东、五峰、兴山、神农架、十堰、郧阳、保康、谷城、广水、大悟、天门、浠水、武穴、罗田。

花期 8—9 月。

8.62.4 当归　*Angelica sinensis* (Oliver) Diels

/ 伞形科　当归属 /

野外主要识别特征　草本。根粗大圆锥状。茎中空。叶三出式二至三回羽状分裂，基部膨大成管状的薄膜质鞘，紫色或绿色。复伞形花序密被细柔毛；总苞片 2，线形，或无；花白色。果实椭圆至卵形，背棱线形，隆起，侧棱成宽而薄的翅，与果体等宽或略宽。

生境　在高寒阴湿地带生长适宜。生林下、灌丛中。

省内分布　鹤峰、恩施、利川、建始、巴东、五峰、兴山、神农架、保康。鄂东南、西南山地的药材基地多有栽培。

花期 8—9 月，单株花期 20 天。

8.63.1 华中山柳 *Clethra fargesii* Franchet　　　　/ 桤叶树科　桤叶树属 /

别名　城口桤叶树。

野外主要识别特征　落叶灌木或小乔木。叶硬纸质。总状花序 3~7 枝，成近伞形圆锥花序；花序轴和花梗均密被灰白色；萼卵状披针形；花瓣白色，顶端稍具流苏状缺刻；雄蕊 10，花丝近基部被长柔毛；子房密被灰白毛，柱头无毛 3 裂。

生境　海拔 700m 以上的山地疏林及灌丛中。

省内分布　湖北各地均有分布。

花期 7 月下旬—8 月中旬。蜜粉丰富、蜜蜂爱采。蜜琥珀色，芳香可口。

8.64.1 瓜木 *Alangium platanifolium* Siebold & Zuccarini

/ 山茱萸科　八角枫属 /

野外主要识别特征　落叶灌木或小乔木。单叶互生，近圆形，不分裂或分裂，叶边缘呈波状或钝锯齿。聚伞花序腋生，3~5 花；花两性；花瓣长 2.5~3.5cm；花盘肉质。核果长圆形。

生境　生于海拔 2000m 以下土质比较疏松而肥沃的向阳山坡或疏林中。

省内分布　全省广布。宣恩、咸丰、鹤峰、建始、巴东、宜昌、五峰、长阳、兴山、神农架、房县、十堰、丹江口、竹山、竹溪、南漳、保康、远安、通山、通城、浠水、罗田等地。

花期 6—7 月，单株花期 10 天。花粉粒变球形，极面观为钝三角形。具 3 孔沟或 4 孔沟。表面具颗粒细网状雕纹。

8.64.2 灯台树　*Cornus controversa* **Hemsley**　　/山茱萸科　梾木属/

野外主要识别特征　落叶乔木。单叶互生，阔卵形或披针状椭圆形，上面无毛，下面密被平贴短柔毛。伞房状聚伞花序顶生，无总苞片；花小，白色，花瓣4；花萼裂片4，三角形；柱头小，头状。核果球形。

生境　生于海拔 250～2600m 的常绿阔叶林或针阔叶混交林中。

省内分布　来凤、宣恩、咸丰、鹤峰、恩施、利川、建始、巴东、宜昌、长阳、兴山、秭归、神农架、房县、十堰、丹江口、竹溪、京山、通山、崇阳、通城、罗田等地。

花期5月，单株花期12天。

8.64.3 梾木　*Cornus macrophylla* **Wallich**　　/山茱萸科　梾木属/

别名　高山梾木。

野外主要识别特征　乔木或灌木，树皮黑灰色，纵裂。叶对生，厚纸质，椭圆形、长圆椭圆形或长圆卵形。伞房状聚伞花序顶生；花小，白色；花萼裂片4，三角形；花瓣4，舌状长圆形或长卵形。核果球形，黑色。

生境　生于海拔 400～1800m 的山坡、沟谷杂木林中。

省内分布　宣恩、咸丰、鹤峰、恩施、利川、建始、巴东、秭归、宜昌、五峰、长阳、兴山、神农架、房县、十堰、竹溪、英山等地。

花期5—6月，单株花期13天。

8.64.4 毛梾 *Cornus walteri* Wangerin　　　/山茱萸科　梾木属/

别名　车梁木。

野外主要识别特征　落叶乔木，树皮浅褐色，具瘤状突起。单页对生，椭圆形，边缘为波状。伞房状聚伞花序顶生，花冠白色，雄蕊4枚，子房下位，花盘环状。核果黑色，近球形。

生境　生于海拔300～1800m向阳山坡林中、灌丛中，稀达2600～3300m的杂木林或密林下。

省内分布　建始、巴东、长阳、兴山、神农架、房县、十堰、竹溪、保康、随州、罗田等地。

花期5月，单株花期14天。蜜粉丰富，蜜蜂爱采，对刺槐花后的蜂群繁殖有作用。

8.65　杜鹃花科

8.65.1 美丽马醉木 *Pieris formosa* (Wallich) D. Don

/杜鹃花科　马醉木属/

别名　长苞美丽马醉木、兴山马醉木（俗名）。

野外主要识别特征　常绿灌木或小乔木；小枝圆柱形，无毛，具叶痕；冬芽具无毛鳞片。叶边缘具细锯齿。圆锥花序顶生，下垂；花冠白色，坛状，浅5裂；雄蕊10；子房扁球形，无毛。蒴果卵圆形。

生境　海拔900～2300m的灌丛中。

省内分布　宣恩、鹤峰、恩施、利川、巴东、秭归、宜昌、兴山、神农架、通城。

花期5—6月。气温20℃以上，雨后晴天或早晨有雾泌蜜最多，花蜜几乎盛满花冠，条件好每群可产蜜10～20kg。蜜为浅琥珀色。

8.66 紫金牛科

8.66.1 铁仔 *Myrsine africana* **Linnaeus**　/ 紫金牛科　铁仔属 /

别名　碎米果、大红袍、小铁子。

野外主要识别特征　灌木；小枝生锈色柔毛，常具棱角。叶片坚纸质或近革质，椭圆状卵形、倒卵形或披针形，先端近圆形，常小尖头，基部楔形，中部以上具刺状锯齿。花单性，雌雄异株，数朵簇生于叶腋。核果，球形，熟后黑色，种子1粒。

生境　海拔 1000～3600m 的石山坡、荒坡疏林中或林缘，向阳干燥的地方。

省内分布　湖北零星分布。来凤、咸丰、鹤峰、恩施、利川、建始、巴东、秭归、宜昌、兴山、神农架、房县、十堰、竹溪、保康、南漳、随州。

花期 4 月中旬至 5 月中旬。泌蜜丰富，蜜蜂爱采。花粉近球形，直径 21μm。

8.67 报春花科

8.67.1 过路黄 *Lysimachia christiniae* **Hance**　/ 报春花科　珍珠菜属 /

野外主要识别特征　草本。茎蔓延，但先端不呈鞭状。叶对生，心形，有黑色腺条。花单生叶腋，花冠黄色，具黑色长腺条。

生境　生于沟边、路旁阴湿处和山坡林下。

省内分布　通城。

花期 5—7 月，单株花期 22 天左右。

8.67.2 临时救 *Lysimachia congestiflora* **Hemsley**

别名　聚花过路黄。

野外主要识别特征　草本。茎匍匐或上升，被卷曲柔毛。叶对生，卵状近圆形，叶脉沿中肋和侧脉染紫红色。2~4朵集生茎端和枝端，花冠黄色，内面基部紫红色。

生境　生于海拔 1200m 以下的山坡阴处草丛中。

省内分布　通城、武昌、兴山、五峰、鄂州、松滋、咸宁、通山、恩施、利川、建始、巴东、宣恩、咸丰、来凤、鹤峰、神农架等地。

花期 5—6 月，单株花期 22 天左右。

8.67.3 无粉报春 *Primula efarinosa* **Pax**

野外主要识别特征　多年生草本。植株无粉或近无粉，花梗明显长于苞片；花序伞形，花冠堇蓝色，冠筒与花萼等长。花萼筒状至窄钟状，分裂达全长的 1/3；苞片基部稍下延呈圆形。

生境　生长于山地草坡和林下，海拔 2100~2800m。

省内分布　巴东、兴山、房县、神农架。

花期 2—3 月，单株花期 16 天左右。

8.68 柿树科

8.68.1 老鸦柿 *Diospyros rhombifolia* **Hemsl** /柿科 柿属/

别名 山柿子、野柿子。

野外主要识别特征 落叶乔木。叶革质，卵状菱形至倒卵形，先端尖或钝，基部狭楔形，全缘。花单生于叶腋，白色，花萼4裂。果卵球形，径约2cm，熟时红色，宿存花萼后增大，裂片革质。

生境 野生于山坡、林缘或灌丛。

省内分布 湖北东南部（咸宁、赤壁、崇阳等地）。

花期4—5月。有蜜粉，蜂爱采，对蜂群繁殖颇为有利，有时能取到少量蜂蜜。花粉长球形，极面观为3裂圆形。具3孔沟，沟细长，长达两端轮廓线，内孔横长，沟孔相交，边缘加厚。外壁薄，外壁表面纹饰模糊不清。本属油柿（*D. Oleifera* Cheng）和浙江柿（*D. glaucifolia* Mete.）、乌柿（*D. cathayensis* A. N. Stward）都是优良的蜜源植物。

8.69 山矾科

8.69.1 光叶山矾 *Symplocos lancifolia* **Siebold & Zuccarini**

/山矾科 山矾属/

野外主要识别特征 小乔木。芽、嫩枝、嫩叶背面脉上、花序均被黄褐色柔毛；叶中肋在上面平坦；穗状花序；苞片椭圆状卵形；花冠淡黄色，5深裂几达基部。核果球形，宿萼裂片直立。

生境 生于海拔400~1600m以下的林中。

省内分布 宣恩、咸丰、鹤峰、恩施、利川、兴山、神农架、通山、崇阳等地。

花期3—11月。数量多，分布广，蜜粉丰富，是良好的辅助蜜源植物。

8.69.2 白檀 *Symplocos paniculata* (Thunberg) Miquel

野外主要识别特征　落叶灌木或小乔木。嫩枝有灰白色柔毛。叶膜质或纸质。圆锥花序顶生；花白色，5 深裂。核果熟时蓝色，宿存萼裂片直立。

生境　生于海拔 760~2500m 的山坡、路边、疏林或密林中。

省内分布　宣恩、咸丰、鹤峰、恩施、建始、巴东、五峰、长阳、宜昌、秭归、兴山、神农架、房县、十堰、丹江口、保康、谷城、向阳、通山、通城、崇阳、阳新、英山、罗田、红安、黄陂、武汉等地。

花期 3—4 月。蜜粉丰富，花朵芳香，蜜蜂爱采。

8.69.3 老鼠矢 *Symplocos stellaris* Brand

/ 山矾科　山矾属 /

野外主要识别特征　常绿乔木。芽、嫩枝、嫩叶柄、苞片和小苞片均被红褐色绒毛。叶厚革质，披针状椭圆形或狭长圆状椭圆形，中脉在叶面下凹。团伞花序；花萼裂片半圆形有长缘毛；花白色，5 深裂。核果狭卵状圆柱形。

生境　生于海拔 1100m 的山地、路旁、疏林中。

省内分布　来凤、宣恩、咸丰、鹤峰、恩施、利川、五峰、十堰、崇阳。

花期 4—5 月。蜜粉丰富，蜜蜂颇爱采。

8.69.4 多花山矾　*Symplocos ramosissima* **Wallich ex G. Don**

/ 山矾科　山矾属 /

野外主要识别特征　灌木或小乔木，嫩枝紫色，被平伏短柔毛，老枝紫褐色，无毛。叶膜质，中脉在叶面凹下。总状花序；苞片卵形，花冠白色；花盘无毛，有 5 枚腺点；核果长圆形，嫩时绿色，成熟时黄褐色或蓝黑色，顶端宿萼裂片张开。

生境　生于海拔 700 ~ 1800m 山地林中。

省内分布　利川、宣恩、来凤、鹤峰。

花期 12 月至次年 2 月，单株花期 18 天。

8.70　安息香科

8.70.1 白辛树　*Pterostyrax psilophyllus* **Diels ex Perk**

/ 安息香科　白辛树属 /

别名　鄂西野茉莉、刚毛白辛树、裂叶白辛树（通称）。

野外主要识别特征　乔木。叶互生，边缘有锯齿；叶硬纸质，叶下面灰绿色，圆锥花序。果

近纺锤形，5 ~ 10 狭翅，密被黄色长硬毛。

生境　海拔 600 ~ 2500m 的湿润林中。

省内分布　兴山、利川、巴东、宣恩、咸丰、鹤峰、神农架等地。

花期 4—5 月，单株花期 12 天左右。

8.70.2 栓叶安息香 *Styrax suberifolius* Hook. et Arn.

/ 安息香科　安息香属 /

别名　红皮树、红皮、稠树（通称）。

野外主要识别特征　乔木。树皮红褐色或灰褐色，叶革质，叶下面和叶脉均被星状绒毛。花白色；

花萼杯状，萼齿三角形或波状；花冠裂片边缘常

狭内折，花蕾时作镊合状排列。花丝分离部分全被星状短柔毛。果卵状球形。

生境　海拔 100 ~ 3000m 山地、丘陵常绿阔叶林中。

省内分布　恩施、利川、咸丰、来凤等地。

花期 3—5 月。

8.71 马钱科

8.71.1 大叶醉鱼草 *Buddleja davidii* Franchet

/ 马钱科　醉鱼草属 /

别名　狗尾巴花（恩施）、叫花子柴（巴东）、吊阳尘（巴东、建始、咸丰、鹤峰）、狗尾巴（咸丰）、大蒙花（长阳、南漳）、白马香树（鹤峰）、闹鱼花、鱼尾草（远安）、牛尾巴蒿（房县）、水蒙花、山蒙花（郧阳）。

野外主要识别特征　灌木，小枝略呈四棱形。叶对生，狭卵形、狭椭圆形至卵状披针形；总状或圆锥状聚伞花序，顶生；花冠淡紫色，后变黄白色至白色，喉部橙黄色，芳香，花冠管细长，花冠裂片近圆形。

生境　海拔 300 ~ 1800m 的山坡、林中、丘陵、沟边灌丛阴湿处。

省内分布　来凤、宣恩、咸丰、鹤峰、恩施、利川、建始、巴东、秭归、宜昌、五峰、长阳、兴山、神农架、房县、十堰、郧阳、竹山、竹溪、南漳、保康、远安、谷城、襄阳、松滋等地。

花期 6—9 月。

8.71.2 巴东醉鱼草 *Buddleja albiflora* **Hemsley** / 马钱科 醉鱼草属 /

野外主要识别特征 灌木，小枝、叶柄、花萼及花冠幼时均被星状毛及腺毛，后脱落无毛，叶对生，纸质，披针形或长椭圆形，先端渐尖，圆锥聚伞花序顶生，花萼钟状，花冠蓝紫、淡紫至白色，喉部橙黄色，芳香。

生境 海拔 500～2000m 的山坡、沟谷阴湿处灌丛中。

省内分布 鹤峰、利川、建始、巴东、宜昌、五峰、长阳、兴山、神农架、房县、保康、当阳。

花期 6—8 月，单株花期 25 天左右。

8.72 龙胆科

8.72.1 红花龙胆 *Gentiana rhodantha* **Franchet** / 龙胆科 龙胆属 /

别名 土龙胆（利川）、九月花（长阳、南漳）、六月冷（五峰）、星看花（南漳、随县）、小龙胆草（南漳、枣阳）、小对月草（南漳）、仰天钟（大冶）。

野外主要识别特征 多年生草本。茎单个或数个丛生。茎生叶卵状三角形，脉明显。花单生茎顶，花冠淡红色，有紫色纵纹，裂片先端具细长流苏。种子不具翅。

生境 海拔 500～1800m 山坡林下、灌丛、草地、林缘。

省内分布 咸丰、鹤峰、恩施、利川、建始、巴东、秭归、宜昌、五峰、长阳、兴山、神农架、房县、丹江口、郧阳、竹溪、保康、南漳、谷城、枣阳、随州、大冶、阳新等地。

花期 7—11 月，单株花期 20 天左右。花粉粒 3 孔沟，直径约 35μm。

8.73.1 黑龙骨 *Periploca forrestii* **Schltr.** /萝藦科 杠柳属/

野外主要识别特征 藤状灌木，多分枝；除花外全株无毛，叶革质，披针形，基部楔形，侧脉近平行；花冠黄绿色，花冠筒短，裂片长圆形，花药基部肿大，黏生；柱头圆锥状；蓇葖果2，细长圆柱形；种子扁长圆形，有长种毛。

生境 海拔 600 ~ 2000m 的山地疏林向阳处或灌木丛中。

省内分布 省内各地均有栽培。

花期 3—4 月，单株花期 16 天左右。

8.74.1 打碗花 *Calystegia hederacea* **Wall.** /旋花科 打碗花属/

别名 篱天剑（当阳）、兔儿苗（枝江）、钩钩秧（十堰、襄阳）、喇叭藤（竹溪）、野牵牛（南漳）、狗儿秧（保康、枣阳、随县）。

野外主要识别特征 植株常矮小，茎平卧，常自基部分枝。基部叶长圆形，上部叶 3 裂，中裂片长圆形或长圆状披针形，侧裂片近三角形。

苞片宽卵形；萼片长圆形。花冠淡紫色或淡红色，钟状，长 2 ~ 4cm；雄蕊近等长，贴生花冠管基部。

生境 生于路旁或耕地边。

省内分布 宜昌、十堰、襄阳、孝感、黄冈、咸宁及荆州地区均有分布。

花期 4—10 月。

8.74.2 田旋花 *Convolvulus arvensis* **Linnaeus**

/ 旋花科　旋花属 /

野外主要识别特征　多年生草本，根状茎横走，茎平卧或缠绕，无毛或上部被疏柔毛。叶卵状长圆形至披针形，基部大多戟形，或箭形及心形，

全缘或 3 裂。花冠宽漏斗形，长 15 ~ 26mm，白色或粉红色。

生境　生于耕地及荒坡草地上。

省内分布　全省广布。

花期 6—8 月。

8.74.3 菟丝子 *Cuscuta chinensis* **Lamarck**

/ 旋花科　菟丝子属 /

别名　娘藤（宜都）、黄丝草（公安）、豆寄生、无根草（洪湖）。

野外主要识别特征　一年生寄生草本。茎黄色，纤细，无叶。花簇生，近无总花序梗；花冠白色，裂片三角状卵形，顶端锐尖或钝，向外反折，宿存；花柱 2。蒴果几乎全为宿存的花冠所包围。

生境　生于田边、山坡阳处、路边灌丛，常寄生于豆科、菊科、藜科等多种植物上。

省内分布　湖北西南部（建始）。

花期 7 月。

8.75.1 厚壳树 *Ehretia acuminata* R. Brown　　/ 紫草科　厚壳树属 /

别名　柿叶树、大岗茶。

野外主要识别特征　落叶乔木，叶纸质，倒卵形至长椭圆状倒卵形，边缘有锯齿。花序圆锥状，顶生或腋生，花小，芳香，多数，密集；花萼钟状，花冠白色；雄蕊5枚，着生于花冠筒上；柱头2裂开。核果，球形。

生境　生海拔100～1700m丘陵、平原疏林、山坡灌丛及山谷密林。

省内分布　宜昌、长阳、兴山、房县、十堰、保康、谷城、襄阳、随州、咸宁、崇阳、阳新、大冶、麻城、武汉。

花期5—6月。花粉黄色，长球形至近球形，表面具细网状雕纹。

8.75.2 聚合草 *Symphytum officinale* Linnaeus　　/ 紫草科　聚合草属 /

别名　爱国草、友谊草、直立聚合草。

野外主要识别特征　多年生草本，茎直立，多分枝，全株密被刚毛。单叶互生，

先端长渐尖，基部楔形，全缘，两面具细刚毛。总状花序，每序花30～50朵，花管状，淡紫色，雄蕊5枚，柱头圆形，种子黑色或暗褐色。

生境　肥水充足地。

省内分布　鹤峰、随州、襄阳、荆州、江陵、监利、仙桃。

花期3—5月。

8.76.1 紫珠 *Callicarpa bodinieri* H. Léveillé / 马鞭草科 紫珠属 /

野外主要识别特征 落叶灌木。叶片边缘有细锯齿，两面密生暗红色或红色细粒状腺点；叶柄长 0.5~1cm。聚伞花序宽 3~4.5cm，4~5 次分歧；花萼萼齿钝三角形。

生境 海拔 200~2300m 的山坡路旁、溪边、林缘及灌丛中。

省内分布 来凤、宣恩、咸丰、鹤峰、恩施、利川、建始、巴东、宜昌、兴山、神农架、郧西、竹溪、松滋、通山、赤壁、崇阳、阳新、英山等地。

花期 5—7 月，单株花期 12 天左右。花粉数量特多，蜜蜂爱采。

8.76.2 兰香草 *Caryopteris incana* (Thunberg ex Houttuyn) Miquel

/ 马鞭草科 莸属 /

别名 山薄荷（建始、黄陂）、录子蒿（随县）、蓝草（蕲春）。

野外主要识别特征 亚灌木，叶披针形、卵形或长圆形，先端尖，具粗齿，两面被黄色腺点及柔毛；伞房状聚伞花序密集，无苞片及小苞片；花萼杯状，被柔毛；花冠淡蓝或淡紫色，被柔毛，喉部被毛环，下唇中裂片边缘流苏状；子房顶端被短毛；蒴果倒卵状球形，被粗毛，果瓣具宽翅。

生境 海拔 1600m 以下山坡、林缘、路旁较干燥地方。

省内分布 建始、宜昌、神农架、房县、十堰、竹溪、宜城、随州、钟祥、黄陂、蕲春、罗田、武汉等。

花期 6—8 月，单株花期 18 天左右。深秋受低温、寒潮或下雨影响。

8.76.3 马鞭草 *Verbena officinalis* **Linnaeus** /马鞭草科　马鞭草属/

别名　风颈草、铁马鞭（宜昌、长阳、南漳）、马鞭梢（南漳、潜江）。

野外主要识别特征　多年生草本。茎四方形，有硬毛。基生叶的边缘通常有粗锯齿和缺刻，茎生叶多3深裂，两面有硬毛。花序顶生或腋生，花小，无柄，淡紫至蓝色。

生境　海拔600~1100m的路边、山坡、溪边或林旁。

省内分布　湖北各地均有分布。

花期6—8月。数量多，分布广，花期长，蜜蜂爱采。花粉扁球形，花粉外壁紧密。

8.77　唇形科

8.77.1 香薷 *Elsholtzia ciliata* **(Thunberg) Hylander** /唇形科　香薷属/

别名　野苏麻、风耳草（巴东）。

野外主要识别特征　直立草本。叶卵形或椭圆状披针形。穗状花序长2~7cm，偏向一侧；苞片先端具芒状突尖，尖头长达2mm。花冠淡紫色，雄蕊4，前对较长，外伸。

生境　生于海拔800~1800m山坡、路旁、田边、河岸。

省内分布　全省各县市。

花期7—10月。每个花穗开7~14天，全株开花20~24天。气温在17℃左右开始泌蜜。开花泌蜜怕干旱、多雨、低温或早霜。香薷泌蜜要求日夜温差大，白天高温高湿。适宜温度21~30℃。阳坡向阳地带泌蜜量大，背阴处的泌蜜量小。

花粉近球形，极面观为6裂圆形，赤道面观为近圆形或椭圆形；外壁两层，具模糊细网状纹。粉白色，量少。蜜呈浅琥珀色，清香味，结晶粒细。

8.77.2 鸡骨柴 *Elsholtzia fruticosa* (D. Don) Rehder / 唇形科 香薷属 /

别名 大马鞭草（竹溪）。

野外主要识别特征 灌木直立，多分枝。叶披针形至椭圆状披针形，边缘在基部以上具粗锯齿。穗状花序圆柱状，顶生或腋生，由伞房状轮伞花序组成，花冠白色至淡黄色。小坚果，长圆形，无毛。

生境 生于海拔 900 ~ 1700m 沟边、潮湿地及路边或山坡草地。

省内分布 产神农架、利川、建始、巴东、竹山、房县、竹溪等地。

花期 7—9 月，花期持续 30 天。

花粉近球形，极面观为 6 裂圆形，赤道面观为近圆形或椭圆形；外壁两层，具模糊细网状纹。

8.77.3 野香草 *Elsholtzia cyprianii* (Pavolini) S. Chow ex P. S. Hsu
/ 唇形科 香薷属 /

野外主要识别特征 一年生草本，茎绿色或紫红色，被弯曲的短柔毛。叶对生，叶片卵形至长圆形，两面被柔毛，背面有腺点。穗状花序顶生，萼管状钟形，花淡紫色，雄蕊外露，花柱先端 2 裂。小坚果，长圆状椭圆形，紫褐色。

生境 生于海拔 700 ~ 1200m 荒山坡、林缘、沟边、路旁或疏林中。

省内分布 产湖北西部，恩施、十堰、宜昌、神农架等地。

花期 8—10 月，单株开花期长 15 ~ 34 天。在土质肥沃的钙质土、紫色土及耕作地中生长好，分枝多，花期长，泌蜜旺盛。秋雨连绵、气温低会影响花蕾发育；开花期干旱则花期短，泌蜜少。野草香在气温 15 ~ 18℃时开花泌蜜。每株开花顺序一般先主枝、后侧枝，先主穗、后侧穗渐次开放。每穗开花顺序为穗中部小花先开，渐向穗基，穗顶开放。

蜜呈浅黄绿色，易结晶，结晶呈浅枯黄色，有薄荷的清香味。

8.77.4 紫花香薷 *Elsholtzia argyi* H. Léveillé /唇形科　香薷属/

别名　金鸡草、土荆芥、假紫苏、荆芥草、臭草、牙刷花、野薄荷。

野外主要识别特征　草本。茎四棱形，具槽，紫色。叶卵形至阔卵形。穗状花序长 2～7cm，生于茎、枝顶端，偏向一侧，由具 8 花的轮伞花序组成。花冠玫瑰红紫色，长约 6mm，外面被白色柔毛，

在上部具腺点，冠筒向上渐宽，冠檐二唇形。雄蕊 4，前对较长，伸出，花丝无毛，花药黑紫色。

生境　生于山坡灌丛中，林下，溪旁及河边草地，海拔 200～1200m。

省内分布　咸丰、鹤峰、恩施、利川、建始、巴东、五峰、长阳、兴山、神农架、公安、通山。

花期 9—11 月。

8.77.5 北野芝麻 *Lamium barbatum* Sieb. et Zucc. /唇形科　野芝麻属/

别名　野藿香。

野外主要识别特征　多年生草本，高 30～50cm，茎四棱形，有粗毛。叶对生，具柄，叶片心状卵形，先端尾尖，边缘具粗锐重锯齿。轮伞花序生于茎顶部叶腋内，苞片狭条形，具睫毛；花萼钟状；花冠白色，二唇形，有前侧膨大的喉部，雄蕊 4 枚，2 强。小坚果，倒卵形。

生境　生于山野灌丛、林间空地、路旁、火烧迹地。

省内分布　分布于神农架、十堰、宜昌、咸宁、武汉、荆门等地。

花期 4—6 月。在春天气温较高的年份，泌蜜丰富。但常受阴雨低温的影响，泌蜜减少。花粉粒长球形，赤道面有长、短两个轴，正面观为椭圆形，极面观为 3 裂椭圆形。外壁层次不清；表面具网状雕纹。蜜质优良，气味芳香。

8.77.6 益母草　*Leonurus japonicus* **Houttuyn**

别名　益母蒿、野麻。

野外主要识别特征　一年生或二年生草本。轮伞花序腋生，轮廓为圆球形；小苞片刺状，比萼筒短。花冠粉红至淡紫红色，冠檐上唇内凹，下唇略短于上唇，3 裂，中裂片倒心形，先端微缺，边缘薄膜质，基部收缩。

生境　喜温暖湿润，多生长于路旁、田埂、山坡草地、河边等向阳处。

省内分布　湖北各地均有分布。

花期通常在 6—9 月。春季雨水多，长势好，花期断续降雨，土壤潮湿，高温天气泌蜜较多；阴雨天气无蜜。花粉粒长球形或球形，具长、短两个赤道轴，极面观为 3 裂椭圆形；外壁具网状雕纹。蜜结晶细腻，乳白色，味浓甜，微带酸味。

8.77.7 薄荷　*Mentha canadensis* **Linnaeus**

别名　田叶青（鹤峰）。

野外主要识别特征　多年生草本。茎直立，多分枝。叶片边缘在基部以上疏生粗大的锯齿，侧脉与中肋在上微凹陷下面显著。花冠淡紫。花柱略超出雄蕊，先端近相等 2 浅裂。

生境　喜潮湿，生于水边湿地、沟旁、岸边。

省内分布　各地均有分布。

花期 7—9 月，单株花期长达 25～30 天。泌蜜期 15～18 天。开花期内一般喜高温高湿，

气温在 30℃以上，最高达 35～37℃时，泌蜜量最多。整天泌蜜，中午前后蜜蜂采集活跃，进蜜量多。雨后天晴，泌蜜最尤为显著增加。如长期阴雨，泌蜜量减少或停止泌蜜。干旱也会使花朵早凋谢，泌蜜大大减少。薄荷蜜色深，呈深琥珀色，具有较强的薄荷特殊气味，和其他蜜源植物的蜜相比较，不易发酵，贮放的时间较长。

8.77.8 石荠苧 *Mosla scabra* (Thunberg) C. Y. Wu & H. W. Li

别名　野薄荷（竹溪）、野荆芥（巴东）。

野外主要识别特征　草本。苞片卵形，长 2.7～3.5mm，先端尾状渐尖；花梗与序轴密被灰白

色小疏柔毛。花萼上唇 3 齿卵状披针形，先端渐尖，下唇 2 齿，线形，先端锐尖。花冠粉红色。

生境　生于海拔 1300m 以下的山坡、路旁或灌丛下。

省内分布　各地均有分布。

花期 5—11 月。

8.77.9 裂叶荆芥 *Nepeta tenuifolia* Bentham

野外主要识别特征　一年生草本。多分枝，被灰白色疏短柔毛。叶通常为指状 3 裂，大小不等，基部楔状渐狭并下延至叶柄。多数轮伞花序组成顶生穗状花序。花冠青紫色；雄蕊内藏；花药蓝色。

生境　生于山坡路边或山谷、林缘。

省内分布　分布于兴山、罗田、恩施等地。

花期 9—10 月。

8.77.10 牛至 *Origanum vulgare* Linnaeus

/ 唇形科　牛至属 /

别名　毛荆芥（罗田）。

野外主要识别特征　叶片下面被柔毛及凹陷的腺，全缘或有远离的小锯齿。花序呈伞房状圆锥花序，由多数长圆状小穗状花序所组成。冠檐二唇形，上唇直立，先端2浅裂，下唇开张。

生境　生于海拔500m以上路旁、山坡、林下及草地。

省内分布　各地均有分布。

花期7—9月。花期1个月左右。开花泌蜜与降雨关系较大，若花前期和花期有间歇性降雨，生长良好，泌蜜丰富，干旱则影响泌蜜。气温在20℃以上泌蜜，上午（湿度大）比下午泌蜜多。

蜜浅琥珀色，有香味。粉较少。

8.77.11 紫苏 *Perilla frutescens* (Linnaeus) Britton

/ 唇形科　紫苏属 /

别名　野苏麻（利川）、苏麻（神农架）、野紫苏（罗田）。

野外主要识别特征　茎绿色或紫色，密被长柔毛。叶阔卵形或圆形，绿色或紫色，或仅下面紫色。花萼结果时增大，长至1.1cm。花冠白色至紫红色，长3~4mm。

生境　生于路旁、山坡、林下及草地。

省内分布　各地均有分布。

花期7—9月，单株花期20天左右。泌蜜期20天左右。夜间开花，上午11时后花上仅剩花萼见不到花冠，主要在早上泌蜜。为喜光植物，通风透光且阳光充足的地方泌蜜多，与玉米间作的泌蜜差。地下水位高、低洼地、重盐碱地泌蜜差。花粉淡黄色，散粉较多。蜜呈浅琥珀色，气味浓香。

8.77.12 夏枯草 *Prunella vulgaris* **Linnaeus**　　　/唇形科　夏枯草属/

别名　蜂窝草（利川）、倒珠伞（建始）。

野外主要识别特征　根茎匍匐，在节上生须根。茎自基部多分枝，紫红色。每一轮伞花序下承以苞片；苞片先端具长 1～2mm 的骤尖头。花冠蓝紫或红紫色，略超出于萼；冠檐下唇中裂片先端边缘具流苏状小裂片，侧裂片长圆形，垂向下方。

生境　生于荒坡、草地、溪边及路旁等湿润地上。

省内分布　各地均有分布。

花期 4—6 月。

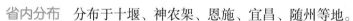

8.77.13 鼠尾草 *Salvia japonica* **Thunberg**　　　/唇形科　鼠尾草属/

野外主要识别特征　一年生草本。茎下部叶为二回羽状复叶，茎上部叶为一回羽状复叶。深绿色。花冠淡红、淡紫、淡蓝至白色。能育雄蕊 2，外伸，药隔长约 6mm，上臂长，下臂瘦小，分离。

生境　生于海拔 500～1600m 的山坡、路旁、荫蔽草丛、水边及林阴下。

省内分布　分布于十堰、神农架、恩施、宜昌、随州等地。

花期 6—9 月。

8.77.14 荔枝草　*Salvia plebeia* R. Brown

/ 唇形科　鼠尾草属 /

别名　泽泻（巴东）。

野外主要识别特征　一年生或二年生草本。茎粗壮，多分枝。在枝、茎顶端组成总状或总状圆锥花序，花长约4.5mm，上唇先端微凹，两侧折合。

生境　生于海拔2800m以下山坡，路旁，沟边，田野潮湿的土壤上。

省内分布　各地均有分布。

花期4—5月。主茎上花序先开，而后从叶腋内发出的新枝花序逐渐由下至上开放。上午8—12时开花泌蜜，下午无蜜，但有少量的花粉。在气温20～28℃时，泌蜜较多。晚上露水大，白天气温高，泌蜜量大。若花期下雨过多，气温低，花期缩短。

花粉粒扁球形，有长短两个赤道轴，外壁两层，外层略厚于内层，表面具网状雕纹。蜜琥珀色，有轻微青气，味甜。

8.77.15 黄荆　*Vitex negundo* Linnaeus

/ 唇形科　牡荆属 /

别名　黄荆条（神农架）、牡荆（鹤峰、咸丰）。

野外主要识别特征　灌木或小乔木。小枝四棱形。掌状复叶，小叶5，少有3；小叶全缘或每边有少数粗锯齿。聚伞花序排成圆锥花序式，顶生，花淡紫色。

生境　生于山坡路旁或灌木丛中。

省内分布　各地均有分布。

花期6—7月，单株花期15天左右。壮年生枝条泌蜜丰富，老枝条及当年生幼枝泌蜜少。闷热高温气候分泌花蜜多。多半上午吐粉泌蜜，下午泌蜜极少。当气温25～32℃，湿度较大时，泌蜜较好。土质深厚、肥沃及石灰质多的丘陵山坡生长的泌蜜较多。蜜为浅琥珀色，气味芳香，结晶细腻，呈乳白色。

8.77.16 风轮菜（多头风轮菜）*Clinopodium chinense* (Bentham) Kuntze

别名　野凉粉草。

野外主要识别特征　多年生草本。茎基部匍匐生根，上部上升，多分枝，叶卵圆形。轮伞花序多花密集，半球状，苞片针状，被缘毛及微柔毛；花冠紫红色，先端微缺；雄蕊4。小坚果倒卵形。

生境　生于海拔300~1000m的山坡、草丛、沟边及林下。

省内分布　各地均有分布。

花期5—8月。花粉粒扁球形，赤道面观为扁椭圆形，极面观为6裂圆形，赤道轴长于极轴。外壁两层，外层略厚于内层，表面具网状雕纹。

8.78　茄科

8.78.1 辣椒　*Capsicum annuum* Linnaeus

别名　辣子，红海椒，甜辣椒、柿子椒、彩椒、灯笼椒、长辣椒、牛角椒、小米椒、甜椒、大椒、菜椒、小米辣、簇生椒、菜椒。

野外主要识别特征　一年生草本，高30~50cm。单叶互生，卵形或卵状披针形，全缘。花单生于叶腋，花梗下垂，花萼杯状，5~7浅裂，花冠辐射，白色，雄蕊5枚。果下垂，熟时红色。

生境　栽培于园田中。

省内分布　全省栽培。

花期5—8月。泌蜜中等，多为辅助蜜源植物。花粉呈矩圆形、椭圆形或圆形；极面观均为3裂片圆形；具3萌发沟，沟长达两极，沟的末端在极面上不连接形成合沟；花粉外壁纹饰在扫描电子显微镜下以刺——颗粒状复合纹饰为主。变种间在花粉形状和外壁纹饰方面有一定差异。

8.78.2 单花红丝线 *Lycianthes lysimachioides* (Wallich) Bitter

/ 茄科 红丝线属 /

野外主要识别特征 多年生草本，茎纤细，叶假双生，卵形，椭圆形至卵状披针形，花序无柄，仅1朵花着生于叶腋内，花冠白色至浅黄色，星形，花冠筒隐于萼内。

生境 生于林下，溪边潮湿地区，海拔 635～2000m。

省内分布 武汉、房县、兴山、通城、恩施、利川、宣恩、鹤峰、神农架等地。

花期 6—7 月。

8.78.3 枸杞 *Lycium chinense* Miller

/ 茄科 枸杞属 /

别名 枸杞子，狗奶子、狗牙根、狗牙子、牛右力、红珠仔刺、枸杞菜。

野外主要识别特征 灌木，高约 1m。枝常弯曲下垂，有棘刺。叶互生或簇生于短枝上，卵形、卵状菱形或卵状披针形，全缘。花常 1～4 朵簇生于叶腋，花萼钟状，花冠漏斗状，淡紫色。浆果。

生境 常生于山坡荒地、路旁、村边、宅旁。多为栽培，也有野生。

省内分布 武汉、武昌、阳新、竹溪、丹江口、兴山、秭归、荆门、江陵、石首、罗田、咸宁、嘉鱼、赤壁、恩施、利川、巴东、鹤峰、神农架等地。

花期 5—6 月。花粉黄白色，数量中等。泌蜜丰富，集中处每群可产蜜 10～20kg，蜜深琥珀色，芳香。为地方性很好的主要或辅助蜜源植物。

8.78.4 番茄 *Lycopersicon esculentum* **Miller** / 茄科　番茄属 /

别名　番柿、西红柿、蕃柿、小番茄、小西红柿、狼茄。

野外主要识别特征　一年生或二年生草本，高 50～100cm，全株被白柔毛。叶为一至二回羽状复叶，互生；小叶片卵形或矩圆形。花黄色，生于聚伞状花序上；花冠辐射，5～7 浅裂，雄蕊 5～7 枚，花药合生成圆锥状。浆果，近球形，熟时红色或黄色。

生境　在各种气候、土壤条件下均能种植。

省内分布　各地广泛栽培。

花期 5—7 月。由于栽培面积大，数量较多，有一定的养蜂价值。

8.78.5 烟草 *Nicotiana tabacum* **Linnaeus** / 茄科　烟草属 /

别名　烟叶、黄烟。

野外主要识别特征　一年生或多年生草本，全体被腺毛；根粗壮。茎高 0.7～2m，基部稍木质化。叶矩圆状披针形、披针形、矩圆形或卵形，顶端渐尖，基部渐狭至茎成耳状而半抱茎。花序顶生，圆锥状，多花；花萼筒状或筒状钟形，花冠漏斗状，淡红色，筒部色更淡，稍弓曲，长 3.5～5cm，檐部宽 1～1.5cm，裂片急尖；雄蕊中 1 枚显著较其余 4 枚短，不伸出花冠喉部，花丝基部有毛。蒴果卵状或矩圆状，长约等于宿存萼。

生境　原产南美洲。栽培。

省内分布　广为栽培。

花期 6—8 月。

8.79.1 玄参 *Scrophularia ningpoensis* **Hemsley** /玄参科 玄参属/

野外主要识别特征 高大草本，支根数条，纺锤形或胡萝卜状膨大。叶在茎下部多对生而具柄，叶片多为卵形，叶脉明显网结；花序为疏散的大圆锥花序，由顶生和腋生的聚伞圆锥花序合成，花褐紫色，裂片圆形，花柱长约 3mm，稍长于子房。蒴果卵圆形。

生境 生于海拔 1700m 以下的竹林、溪旁、丛林及高草丛中。

省内分布 各地均有栽培。

花期 6—10 月。

8.80.1 梓 *Catalpa ovata* **G. Don** /紫葳科 梓属/

别名 火楸。

野外主要识别特征 乔木。叶阔卵形，两面粗糙。顶生圆锥花序，花冠钟状，淡黄色，有黄色及紫色斑点。蒴果线形，长达 32cm。

生境 山坡路旁。

省内分布 全省广布。

花期 5—6 月，花期较短。有蜜粉，对维持蜜蜂生活有一定作用。

8.81.1 小米草 *Euphrasia pectinata* Tenore
/ 列当科 小米草属 /

野外主要识别特征 一年生草本，植株直立，不分枝或下部分枝。叶与苞叶无柄，卵形至卵圆形，无腺毛。花序长 3~15cm，初花期短而花密

集，逐渐伸长至果期果疏离；花萼管状，被刚毛，花冠白色或淡紫色，背面长 5~10mm，外面被柔毛，花药棕色。蒴果长矩圆状，种子白色。

生境 生阴坡草地及灌丛中。

省内分布 全省分布。各地均有栽培。

花期 6—9 月。

8.81.2 返顾马先蒿 *Pedicularis resupinata* Linnaeus
/ 玄参科 马先蒿属 /

别名 芝麻七。

野外主要识别特征 多年生草本；茎单出或数条，粗壮，中空，具4棱。叶互生，有时中下部叶对生，具短柄，上部叶近无柄；叶片披针形，边缘具钝圆的羽状缺刻状的重齿。总状花序，苞片叶状，花具短梗；花萼长卵圆形，花冠淡紫红色；蒴果斜矩圆状披针形，种子长矩圆形，表面具白色膜质网状孔纹。

生境 海拔 300~2000m 的湿润草地及林缘。

省内分布 各地均有栽培。

花期 1—2 月。

8.82 葫芦科

8.82.1 冬瓜 *Benincasa hispida* (Thunb.) Cogn.

别名　白瓜。

野外主要识别特征　一年生蔓生草本，卷须常分2~3叉。叶肾状近圆形，基部弯缺深，5~7浅裂，边缘有小锯齿。雌雄同株，花单生，花冠钟状，黄色。果长圆柱状或近球形；种子卵形，白色或黄色。

生境　主要分布于亚洲其他热带、亚热带地区。

省内分布　各地普遍栽培。

花期5—8月。蜜粉丰富，蜜蜂爱采，蜜、粉除满足蜂群繁殖需用外，还能有贮存，有时还能取到少量商品蜜，是蜂群越夏的好蜜源。

8.82.2 西瓜 *Citrullus lanatus* (Thunb.) Matsum. et Nakai

别名　寒瓜。

野外主要识别特征　一年生蔓生草本，茎被长柔毛，卷须分叉。叶片3深裂，裂片又羽状或二回羽状浅裂。花雌雄同株，单生；花托钟状，花冠黄色，辐射，雄蕊3，子房卵状。果实球形、椭圆形不等，种子扁平。

生境　广泛栽培于世界热带到温带。

省内分布　各地广泛栽培。

花期6—8月。花粉、花蜜都较丰富，在南方有利于蜂群越夏，在北方有利于蜂群繁殖。花粉黄色，近球形，外壁具较大网状雕纹。西瓜为虫媒异花授粉植物，利用蜜蜂辅助授粉，能使西瓜增产并提高品质。

8.82.3 菜瓜 *Cucumis melo* subsp. *agrestis* (Naudin) Pangalo

/ 葫芦科　黄瓜属 /

别名　白瓜、越瓜。

野外主要识别特征　一年生蔓生草本，茎有

刺毛。叶浅裂，中间的裂片大而圆，叶柄有刺毛，卷须不分叉。花雌雄同株。果长柱状，有纵长线条，淡绿色，果肉白色，无香味。

　　生境　分布于南部省区，栽培。

　　省内分布　省内广泛栽培。

　　花期7—9月。分布普遍，数量较多，粉丰富，为蜂群越夏的良好蜜源植物。

8.82.4 黄瓜 *Cucumis sativus* Linnaeus

/ 葫芦科　黄瓜属 /

别名　胡瓜。

野外主要识别特征　一年生蔓生或攀缘草本，茎被刚毛，卷须不分叉。叶片宽心状卵形，边缘具小锯齿。雌雄同株，雄花常数朵簇生，雌花单生。果实圆柱形，具刺尖或瘤状突起，种子扁平，白色。

　　生境　栽培。

　　省内分布　全省分布。

　　花期5—8月。在正常情况下，一朵花有花蜜2.6mg左右。花粉丰富，蜜蜂颇为爱采，对蜂群繁殖有利。在城市郊区黄瓜是重要的辅助蜜源植物之一，但要防止蜜蜂农药中毒。黄瓜为虫媒异花授粉作物，无论大地或温室中的黄瓜，利用蜜蜂授粉，能使产量成倍增长。

8.82.5 甜瓜 *Cucumis melo* Linnaeus

/ 葫芦科　黄瓜属 /

别名　香瓜。

野外主要识别特征　一年生蔓生草本，茎被短刚毛，卷须不分叉。叶片近圆形或肾形，3~7浅裂，边缘有锯齿。雌雄同株，雄花常数朵簇生，雌花单生；萼片钻形；花冠黄色，钟状，雄蕊3；子房长椭圆形，花柱极短。果圆形、椭圆形不等，种子扁平，长椭圆形，黄白色。

生境　栽培。

省内分布　全省分布。

花期6—8月。蜜粉丰富，蜜蜂爱采。除满足蜂群繁殖外，新疆鄯善的哈密瓜，有时还能取到一定数量的商品蜜。为优良的辅助蜜源植物。甜瓜为虫媒异花授粉作物，瓜地放蜂授粉能使甜瓜显著增产。

8.82.6 南瓜 *Cucurbita moschata* (Ducb.) Poiret

/ 葫芦科　南瓜属 /

别名　番瓜、饭瓜。

野外主要识别特征　一年生草本；茎粗壮。叶大，圆形或心形，中空，叶腋生枝与卷须。花雌雄同株，花冠钟状。黄色，雄蕊3，花药靠合；雌花花柱短，柱头2裂。果有扁圆、长圆等形状，种子扁平，白色。

生境　栽培。

省内分布　全省分布。

花期5—8月。花粉丰富，质地较粘，蜜蜂易采，携带花粉大。分布集中处每群可产蜜10~15kg，蜂蜜为浅琥珀色，质地浓稠，芳香。此期蜂群繁殖迅速，造脾积，能养王、分蜂，北方对繁殖越冬蜂，贮备越冬饲料作用很大。花粉粒深黄色，球形，表面具刺，刺长约10μm。

8.82.7 西葫芦　*Cueurbita pepo* Linnaeus

别名　角瓜、白瓜。

野外主要识别特征　一年生蔓生草本；茎粗壮，有糙毛，卷须分叉。叶三角形或卵状三角形，常分裂，边缘有不规则的锯齿。花雌雄同株，单生，黄色；花冠钟状；雄蕊 3，花药靠合，子房卵形。果实长椭圆形、长圆形不等；种子白色，扁平。

生境　栽培。

省内分布　全省分布。

花期 4—8 月。花粉黄色，球形，表面具刺。蜜粉丰富，对蜂群繁殖、王浆生产、泌腊筑脾颇为有利，种植集中处往往还能取蜜 10 ~ 20kg。蜂蜜浅琥珀色，气味芳香。

8.82.8 丝瓜　*Luffa aegyptiaca* Miller

别名　水瓜。

野外主要识别特征　一年生攀缘状草本；茎柔弱，粗糙，自叶腋分枝并生卷须。叶片心形而尖，

通常掌状 5 浅裂，边缘有小锯齿。雌雄同株，雌花单生，雄花序总状；花萼裂片卵状披针形；花冠黄色；雄蕊 5 枚；子房圆柱状，柱头 3 枚，膨大。果实圆柱状，种子黑色，扁平，边缘翼状。

生境　栽培。

省内分布　全省分布。

花期 3—8 月。蜜粉丰富，蜜蜂爱采，城市郊区的蜂群借此花期繁殖很好，一些地方为重要的辅助蜜、粉源植物。

8.82.9 苦瓜 *Momordicn charantis* Linnaeus

别名　凉瓜。

野外主要识别特征　一年生攀缘状草本。卷
须不分叉，长达 20cm。叶片近圆形，5～7 深裂，
裂片矩圆状卵形，齿状或再分裂。雌雄同株，花
腋生，具长柄，黄色。果实纺锤状，有瘤状凸起，
成熟后由顶端 3 瓣裂，种子矩圆形，两面有雕纹。

生境　栽培。

省内分布　全省分布。

花期 4—9 月。数量较多，蜜粉丰富，有利于
蜂群繁殖。

8.83　茜草科

8.83.1 香果树 *Emmenopterys henryi* Oliver

别名　香香花（五峰）。

野外主要识别特征　落叶大乔木，高达 30m；
树皮灰褐色，鳞片状。叶纸质或革质。圆锥状聚
伞花序顶生；花芳香，萼管裂片近圆形，具缘毛，
脱落，变态的叶状萼裂片白色、淡红色或淡黄色，
纸质或革质，匙状卵形或广椭圆形，花冠漏斗形，
白色或黄色。

生境　海拔 500～1600m 山坡、山
谷沟边林中。模式标本采自湖北巴东县。

省内分布　宣恩、鹤峰、恩施、利
川、巴东、宜昌、五峰、长阳、兴山、
神农架、房县、十堰、保康、随州、广
水、通山、蕲春、罗田、麻城等地。

花期 6—8 月，单株开花期 10 天左
右。成熟的花粉为二胞花粉。

8.83.2 鸡矢藤　*Paederia foetida* **Linnaeus** 　／茜草科　鸡矢藤属／

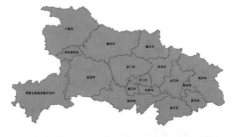

别名　牛皮冻、清风藤（长阳）。

野外主要识别特征　藤状灌木。叶对生，膜质，卵形或披针形，揉之有臭味。圆锥花序腋生或顶生，长 6～18cm，扩展；花冠紫蓝色，通常被绒毛。果阔椭圆形，压扁，光亮，顶部冠以圆锥形的花盘和微小宿存的萼檐裂片。

生境　海拔 400～200m 山坡林中、林缘、沟谷边灌丛中。

省内分布　全省广布。

花期 5—6 月，单株开花 12 天左右。

8.84　车前科

8.84.1 车前　*Plantago asiatica* **Linnaeus** 　／车前科　车前属／

别名　车轮菜、猪耳朵棵。

野外主要识别特征　多年生草本，高 20～60cm，有须根。叶基生，具长柄，卵圆形或椭圆形，顶端圆钝，边缘呈不规则波状浅齿，基部窄狭成柄；叶柄基部膨大。花数个，有短柔毛，穗状花序，长

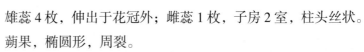

20～40cm，花淡绿色，雄蕊 4 枚，伸出于花冠外；雌蕊 1 枚，子房 2 室，柱头丝状。蒴果，椭圆形，周裂。

生境　适应性强，对土壤、水分要求不严。喜生于路旁、田埂、地边、荒地等处。

省内分布　分布几遍全省。

花期 4—8 月。花粉丰富，蜜蜂采集多在早晨。本属平车前（*P. depressa* Willd.）、大车前（*P. major* L.）等也是蜜源植物。

8.84.2 平车前 *Plantago depressa* **Willd.**

/ 车前科　车前属 /

野外主要识别特征　一年生或二年生草本。叶基生呈莲座状；叶片纸质，椭圆形、椭圆状披针形或卵状披针形，脉 5 ~ 7 条，上面略凹陷，于背面明显隆起。花序 3 ~ 10 个；穗状花序细圆柱状，上部密集，基部常间断，长 6 ~ 12cm；花冠白色，

无毛，蒴果卵状椭圆形至圆锥状卵形。

生境　生于草地、河滩、沟边、草甸、田间及路旁，海拔 500 ~ 2700m。

省内分布　宣恩、利川、神农架、房县、十堰、丹江口、郧阳、郧西、竹溪。

花期 5—7 月。

8.85　桔梗科

8.85.1 沙参 *Adenophora stricta* **Miquel**

/ 桔梗科　沙参属 /

别名　泡参。

野外主要识别特征　多年生草本。茎不分枝，常被短硬毛；基生叶心形，大而具长柄；茎生叶无柄，椭圆形、狭卵形，边缘有不整齐的锯齿；花萼常被短硬毛，筒部常倒卵状，多钻形；花冠宽钟状，蓝色或紫色，被短硬毛；花盘短筒状无毛。蒴果椭圆状球形。

生境　生于低山草丛中和岩石缝中。

省内分布　恩施、利川、巴东、秭归、五峰、长阳、神农架、竹溪、云梦、枝江、公安、仙桃、咸宁、武昌、武穴等地。

花期 6—7 月，单株花期 15 天。

8.85.2 桔梗 *Platycodon grandiflorus* (Jacq.) A. DC / 桔梗科 桔梗属 /

野外主要识别特征 多年生草本。叶片卵形，卵状椭圆形至披针形，边缘具细锯齿；花单朵顶生，或数朵集成假总状花序，或有花序分枝而集成圆锥花序；花冠大，蓝色或紫色。蒴果球状，或球状倒圆锥形，或倒卵状。

生境 生长于海拔 2000m 左右的阳处草丛、灌丛中，少林下。

省内分布 全省分布。

花期 5—7 月，单株花期 14 天。

8.86 忍冬科

8.86.1 忍冬 *Lonicera japonica* Thunberg / 忍冬科 忍冬属 /

别名 二花（宜昌、蕲春）、野银花（恩施）。

野外主要识别特征 半常绿藤本，高达 8~9m。叶对生，卵形至长圆状卵形，全缘；叶柄密被柔毛。花腋生成对，花初开白色，外带紫斑，芳香，后变黄色，雄蕊 5 枚，露出冠外；子房下位，花柱细长，柱头头状。浆果，球形，熟后黑色。

生境 海拔 1500m 以下山坡灌丛中或林缘，也有栽培。

省内分布 全省各县市。由于金银花药材价格的因素，除了野生外，全省有一定规模的栽培。

花期 4—5 月，单花从开始孕蕾到绽放一般需要 2~3 周时间。数量较多，泌蜜丰富，蜜蜂爱采，是良好的辅助蜜源植物。金银花蜂蜜质细腻，色泽清澈，气味清香，口感绵润，浓厚香醇，液态乳状，明黄色。

8.86.2 金银忍冬 *Lonicera maackii* (Rupr.) Maximowicz

/ 忍冬科　忍冬属 /

别名　山银花（远安）、鸡骨头（保康）。

野外主要识别特征　落叶灌木。叶对生，卵状椭圆形至卵状披针形，全缘；叶柄有柔毛。花腋生，总花梗短于叶柄，花5裂，花冠2唇形，初开白色，后变黄色，花冠筒不膨大。浆果，球形，暗红色。

生境　海拔1800m以下山坡林中或林缘溪边灌丛中。

省内分布　鹤峰、巴东、五峰、长阳、宜昌、秭归、兴山、神农架、房县、十堰、丹江口、郧西、竹溪、南漳、保康、远安、钟祥、随州、武汉（栽培）。

花期5—6月。泌蜜丰富，但是由于花冠筒比较长，蜜腺生于花管基部，蜜蜂吻短，难以采集，多以采集花粉为主。

8.87　五福花科

8.87.1 直角荚蒾 *Viburnum foetidum* var. *rectangulatum* (Graebn.) Rehd.

/ 五福花科　荚蒾属 /

野外主要识别特征　植株直立或攀缘状；枝披散，侧生小枝甚长而呈蜿蜒状，常与主枝呈直角或近直角开展；叶厚纸质或薄革质，卵形、菱状卵形、椭圆形、长圆形或长圆状披针形，长3~6

（~10）cm，全缘或中部以上疏生浅齿，总花梗通常极短或几缺。

生境　海拔600~2000m山谷林中或灌丛。

省内分布　来凤、宣恩、咸丰、鹤峰、恩施、利川、巴东、兴山、神农架、通山。

花期5—7月。

8.87.2 球核荚蒾 *Viburnum propinquum* Graebner / 五福花科　荚蒾属 /

别名　几角筋（鹤峰）、六筋条（建始）。

野外主要识别特征　常绿灌木。全体无毛；当年小枝红褐色，光亮，具凸起的小皮孔，二年生小枝变灰色。叶通常疏生浅锯齿，基部以上两侧各有1~2枚腺体，具离基三出脉。聚伞花序常绿灌木。全体无毛；当年小枝红褐色，光亮，具凸起的小皮孔，二年生小枝变灰色。叶通常疏生浅锯齿，基部以上两侧各有1~2枚腺体，具离基三出脉。聚伞花序，果实蓝黑色，近球形。

生境　海拔1500m山谷林中或灌丛中。

省内分布　来凤，宣恩，咸丰，鹤峰，恩施，利川，建始，巴东，五峰，长阳，宜昌，秭归，兴山，神农架，房县，十堰，郧西，竹溪，保康，通山，崇阳。

花期4—5月，单株花期16天。

8.88　川续断科

8.88.1 川续断 *Dipsacus asper* Wallich ex Candolle

/ 川续断科　川续断属 /

别名　鼓锤草、山萝卜。

野外主要识别特征　多年生草本，茎具棱，基生叶稀疏丛生，琴状羽裂。头状花序径2~3cm，总花梗长达55cm；总苞片被硬毛；苞片倒卵形。花冠淡黄或白色，冠筒窄漏斗状，4裂，被柔毛；雄蕊明显超出花冠。

生境　分布生于山坡、原野、溪边，路旁、草丛中。喜排水良好的沙质或腐殖质土壤。

省内分布　武汉、竹溪、房县、宜昌、兴山、长阳、五峰、保康、通山、恩施、利川、建始、巴东、宣恩、咸丰、来凤、鹤峰、神农架等地。

花期7—9月。花粉粒黄白色，近球形，极面观为钝三角形，赤道面观为圆形或宽椭圆形，表面具刺，网状雕纹。

8.89 败酱科

8.89.1 少蕊败酱 *Patrinia monandra* C. B. Clarke　　/ 败酱科　败酱属 /

野外主要识别特征　茎基部近木质，被糙伏毛。单叶对生，长圆形，不分裂或大头羽状裂，具粗齿或钝齿，两面疏被糙毛。开花时叶常枯萎；花序梗密被长糙毛。

生境　生于山地灌草丛、林地、溪边路旁等地。

省内分布　通城、竹溪、房县、丹江口、宜昌、兴山、秭归、通山、恩施、利川、建始、巴东、咸丰、来凤、鹤峰、神农架等地。

花期 8—9 月，单株花期 19 天左右。

8.90 小檗科

8.90.1 豪猪刺 *Berberis julianae* C. K. Schneider　　/ 小檗科　小檗属 /

野外主要识别特征　常绿灌木。茎刺粗壮，三分叉。叶革质，椭圆形，披针形或倒披针形，每边具 10 ~ 20 刺齿。花 10 ~ 25 朵簇生；花梗长 8 ~ 15mm；花黄色；小苞片卵形；萼片 2 轮，外萼片卵形，内萼片长圆状椭圆形，先端圆钝；花瓣长圆状椭圆形；胚珠单生。浆果长圆形，蓝黑色。

生境　生于山坡、沟边、林中、林缘、灌丛中或竹林中。海拔 1100 ~ 2100m。

省内分布　来凤、宣恩、鹤峰、利川、建始、巴东、宜昌、五峰、长阳、兴山、神农架、郧西、竹溪、保康、通山、赤壁、通城。

花期 3 月。

8.90.2 川鄂小檗 *Berberis henryana* **Schneider**　　/ 小檗科　小檗属 /

野外主要识别特征 落叶灌木，高 2 ~ 3m。老枝红棕色；针刺细弱，单生或三叉。叶椭圆形至宽倒卵状长圆形，先端圆钝，基部楔形，边缘有少而不明显的细刺齿，上面淡绿色，下面灰绿色，被白粉，两面无毛。总状花序有花 10 ~ 20 朵，外萼片长圆状倒卵形，长 2.5 ~ 3.5mm，宽 1.5 ~ 2mm，内萼片倒卵形，长 5 ~ 6mm，宽 4 ~ 5mm；花瓣长圆状倒卵形，腺体椭圆形，分离。浆果椭圆形，红色，少数被粉，先端有宿存的短花柱。

生境 生长在海拔 1000 ~ 2500m 的山坡灌丛中。

省内分布 产巴东、长阳、宜昌、兴山等县市。

花期 5—6 月。

8.90.3 庐山小檗 *Berberis virgetorum* **Schneider**　　/ 小檗科　小檗属 /

别名 土黄连。

野外主要识别特征 落叶灌木，叶薄纸质，长圆状菱形，全缘。总状花序具 3 ~ 15 朵花，长 2 ~ 5cm，浆果长圆状椭圆形，熟时红色，无宿存花柱，不被白粉。

生境 生于山坡、山地灌丛中，河边、林中或村旁。

省内分布 鹤峰、恩施、建始、五峰、通山、崇阳。

花期 4—5 月。

8.90.4 川鄂淫羊藿 *Epimedium fargesii* Franch. / 小檗科 淫羊藿属 /

野外主要识别特征 多年生草本。一回三出复叶基生和茎生；茎生叶2枚对生，每叶具小叶3枚；小叶革质，狭卵形，两面网脉显著，叶缘具刺锯齿；花茎具2枚对生叶或偶有3叶轮生。总状

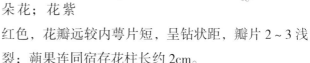

花序具7~15朵花；花紫红色，花瓣远较内萼片短，呈钻状距，瓣片2~3浅裂；蒴果连同宿存花柱长约2cm。

生境 生于山坡针阔叶混交林下或灌丛中。海拔200~1700m。

省内分布 咸丰、恩施、巴东、五峰、长阳、房县、郧西、竹溪。

花期3—4月。

8.90.5 阔叶十大功劳 *Mahonia bealei* Fortune Carrière

/ 小檗科 十大功劳属 /

野外主要识别特征 常绿灌木或小乔木，全体无毛。叶狭倒卵形至长圆形，厚革质，硬直，边缘每侧具2~6粗锯齿，先端具硬尖。总状花序直立，通常3~9

个簇生，花褐黄色，花瓣倒卵状椭圆形；浆果卵形，深蓝色，被白粉。

生境 生于阔叶林、竹林、杉木林及混交林下、林缘、草坡、溪边、路旁或灌丛中。海拔500~2000m。

省内分布 各地均有栽培。

花期9月至翌年1月。

8.90.6 鄂西十大功劳 *Mahonia decipiens* **Schneider**

/ 小檗科　十大功劳属 /

野外主要识别特征　常绿灌木，叶椭圆形，革质，边缘每边具3~6刺锯齿；总状花序单一或

2个簇生，花黄色，花瓣倒卵形。

　　生境　生于山坡林中或灌丛中。海拔850~1500m。

　　省内分布　长阳。

　　花期4—8月。

8.90.7 十大功劳 *Mahonia fortunei* **Lindley**

/ 小檗科　十大功劳属 /

别名　猫儿刺。

野外主要识别特征　常绿灌木，全体无毛。

单数羽状复叶，革质，披针形，无柄，边缘每侧有6~13刺状锐齿。总状花序4~8个簇生；花黄色；花瓣长圆形。浆果球形，蓝黑色，有白粉。

　　生境　生于山坡沟谷林中、灌丛中、路边或河边。海拔350~2000m。

　　省内分布　各地均有栽培。

　　花期1—2月。

8.90.8 南天竹 *Nandina domestica* **Thunberg** / 小檗科　南天竹属 /

别名　红天竺、兰竹、蓝田竹、南天、天竹、天竺。

野外主要识别特征　常绿灌木，干直立，叶互生，二至三回羽状复叶，总叶柄有小节，基部有包茎鞘，薄革质，全缘，近无柄，白色小花，圆锥花序顶生。果圆球状，11月后成熟，鲜红色。内有种子2个，种子扁圆形。

生境　山地林下沟旁、路边或灌丛中。海拔1200m 以下。

省内分布　各地均有栽培。

花期 1—2 月。

8.91　菊科

8.91.1 珠光香青 *Anaphalis margaritacea* (Linnaeus) Benth. et Hook. f.
/ 菊科　香青属 /

别名　山荻。

野外主要识别特征　草本。茎直立或斜升，单生或少数丛生，头状花序多数，在茎和枝端排列成复伞房状，稀较少而排列成伞房状；花托蜂窝状。雌株头状花序外围有多层雌花，雄株头状花全部有雄花或外围有极少数雌花。冠毛较花冠稍长，在雌花细丝状；在雄花上部较粗厚，有细锯齿。瘦果长椭圆形。

生境　生于亚高山或低山草地、石砾地、山沟及路旁。

省内分布　全省广布。

花期 8—11 月。

8.91.2 青蒿 *Artemisia caruifolia* **Buch.-Ham. ex Roxb.** /菊科 蒿属/

别名 香蒿。

野外主要识别特征 草本。茎单生，纤细，无毛；上部多分枝。叶两面青绿色或淡绿色；无毛；栉齿状羽状分裂；叶中轴或羽轴两侧有栉齿；中肋不凸起。头状花序直径 3.5～4.5mm，花序托球形；花淡黄色。

生境 海拔 2000m 以下山坡、沟谷、林缘、路旁、河岸。

省内分布 全省广布。

花期 9—10 月，单株花期 18 天左右。

8.91.3 阿尔泰狗娃花 *Aster altaicus* **Willd** /菊科 紫菀属/

野外主要识别特征 草本。茎直立，下部叶条形或矩圆状披针形，倒披针形，或近匙形，全缘或有疏浅齿；上部叶片渐狭小，条形；头状花序，单生枝端或排成伞房状。总苞半球形，舌状花，舌片浅蓝紫色，矩圆状条形，裂片不等大，毛瘦果扁。

生境 生于草原，荒漠地，沙地及干旱山地。

省内分布 全省广布。

5—9 月开花结果。

8.91.4 紫菀 *Aster tataricus* **Linnaeus**

别名　还魂草。

野外主要识别特征　多年生草本。茎直立，有疏粗毛。基部叶花期凋落，中部 叶长圆状，先端钝，基部狭楔形。头状花序排成复伞房状；总苞 半球形，且苞片 3 层，蓝紫色。瘦果倒卵状长圆形，紫褐色。

生境　生于低山阴坡湿地、山顶和低山草地及沼泽地，海拔 400～2000m。

省内分布　全省各地栽培。

花期 8—10 月，单株花期 14 天左右。

8.91.5 白术 *Atractylodes macrocephala* **Koidz.**

别名　桴蓟。

野外主要识别特征　草本。根状茎结节状。茎直立，全部叶质地薄，纸质，两面绿色，无毛，边缘或裂片边缘有长或短针刺状缘毛或细刺齿。头状花序单生茎枝顶端，植株通常有 6～10 个头状花序，苞叶绿色，总苞大，宽钟状。小花长 1.7cm，紫红色。

生境　生于山坡草地及山坡林下。

省内分布　全省广布。

花果期 8—10 月。

8.91.6 鬼针草　*Bidens pilosa* Linnaeus

别名　金盏银盘。

野外主要识别特征　草本。茎直立，茎下部叶较小，两侧小叶椭圆形或卵状椭圆形，先端锐尖，基部近圆形或阔楔形，有时偏斜，不对称，具短柄，边缘有锯齿、顶生小叶较大，长椭圆形或卵状长圆形，先端渐尖，基部渐狭或近圆形，总苞基部被短柔毛，无舌状花，盘花筒状，冠檐5齿裂。瘦果黑色，条形，略扁，具棱，上部具稀疏瘤状突起及刚毛，顶端芒刺3～4枚，具倒刺毛。

生境　生于村旁、路边及荒地中。

省内分布　全省广布。

花期4—9月。

8.91.7 蓟　*Cirsium japonicum* Fisch. ex DC.

别名　大刺介芽。

野外主要识别特征　草本。全部茎枝有条棱。基生叶较大，全形卵形、长倒卵形、椭圆形或长椭圆形，头状花序直立，少数生茎端而花序极短，少有头状花序单生茎端的。总苞钟状，总苞片约6层，覆瓦状排列，向内层渐长。小花红色或紫色，

冠毛浅褐色，多层，基部联合成环，整体脱落；冠毛刚毛长羽毛状，内层向顶端纺锤状扩大或渐细。

生境　生于山坡林中、林缘、灌丛中、草地、荒地、田间、路旁或溪旁，海拔400～2100m。

省内分布　全省广布。

花果期4—11月。

8.91.8 刺儿菜 *Cirsium arvense* var. *integrifolium* **C. Wimm. et Grabowski**

/ 菊科 蓟属 /

别名 大刺儿菜。

野外主要识别特征 草本。茎直立，上部有分枝，花序分枝无毛或有薄绒毛。基生叶和中部茎叶椭圆形、长椭圆形或椭圆状倒披针形，叶缘有细密的针刺，针刺紧贴叶缘。全部茎叶两面同色，

绿色或下面色淡，头状花序单生茎端，总苞卵形、长卵形或卵圆形，总苞片约6层，覆瓦状排列，小花紫红色或白色，瘦果淡黄色，椭圆形或偏斜椭圆形，压扁，顶端斜截形。

生境 生于山坡、河旁或荒地、田间，海拔170～2650m。

省内分布 全省广布。

花果期5—9月。

8.91.9 白头婆 *Eupatorium japonicum* **Thunberg**

/ 菊科 泽兰属 /

别名 泽兰。

野外主要识别特征 草本。茎直立，下部或至中部或全部淡紫红色，叶对生，头状花序在茎顶或枝端排成紧密的伞房花序，总苞钟状，总苞片覆瓦状排列，全部苞片绿色或带紫红色，顶端钝或圆形。花白色或带红紫色或粉红色，瘦果淡黑褐色，椭圆状。

生境 生于山坡草地、密疏林下、灌丛中、水湿地及河岸水旁。

省内分布 全省广布。

花果期6—11月。

8.91.10 三角叶须弥菊 *Himalaiella deltoidea* (Candolle) Raab-Straube

别名　三角叶风毛菊。

野外主要识别特征　草本。茎直立，叶片大头羽状全裂，顶裂片大，三角形或三角状戟形；头状花序大，下垂或歪斜，有长花梗，总苞半球形或宽钟状小花淡紫红色或白色，长 11.5mm，细管部长 6mm，檐部长 5.5mm，外面有淡黄色的小腺点。瘦果倒圆锥状，黑色，有横皱纹，顶端截形，有具锯齿的小冠。

生境　生于山坡、草地、灌丛等，海拔 800～3400m。

省内分布　全省广布。

花果期 5—11 月。

8.91.11 土木香 *Inula helenium* Linnaeus

/ 菊科　旋覆花属 /

别名　青木香。

野外主要识别特征　草本。根状茎块状，有分枝。茎直立，叶片椭圆状披针形，

边缘有不规则的齿或重齿，顶端尖，头状花序少数，排列成伞房状花序；舌状花黄色；舌片线形，瘦果四面形或五面形，有棱和细沟，无毛。

生境　栽培。

省内分布　全省广布。

花期 6—9 月。

8.91.12 旋覆花 *Inula japonica* **Thunberg**

/菊科　旋覆花属/

别名　猫耳朵。

野外主要识别特征　草本。根状茎短，茎直立，全部有叶，基部叶常较小，长圆状披针形或披针形，头状花序，多数或少数排列成疏散的伞房花序；

花序梗细长。舌状花黄色，舌片线形，有三角披针形裂片，瘦果圆柱形，顶端截形，被疏短毛。

生境　生于山坡路旁、湿润草地、河岸和田埂上，海拔 150 ～ 2400m。

省内分布　全省广布。

花期 6—10 月。

8.91.13 苦荬菜 *Ixeris polycephala* **Cassini ex Candolle**

/菊科　苦荬菜属/

别名　多头莴苣。

一年生草本；高达 80cm；茎无毛；基生叶线形或线状披针形，基部渐窄成柄；中下部茎生叶披针形或线形，基部箭头状半抱茎；舌状小花黄色，稀白色；瘦果长椭圆形，顶端喙细丝状。

生境　生于山坡林缘、灌丛、草地、田野路旁，海拔 300 ～ 2200m。

省内分布　来凤、宣恩、咸丰、神农架、宜昌、保康、襄阳、武汉、崇阳、罗田。

花期 4—10 月，单株花期 18 天左右。

8.91.14 大黄橐吾 *Ligularia duciformis* (C. Winkler) Handel-Mazzetti

/ 菊科 橐吾属 /

野外主要识别特征 多年生草本。茎直立，高大。丛生叶与茎下部叶具柄，叶片肾形或心形，叶脉掌状；茎中部叶基部具鞘，肾形；最上部叶常仅有叶鞘。复伞房状聚伞花序；头状花序多数，盘状。小花全部管状，黄色，伸出总苞之外。瘦果圆柱形。

生境 生于海拔 1900~4100m 的河边、林下、草地及高山草地。

省内分布 神农架。

花果期 7-9 月。

8.91.15 蜂斗菜 *Petasites japonicus* (Sieb. et Zucc.) Maximowicz

/ 菊科 蜂斗菜属 /

别名 蛇头草。

野外主要识别特征 多年生草本，基生叶质薄，圆形或肾状圆形，不裂，有细齿，基部深心形，上面

幼时被卷柔毛，下面初被蛛丝状毛，具长柄；头状花序少数，密集成密伞房状，总苞筒状，全部小花管状，两性，不结实，花冠白色。雌性花葶有密苞片，花后高达 70cm；花序密伞房状，花后成总状；头状花序具异形小花，冠毛白色，细糙毛状。

生境 常生于溪流边、草地或灌丛中。

省内分布 咸丰、神农架、丹江口、郧西、保康。

花期 3—6 月，单株花期 23 天左右。

8.91.16 风毛菊 *Saussurea japonica* (Thunb.) DC. / 菊科 风毛菊属 /

别名 八棱麻。

野外主要识别特征 草本。茎直立，基生叶具长柄，叶片长椭圆形，茎生叶由下自上渐小，椭圆形或线状披针形，羽状分裂或全缘，基部有时下延成翅状。头状花序密集成伞房状；总苞筒状，总苞片外层较短小，顶端圆钝，中层和内层线形，

顶端具膜质圆形的附片，背面和顶端通常紫红色；花管状，紫红色，顶端5裂。瘦果长椭圆形，外层较短，糙毛状，内层羽毛状。

生境 生于海拔200~2800m的山坡、山谷、林下、荒坡、水旁、田中。

省内分布 全省广布。

花期6—8月。

8.91.17 美花风毛菊 *Saussurea pulchella* (Fisch.) Fisch.

/ 菊科 风毛菊属 /

野外主要识别特征 草本。根状茎纺锤状，黑褐色。茎直立，上部有伞房状分枝，被短硬毛和腺点或近无毛。头状花序多数，瘦果倒圆锥状，黄褐色。冠毛2层，淡褐色，外层糙毛状。

生境 生长于草原、林缘、灌丛、沟谷、草甸。海拔300~2200m。

省内分布 全省广布。

花果期8—10月。

8.91.18 伪泥胡菜 *Serratula coronata* **Linnaeus** / 菊科 伪泥胡菜属 /

别名 假升麻。

野外主要识别特征 草本。茎直立，上部有伞房状花序分枝，基生叶与下部茎叶全形长圆形或长椭圆形，全部叶裂片边缘有锯齿或大锯齿，两面绿色，头状花序异型，总苞碗状或钟状，总苞片约 7 层，覆瓦状排列，全部苞片外面紫红色。花冠裂片披针形或线状披针形，瘦果倒披针状长椭圆形，有多数高起的细条纹。冠毛黄褐色，

生境 生于山坡林下、林缘、草原、草甸或河岸。海拔 130~1600m。

省内分布 全省广布。

花果期 8—10 月。

8.91.19 一枝黄花 *Solidago decurrens* **Lour.** / 菊科 一枝黄花属 /

别名 千斤癀。

野外主要识别特征 草本。茎直立，单生或少数簇生，中部茎叶椭圆形，长椭圆形、卵形或宽披针形，全部叶质地较厚，头状花序较小，多数在茎上部排列成紧密或疏松的总状花序或伞房

圆锥花序，少有排列成复头状花序的。舌状花舌片椭圆形，瘦果无毛。

生境 生于阔叶林缘、林下、灌丛中及山坡草地上。海拔 565~2850m。

省内分布 全省广布。

花果期 4—11 月。

8.91.20 苣荬菜 *Sonchus wightianus* DC.

/菊科 苦苣菜属/

别名 苦荬。

野外主要识别特征 多年生草本。根垂直直伸。茎直立，基生叶多数。头状花序在茎枝顶端排成伞房状花序。舌状小花多数，黄色。瘦果稍压扁，长椭圆形，长 3.7～4mm，宽 0.8～1mm，每面有 5 条细肋，肋间有横皱纹。冠毛白色。

生境 生长于山坡草地、林间草地、潮湿地或近水旁、村边或河边砾石滩，海拔 300～2300m。

省内分布 全省广布。

花果期 1—9 月。

8.91.21 山牛蒡 *Synurus deltoides* (Ait.) Nakai

/菊科 山牛蒡属/

别名 裂叶山牛蒡。

野外主要识别特征 多年生草本；茎枝有条棱，灰白色，密被绒毛；基生叶与下部茎生叶心形、卵形、宽卵形、卵状三角形或戟形，向上的叶渐小；头状花序同型，下垂，单生茎顶；花托有长毛；小花均两性，管状，花冠紫红色；瘦果长椭圆形，

稍扁，光滑，顶端果缘有细齿，着生面侧生。

生境 海拔 550～2200m 山坡林下、林缘、草地。

省内分布 兴山、神农架、房县、十堰、保康、随州、广水、通山、通城、崇阳、罗田、麻城。

花期 6—8 月，单株花期 16 天左右。

8.91.22 蒲公英 *Taraxacum mongolicum* **Hand.-Mazz.**

/ 菊科　蒲公英属 /

别名　黄花苗。

野外主要识别特征　草本。根圆柱状，黑褐色，粗壮。叶边缘具波状齿或羽状深裂；叶柄及主脉常带红紫色。花

葶密被蛛丝状白色长柔毛；舌状花黄色，边缘花舌片背面具紫红色条纹。瘦果倒卵状披针形，暗褐色；冠毛白色。

生境　海拔 800m 以下山坡草地、田野、路旁、河岸沙地。

省内分布　全省广布。

花期 2—10 月，单株花期 15 天左右。

8.91.23 毒根斑鸠菊 *Vernonia cumingiana* **Benth.** / 菊科　铁鸠菊属 /

别名　细脉斑鸠菊。

野外主要识别特征　草本。枝圆柱形，具条纹，叶具短柄，厚纸质，卵状长圆形，长圆状椭圆形或长圆状披针形，头状花序较多数，通常在枝端或上部叶腋排成顶生或腋生疏圆锥花序；总苞卵状球形或钟状，花淡红或淡红紫色，花冠管状，瘦果近圆柱形。

生境　生于海拔 300～1500m 的河边、溪边、山谷阴处灌丛或疏林中。常攀缘于乔木上。

省内分布　全省广布。

花期 10 月至翌年 4 月。

8.92.1 大叶章　*Deyeuxia purpurea* (Trinius) Kunth / 禾本科　野青茅属 /

野外主要识别特征　草本。多年生，具横走根状茎。秆直立，具分枝。叶扁平。圆锥花序稍疏松，近金字塔形，分枝粗糙簇生；颖近等长；外稃基盘两侧柔毛等长或稍长于稃体，具自稃体背中部伸出细直芒。

生境　海拔 700 ~ 3600m 的山坡草地、林下、沟谷潮湿草地。

省内分布　巴东。

花期 7 月，单株花期 3 ~ 5 天。花药黄色。

8.92.2 竹叶茅　*Microstegium nudum* (Trin.) A. Camus

/ 禾本科　莠竹属 /

野外主要识别特征　一年生蔓生草本。秆细弱，下部节生根，具分枝。叶片披针形，无毛。总状花序；花序轴细弱，无毛，每节着生一有柄与一无柄小穗；无柄小穗第二颖顶端尖；第二外稃具直或稍弯芒；雄蕊 2 枚。

生境　疏林下或山地阴湿沟边，常为田间或路旁杂草。

省内分布　建始、咸丰、神农架等地。

花期 8—10 月。

8.92.3 芒 *Miscanthus sinensis* Anderss.

别名　花叶芒、高山鬼芒、金平芒、薄、芒草、高山芒、紫芒、黄金芒（俗名）。

野外主要识别特征　多年生草本。秆高 1 ~ 2m。

叶线形，下面具疏柔毛及被白粉，边缘具小锯齿。圆锥花序呈伞房状，分枝粗硬；小穗成对生于各节，具 2 小花；颖近等长；芒自第二外稃裂齿伸出。

生境　海拔 800m 以下山坡草地、河岸、路旁潮湿地。

省内分布　咸丰、鹤峰、利川、巴东、秭归、兴山、神农架、丹江口、宜城、钟祥、英山、罗田等地。

花期 8 月，单株花期 10 天。花粉淡黄色。

8.92.4 竹叶草 *Oplismenus compositus* (Linnaeus) Beauv.

别名　多穗缩箬。

野外主要识别特征　草本。秆纤细，平卧地面节着地生根。叶鞘近无毛或疏生毛；叶片不对称，近无毛，具横脉。圆锥花序，主轴无毛或疏

生毛；分枝互生而疏离；小穗孪生；第一外稃与小穗等长，具芒尖。

生境　疏林下阴湿处。

省内分布　神农架。

花期 9—10 月。

8.92.5 稻 *Oryza sativa* Linnaeus

别名　水稻、稻子、稻谷（俗名）。

野外主要识别特征　草本。一年生水生草本。秆直立。叶片无毛，粗糙，具长叶舌；叶耳镰形抱茎；大型圆锥花序分枝多，具角棱，成熟时下垂；退化外稃锥刺状；外稃和内稃遍布细毛，表面有方格状小乳状突起。

生境　栽培。

省内分布　全省广泛栽培。

花期6—9月。开花适宜温度30℃左右，相对湿度70%～80%为宜。

花粉灰白色，花粉粒球形或近球形。具单萌发孔；外壁薄，轮廓具皱褶；表面具系网状雕纹，网脊上具细颗粒。

8.92.6 甜根子草 *Saccharum spontaneum* Linnaeus

／禾本科　甘蔗属／

别名　割手密、罗氏甜根子草。

野外主要识别特征　草本。多年生，横走根状茎发达。秆中空，具节，节下敷白蜡粉。叶片线形，边缘呈锯

齿状粗糙。圆锥花序，主轴密生丝状柔毛，具分枝；无柄小穗披针形，基盘具长于小穗3～4倍的丝状毛；鳞被顶端具纤毛。

生境　海拔2000m以下的平原和山坡，河旁溪流岸边、砾石沙滩荒洲上。

省内分布　西南部（恩施）、西部（宜昌）、西北部（襄阳）。

花期7—8月。花粉淡黄色。

8.92.7 高粱 *Sorghum bicolor* (Linnaeus) Moench　　/ 禾本科　高粱属 /

野外主要识别特征　草本。一年生草本。秆较粗壮，基部节上具支撑根。叶鞘无毛或稍有白粉；叶舌硬膜质；叶无毛，边缘具微小刺毛。圆锥花序主轴裸露，具纵棱，分枝轮生；无柄小穗被髯毛；两颖革质；第一颖具仅达中部脉；第二外稃具膝曲芒。颖果两面平凸。

生境　栽培。

省内分布　全省各地栽培。

花期 6—9 月。最适宜温度为 17～18℃，相对湿度为 60%～80%。

花粉淡黄色，近球形，具 1 单孔，外壁具网状雕纹。

8.92.8 菅 *Themeda villosa* (Poir.) A. Camus　　/ 禾本科　菅属 /

野外主要识别特征　多年生草本。秆粗壮，簇生，两侧压扁或具棱，平滑无毛。叶鞘无毛，下部具脊；叶片线形。伪圆锥花序多回，由总状花序组成；总状花序具舟形佛焰苞。2 对小穗总苞状。第一小花不孕；第二小花两性，具不完全芒。颖果。

生境　海拔 300～2500m 山坡灌丛、草地或林缘向阳处。

省内分布　巴东、武汉。

花期 8 月至次年 1 月。

8.92.9 玉蜀黍 *Zea mays* **Linnaeus**

别名　苞米、珍珠米、包谷、玉米。

野外主要识别特征　草本。一年生。秆粗壮，不分枝，基部具气生根。叶阔扁平。雌、雄花序异序。圆锥雄花序顶生；小穗含 2 小花。雌花序腋生；小穗含 1 小花，密集成纵行排列于穗轴上。

生境　栽培。

省内分布　全省各县市栽培。

花期 5—9 月，单株花期 10 天。开花最适温度为 20～28℃，最适宜的相对湿度为 65～90%，温度低于 18℃ 或者高于 28℃时，雄花不开。盛花期，每蜂群每天可以采花粉 0.25～0.4kg。

花粉呈淡黄色。花粉粒球形或近球形，外壁薄，凹陷或皱褶，具单萌发孔，表面具细网状雕纹，网孔小，网脊由细颗粒组成。

8.93　棕榈科

8.93.1 棕榈 *Trachycarpus fortunei* (Hook.) **H. Wendland**

野外主要识别特征　常绿乔木。叶掌状深裂，叶柄细长。肉穗花序排列成圆锥花序式，腋生，总苞多数，革质，被锈色绒毛；花小，黄白色，雌雄异株。核果肾状球形，蓝黑色。

生境　常在村旁屋后栽培。

省内分布　各地均有栽培，或逸为野生。

花期 3—5 月，单株能开 10 天，群体 20 多天。蜜粉丰富，蜜蜂爱采，对蜂群繁殖、养王、分蜂有一定价值。花粉粒近球形，赤道面观为橄榄形，两头渐尖，极面观为圆形或卵圆形。具单沟，左右对称，沟长至两级。外壁具清楚的网状雕纹，网孔圆形、椭圆形，大小不一致，网脊宽而平坦。

8.94.1 凤眼蓝 *Eichhornia crassipes* (Martius) Solms

/ 雨久花科　凤眼蓝属 /

别名　水葫芦（恩施、宣恩）、水浮莲（监利、洪湖）。

野外主要识别特征　漂浮草本或根生于泥中。茎短，有长匍匐枝。叶基部丛生，莲座状；叶柄中部膨大成囊状，内有气室，基部有鞘状苞片。穗状花序，花被片6枚，基部合生，上裂片中央有1黄斑，雄蕊6枚。蒴果卵形。

生境　生于海拔200~1500m的水塘、沟渠及稻田中。原产南美洲。

省内分布　全省广泛分布。

花期5—11月。泌蜜丰富，花粉紫褐色，数量较多，对南方蜂群越夏有一定作用。

8.94.2 雨久花 *Monochoria korsakowii* Regel et Maack

/ 雨久花科　雨久花属 /

别名　海棠花、水葫芦、大水萍、水浮莲（宜昌）。

野外主要识别特征　一年生水生草本。植株高大。根状茎粗壮，基生叶宽卵状心形，顶端急尖或渐尖，基部心形，全缘，具弧状脉；茎生叶基部增大成鞘，抱茎。总状花序顶生，有花10余朵，具花梗。雄蕊6，其中1枚较大。蒴果卵形。

生境　生于池塘、湖沼靠岸的浅水处和稻田中。

省内分布　全省广泛分布。

花期7—8月。有蜜粉，蜂爱采，有利于蜂群繁殖。

8.95.1 葱　*Allium fistulosum* **Linnaeus**　　/百合科　葱属/

野外主要识别特征　草本。植株簇生。鳞茎圆柱状，稀为基部膨大的卵状圆柱形；鳞茎外皮常白色，不破裂。叶圆筒状，中部以下最粗，向顶端渐狭，约与花葶等长。花白色；花葶和叶粗壮；总苞膜质，2 裂。

生境　栽培。

省内分布　多栽培。

花期 4—6 月。花粉粒椭圆形，极面观卵圆形，赤道面观为椭圆形至卵圆形。具单沟。外壁内外层厚度约相等，表面具细致的网状雕纹，网至沟边缘显著变细，网孔圆形，大小不一，网脊具颗粒。葱泌蜜极为丰富，蜜蜂特别爱采，蜂蜜浅琥珀色，具葱的气味。

8.95.2 韭　*Allium tuberosum* **Rottler ex Sprengle**　　/百合科　葱属/

别名　韭菜（通称）。

野外主要识别特征　草本。具倾斜的横生根状茎。鳞茎簇生，近圆柱状；鳞茎外皮暗黄色至黄褐色，破裂成纤维状，近网状。叶条形，实心。花葶常具 2 纵棱；总苞单侧开裂，或 2 ~ 3 裂，宿存。

生境　全国各地广泛栽培。

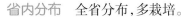

省内分布　全省分布，多栽培。

花期 7—8 月，单株花期 12 天左右。花粉粒椭圆形，两头稍尖，极面观卵圆形，具单沟（远极沟）。外壁层次不清楚，表面具细网状雕纹，网孔圆形，大小不一，网脊由细颗粒组成。韭数量多，分布广，花期长，泌蜜多，蜜蜂爱采，蜜浅琥珀色，气味芳香，属好蜜。

8.95.3 火葱 *Allium cepa* var. *aggregatum* G. Don　　/百合科　葱属/

野外主要识别特征　草本。植株密集丛生，鳞茎聚生，矩圆状卵形、狭卵形或卵状圆柱形；叶为中空圆筒状，通常粗壮；小花梗基部具小苞片；内轮花丝基部每侧各具1齿；花葶中空；不抽葶开花；以鳞茎繁殖。

生境　栽培。

省内分布　全省分布，多栽培。

花期7—10月。单株花期12天左右。

8.95.4 野葱 *Allium chrysanthum* Regel　　/百合科　葱属/

野外主要识别特征　草本。鳞茎圆柱状至卵状圆柱形；叶圆柱状，中空；小花梗基部无小苞片；花黄色至淡黄色；花丝基部不具齿；花丝比花被片长，仅基部合生；子房倒卵球状；花柱伸出花被外。

生境　生于海拔2000～4500m的山坡或草地上。

省内分布　神农架。

花期6—9月，单株花期14天左右。

8.95.5 萱草 *Hemerocallis fulva* (Linnaeus) Linnaeus / 百合科　萱草属 /

别名　黄花菜（通称）。

野外主要识别特征　草本。根近肉质，中下部有纺锤状膨大。叶一般较宽。花早上开晚上凋谢；无香味；花橘黄色；花被管较粗短，长 2～3cm；内花被裂片宽 2～3cm，下部一般有∧形彩斑。

生境　全国各地常见栽培。

省内分布　全省广为栽培。

花期 6—9 月，单株花期 15 天左右。

8.95.6 百合 *Lilium brownii* var. *viridulum* Baker　/ 百合科　百合属 /

别名　山百合、香水百合（通称）。

野外主要识别特征　草本。鳞茎球形。叶倒披针形至倒卵形。花单生或几朵排成近伞形；花梗稍弯；苞片披针形；

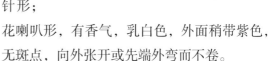

花喇叭形，有香气，乳白色，外面稍带紫色，无斑点，向外张开或先端外弯而不卷。

生境　生于山坡草丛中、疏林下、山沟旁、地边或村旁，也有栽培，海拔 300～920m。

省内分布　竹溪、房县、丹江口、兴山、恩施、建始、宣恩、来凤、神农架等地。

花期 5—6 月，单株花期 15 天左右。

8.95.7 宜昌百合 *Lilium leucanthum* **Baker**

野外主要识别特征　草本。鳞茎近球形；叶散生，披针形，边缘无乳头状突起，上部叶腋间无珠芽；花喇叭形，无斑点；花被片先端外弯；雄蕊上部向上弯，蜜腺两边无乳头状突起，花丝

下部密被毛；花柱基部有毛；柱头膨大。

生境　生山沟、河边草丛中，海拔 450 ~ 1500m。

省内分布　宜昌、建始、来凤、神农架等地。

花期6—7月,单株花期14天左右。

8.95.8 长梗黄精 *Polygonatum filipes* **Merr. ex C. Jeffrey et McEwan**

野外主要识别特征　草本。根状茎连珠状或有时节间稍长。叶互生，矩圆状披针形至椭圆形，下面脉上有短毛。花序具 2 ~ 7 花，总花梗细丝状，长 3 ~ 8cm；花被片长 1.5 ~ 2cm。

生境　生林下、灌丛或草坡，海拔 200 ~ 600m。

省内分布　宣恩、鹤峰、恩施、利川、巴东、秭归、五峰、长阳、神农架、通山、麻城。

花期4—5月,单株花期15天左右。

8.95.9 湖北黄精 *Polygonatum zanlanscianense* **Pamp.**

/ 百合科 黄精属 /

别名 野山姜（通称）。

野外主要识别特征 草本。根状茎连珠状或姜块状，肥厚。叶椭圆形至条形，3~6枚轮生。花序具2~6花；苞片具1脉，花被筒近喉部稍缢缩，花柱比子房短或近等长。

生境 生林下或山坡阴湿地，海拔800~2700m。

省内分布 通城、房县、丹江口、兴山、秭归、宣恩、神农架等地。

花期5—7月，单株花期13天左右。

8.95.10 老鸦瓣 *Amana edulis* (Miq.) **Honda**

/ 百合科 郁金香属 /

别名 光慈菇。

野外主要识别特征 草本。鳞茎皮纸质，内面密被长柔毛。茎无毛。叶2枚。花单朵顶生，花基部具2枚对生苞片；花被片白色，背面有紫红色纵条纹；花丝无毛。

生境 生山坡草地及路旁。
省内分布 全省广布。

花期3—4月。花粉粒长椭圆形，赤道面观也为长椭圆形，两端较尖，极面观为椭圆形。具单沟；左右对称，沟长至两极端。外壁表面具细网状雕纹，网孔近圆形，网在沟边变细。老鸦瓣花粉极为丰富，对早春蜂群恢复和发展极为有利。

8.96.1 芭蕉 *Musa basjoo* Sieb. et Zucc. / 芭蕉科 芭蕉属 /

别名 芭蕉树（通称）。

野外主要识别特征 草本。叶大型，叶脉平行，叶片长圆形，先端钝，基部圆形或不对称，叶面鲜绿色，有光泽，叶柄粗壮；花序顶生下垂，苞片红褐色或紫色；浆果三棱状、近无柄，肉质，内具多数种子。

生境 喜温暖，不耐寒。

省内分布 全省分布。湖北多栽培于庭园及农舍附近。

花期3—5月，单株花期15天左右。

参考文献

［1］ 徐万林.中国蜜源植物［M］.哈尔滨：黑龙江科学技术出版社，1983.

［2］ 徐万林.中国蜜粉源植物资源概况［J］.中国养蜂，1992（01）：28-30.

［3］ 徐万林.黑龙江省主要蜜源植物：椴树［J］.中国养蜂，1956（07）：23-24+1.

［4］ Flora of China Editorial Committee.Flora of China［M］.北京：科学出版社，2012.

［5］ 中国科学院《中国植物志》编委会.中国植物志［M/OL］.北京：科学出版社，
2004.http：//frps.eflora.cn/.

［6］ 刘胜祥.植物资源学［M］.武汉：武汉出版社，1992.

［7］ 刘胜祥，吴金清.通城植物志［M］.武汉：湖北科学技术出版社，2016.

［8］ 刘胜祥，黎维平，吴金清.清江水布垭库区植物资源现状及评价［J］.华中师范大
学学报（自然科学版），1998（01）：85-93.

［9］ 神农架及三峡地区作物种质资源考察队.神农架及三峡地区作物种质资源考察文集
［M］.北京：农业出版社，1991.

［10］ 陈龙清，王小凡，李中强，等.神农架植物大全（第1卷）［M］.武汉：湖北科
学技术出版社，2017.

［11］ 黄璐琦，詹亚华，张代贵，等.神农架中药资源图志［M］.福州：福建科学技术
出版社，2018.

［12］ 傅书遐.湖北植物志（1~4册）［M］.武汉：湖北科学技术出版社，2001.

［13］ 郑重.湖北植物大全［M］.武汉：武汉大学出版社，1993.

［14］ 班继德.鄂西植被研究［M］.武汉：华中理工大学出版社，1995.

［15］ 刘国杜.湖北中药资源［M］.北京：中国医药科技出版社，1989.

［16］ 崇阳县志编纂委员会.崇阳县志［M］.武汉：武汉大学出版社，1991.

［17］ 蔡继炯.蜜源植物花粉形态与成分［M］.杭州：浙江科学技术出版社，1987.

［18］ 宋晓彦.山西省蜜源植物花粉形态与蜂蜜孢粉学研究［M］.北京：中国农业大学
出版社，2012.

［19］ 甘啟良.湖北竹溪中药资源志［M］.武汉：湖北科学技术出版社，2016.

［20］ 周国齐.鄂西南木本植物资源［M］.武汉：湖北科学技术出版社，2000.

［21］ 甘啟良.竹溪植物志［M］.武汉：湖北科学技术出版社，2005.

［22］ 吴昆.中国蜜源植物［J］.农业图书馆，1984（02）：51-52.

［23］万定荣.鄂西常用药用植物图鉴［M］.武汉：湖北科学技术出版社，2020.

［24］刘胜祥.湖北湿地［M］.武汉：湖北科学技术出版社，2009.

［25］余胜伟.湖北农业［M］.北京：中国农业出版社，2013.

［26］湖北省统计局.湖北统计年鉴［M］.中国统计出版社，2020.

［27］郑重.湖北植物区系特点与植物分布概况的研究[J].武汉植物学研究，1983,（02）：165-175+339-340.

［28］郑重，许天全，张全发.湖北省珍稀特有植物及其分布概况［J］.环境科学与技术，1990（04）：40-47.

［29］方元平，葛继稳，袁道凌，等.湖北省国家重点保护野生植物名录及特点［J］.环境科学与技术，2000（02）：14-17.

［30］杨其仁，张铭.湖北兽类物种多样性研究［J］.华中师范大学学报：自然科学版，1998（03）：106-112.

［31］戴宗兴，杨其仁.湖北省爬行动物的区系研究［J］.华中师范大学学报：自然科学版，1996（01）：92-95.

［32］戴宗兴，张铭.湖北省两栖动物的区系研究［J］.华中师范大学学报：自然科学版，1995（04）：513-518.

［33］杨其仁，戴忠心，孙刚，等.神农架林区小型兽类的研究 Ⅱ垂直分布［J］.华中师范大学学报：（自然科学版），1988（02）：79-85.

［34］杨其仁，戴忠心.神农架林区小型兽类的研究Ⅰ兽类区系［J］.华中师范大学学报（自然科学版），1988（01）：68-73.

［35］王映明.湖北植被地理分布的规律性（下）［J］.武汉植物学研究，1995（02）：127-136.

［36］王映明.湖北植被地理分布的规律性（上）［J］.武汉植物学研究，1995（01）：47-54.

［37］汪隽波.湖北崇阳县与通山县柃属蜜源的初步调查［J］.中国蜂业，2011（9）24.

［38］汪新平，毛巧云.崇阳野桂花蜜.中国土特产，1992年12月18日.

［39］马建梅.戴云山主要蜜源植物柃属资源分布规律研究及群落特征［D］.福州：福建农林大学，2014.

［40］刘炳仑.我国春夏秋冬44种主要蜜源植物的花粉形态［J］.养蜂科技，2001（04）：4-6.

［41］刘炳仑.我国春夏秋冬44种主要蜜源植物的花粉形态［J］.蜜蜂杂志，1998（12）：3-5.

［42］太史弘.论蜜源植物的泌蜜［J］.养蜂科技，2001（04）：38.

［43］ 邹超兰，郑亚杰，刘秀斌，等.湖北省鹤峰县五里乡有毒蜜源植物的调查分析［J］.中国蜂业，2017，68.

［44］ 梅良英，宋晓佳，吴杨，等.湖北某地一起食用生鲜蜂蜜中毒致死事件的原因调查［J］.公共卫生与预防医学，2017，28（3）.

［45］ 李熠，陈兰珍，王峻，等.湖北省恩施州鹤峰县、利川市有毒蜜源蜂蜜中毒事件调查［J］.蜜蜂杂志，2017（2）：15-17，60-61.

［46］ 蔡昭龙.湖北省蜂场的放蜂路线［J］.蜜蜂杂志，1994（2）：30-33.

［47］ 张新军.湖北蜜蜂资源优势开发利用及几点建议［J］.中国蜂业，2012，63（01）：37-39.

［48］ 范志安.神农架中蜂资源的利用与保护［J］.湖北畜牧兽医，2010（01）：42-43.

［49］ 陈玛琳，赵芝俊，席桂萍.中国蜂产业发展现状及前景分析［J］.浙江农业学报，2014，26（03）：825-829.

［50］ 毛小报，张社梅，柯福艳.中国蜂产业发展趋势分析［J］.中国蜂业，2012，63（16）：44-46.

［51］ 陈灯明.湖北省通山县中蜂养殖现状及发展建议［J］.养殖与饲料，2020（1）.

［52］ 张新军，王孟津，李学伦.湖北荆门市养蜂业发展关键在于生态养蜂业［J］.中国蜂业，2013，64（24）：16-18.

［53］ 王道坤，侯天燕.养蜂产业的生态价值［J］.中国牧业通讯，2010（22）：35-36.

［54］ 杨冠煌.中蜂资源概况及利用［J］.蜜蜂杂志，1982（04）：5-7+10.

［55］ 邵一峰.龙泉市养蜂业的发展现状及存在问题调查［J］.浙江畜牧兽医，2016，41（05）：19-20.

［56］ 简绍方.罗平县蜂产业发展现状与展望［J］.蜜蜂杂志，2012，32（02）：45-47.

［57］ 南方山区饲养中蜂好［J］.农家顾问，1999（08）：53-54.

［58］ 薛运俊.意蜂蜂蜜和中蜂蜂蜜的区别［J］.蜜蜂杂志，2019，39（03）：12.

［59］ 颜志立.读《蜜蜂产品术语》标准及其他［J］.蜜蜂杂志，2008（11）：11-12.

［60］ 余海波.我国主要蜜源植物的产地及开花期［J］.中国蜂业，2015，66（07）：45-47.

［61］ 刘珍珍，刘安民.我国部分主要蜜源植物简介（连载）［J］.养蜂科技，2002（04）：33-35.

［62］ 刘珍珍，刘安民.我国部分主要蜜源植物简介（连载）［J］.养蜂科技，2002（03）：39-40.

［63］ 董霞.中国主要蜜源植物分级［J］.蜜蜂杂志，2002（03）：31-32.

［64］ 霍福山，梁诗魁，张文松，等.全国主要蜜源植物资源的区划和利用（五）：分

区论述［J］.中国养蜂，1984（02）：28–29.

［65］ 颜伟玉，李琳.14种蜜源植物花粉形态与纯度的研究［J］.养蜂科技，2001（04）：36–38.

［66］ 黄斌.甘肃省有毒蜜源植物简介［J］.中国蜂业，2019，70（08）：45–47.

［67］ 王明中，潘胜云.一种未被养蜂者认识的有毒植物［J］.蜜蜂杂志，1995（04）：24–25.

［68］ 宋心仿.关于促进和扶持紫云英种植的建议［J］.蜜蜂杂志，2018，38（04）：1.

［69］ 钟秉仁，陆利荣.扩大紫云英种植 推动养蜂业发展［J］.中国蜂业，2014，65（11）：31.

［70］ 杨光明.撒播紫云英和野菊花可弥补南方蜜粉源不足［J］.蜜蜂杂志，1999（09）：25.

［71］ 徐如意，胡业.紫云英花期蜂蜜高产技术［J］.养蜂科技，1995（02）：13–14.

［72］ 毕兆仑.紫云英：春季最主要之蜜源植物［J］.中国养蜂杂志，1954，12（07）：16–18.

［73］ 王高平，刘保玲，张腾飞，等.紫云英和油菜花蜜糖含量和单花泌蜜量的测定［C］.华中昆虫研究（第七卷），2011：90–93.

［74］ 黄少卿.2004年湖北省油菜蜜源分布及泌蜜情况分析［J］.蜜蜂杂志，2004（2）：42.

［75］ 董坤，周丽贞，杨明显，等.我国油菜生产现状及其对养蜂业的影响［J］.中国蜂业，2006（06）：36–37.

［76］ 匡邦郁.乌桕花期［J］.蜜蜂杂志，1991（04）：8–9.

［77］ 毛群.乌桕的产蜜量和地区的关系［J］.中国养蜂，1959（07）：21–23.

［78］ 张彬.荆条花期蜂群管理要点［J］.中国养蜂，1996（03）：6.

［79］ 梁诗魁.荆条花泌蜜量与小气候的关系［J］.中国养蜂，1994（02）：11–12.

［80］ 吴杰，梁诗魁.荆条的泌蜜量与枝条中养分含量关系的研究［J］.养蜂科技，1995（03）：5.

［81］ 颜志立，周先超，金士义等.湖北省的荆条分布带及花期蜂群管理［J］.蜜蜂杂志，1991（05）：10–11.

［82］ 李继红，董晓东.苍山地区蜜源植物研究［J］.大理学院学报，2003-10-03.

［83］ 周昱恒，韩加敏，王小平，等.重庆市彭水县蜜源植物资源研究［J］.云南农业大学学报：自然科学，2019，34（06）：980–987.

［84］ 郑涛，苟光前，叶红环，等.贵州锦屏野生蜜源植物资源调查及分析［J］.山地农业生物学报，2018，37（06）：41–46.

［85］ 周庆萍，桂小霞，徐龙飞，等 . 中蜂蜜源植物调查——以六枝特区龙河镇为例［J］. 贵州畜牧兽医，2018，42（05）：46-53.

［86］ 陈云飞，苟光前，王瑶，等 . 贵州省江口县木本蜜源植物资源初步调查［J］. 山地农业生物学报，2016，35（06）：40-48.

［87］ 姬聪慧，高骏，王瑞生，等 . 城口县蜜源植物资源分析［J］. 蜜蜂杂志，2014，34（01）：14-16.

［88］ 杨根水，刘新荣 . 宁都县蜜源植物简介［J］. 中国蜂业，2013，64（Z4）：38-41.

［89］ 任炳忠，尚利娜，陈新，等 . 长白山地区熊蜂的访花偏爱性研究［J］. 东北师大学报（自然科学版），2012，44（01）：111-117.

［90］ 许春华，刘洪艳 . 蜜源植物的栽培和保护［J］. 农民致富之友，2013（12）：108.

［91］ 董霞 . 德钦县蜜源植物初步调查［J］. 蜜蜂杂志，2008（11）：5-7.

［92］ 李继红，董晓东 . 苍山地区蜜源植物研究［J］. 大理学院学报，2003（05）：39-42+44.

［93］ 柯贤港 . 南方主要蜜源植物：龙眼［J］. 中国养蜂，1986（01）：25-26.

［94］ 蜜、粉源集锦［J］. 蜜蜂杂志，1985（01）：17+25+1.

［95］ 柯贤港 . 蜜源植物与非蜜源植物的判别［J］. 蜜蜂杂志，1998，（06）：3-5.

［96］ 毕桂春 . 黑龙江省 4 大蜜粉源植物［J］. 中国蜂业，2020，71（06）：32.

［97］ 姜德成 . 国家二级保护植物椴树［J］. 中国蜂业，2017，68（04）：61.

［98］ 李凤君 . 黑龙江省主要蜜源植物简介［J］. 民营科技，2010（06）：103.

［99］ 张楠 . 榆林市蜜粉源植物资源现状及养蜂业可持续发展研究［J］. 中国林副特产，2008（06）：69-70.

［100］ 张云良 . 黑龙江省主要蜜源植物及价值[J]. 牡丹江师范学院学报：（自然科学版），2007（01）：28-29.

［101］ 文及 . 密山市的蜜源植物资源简介［J］. 蜜蜂杂志，2000（01）：28.

［102］ 李广军，高文 . 沂蒙山区的蜜源植物［J］. 国土与自然资源研究，1999（04）：71-74.

［103］ 匡邦郁 . 中国喜马拉雅地区的主要蜜源植物研究［J］. 云南农业大学学报，1999（03）：294-299.

［104］ 宋洪文，唐伟东，周鑫 . 黑龙江省主要野生蜜源植物资源［J］. 中国林副特产，1998（04）：53.

［105］ 任再金 . 对豆科蜜源植物的评价［J］. 养蜂科技，1997（03）：40+12.

［106］ 匡邦郁 . 云南的蜜源植物及其区划研究［J］. 云南农业大学学报，1994（03）：166-171.

［107］ 孙哲贤 . 蜜源植物的种植开发与利用［J］. 蜜蜂杂志，1980（02）：22-24.

［108］ 李宣武，隋东思 . 黑龙江省蜜源资源的开发应用［J］. 商业科技，1986（06）：19.

［109］ 罗义成，薛永三 . 利用新王采椴树蜜增产显著［J］. 蜜蜂杂志，1996（06）：13.

［110］ 陈道泽 . 播撒红花草，增加蜜粉源与改善环境［J］. 蜜蜂杂志，2018，38（02）：22-23.

［111］ 徐祖荫 . 建立蜜源植物丰富度评价体系的研究［J］. 蜜蜂杂志，2016，36（10）：37-41.

［112］ 施根吉 . 也谈种植蜜源［J］. 蜜蜂杂志，2005（05）：36.

［113］ 匡国良，王为周 . 双柏县蜜粉源调查及利用研究［J］. 蜜蜂杂志，2003（06）：26-27.

［114］ 汪建明 . 西双版纳部分蜜源植物及其利用［J］. 蜜蜂杂志，2003（01）：12-14.

［115］ 尤守智 . 洛阳的蜜源资源与养蜂概况［J］. 蜜蜂杂志，2002（04）：44.

［116］ 叶宝龙 . 谈谈风沙天气对植物流蜜的影响［J］. 蜜蜂杂志，2001（03）：26.

［117］ 梁诗魁 . 蜜源植物与授粉研究历史与展望［J］. 中国养蜂，1998（05）：3-5.

［118］ 董霞，董崇德 . 凉山州的主要蜜源植物［J］. 养蜂科技，1995（04）：32-33.

［119］ 方良居 . 固始县的蜜源植物［J］. 蜜蜂杂志，1992（05）：15.

［120］ 靳宗立 . 山西省主要蜜源植物调查［J］. 山西农业科学，1988（06）：11-13.

［121］ 孙宏宇 . 略论浙江省蜜粉源植物资源［J］. 蜜蜂杂志，1981（02）：23+19.

［122］ 徐维良，曾令英 . 桉属的蜜源树种［J］. 桉树科技协作动态，1978（03）：14-28.

［123］ 曹丽敏，夏念和，曹明，等 . 中国无患子科的花粉形态及其系统学意义［J］. 植物科学学报，2016，34（6）：821-833.

［124］ 高媛，贾黎明，苏淑钗，等 . 无患子物候及开花结果特性［J］. 东北林业大学学报，2015，43（6）：35-40.

［125］ 钱宏 . 东亚特有属：小勾儿茶属的研究［J］. 植物研究，1988，8（4）：119-128

［126］ 杨利欢，吴雨涵 . 部分花楸属植物的花粉形态特征及聚类分析［J］. 植物资源与环境学报，2019，28（03）：84-90.

［127］ 罗乐，张启翔 .29个蔷薇属植物的孢粉学研究［J］. 西北植物学报，2017，37（05）：885-894.

［128］ 宋晓彦，姚轶锋 . 蜂蜜孢粉学研究进展［J］. 中国农学通报，2009，25（07）：7-12.

［129］ 解检清，张宏志 . 粉团蔷薇和多花蔷薇花粉萌发及花粉活力研究［J］. 湖南农业科学，2009（01）：8-9+12.

［130］ 李维林，贺善安.中国悬钩子属花粉形态观察［J］.植物分类学报，2001（03）：234–248+296–300.

［131］ 李维林，贺善安.秦巴山区悬钩子属植物的地理分布及花粉形态观察［J］.植物研究，2000（02）：221–228+242–243.

［132］ 季强彪，李淑久.缫丝花和单瓣缫丝花的形态学及解剖学比较［J］.西南农业学报，1998（04）：80–85.

［133］ 刘剑秋，张清其.金樱子花粉形态及营养成分研究［J］.植物学通报，1994（04）：43–44.

［134］ 刘全儒，尹祖棠.中国北部绣线菊属的花粉形态及分类学意义［J］.广西植物，1994（03）：231–236.

［135］ 刘剑秋，张清其.小果蔷薇的花粉形态及营养成份分析［J］.亚热带植物通讯，1994（01）：8–12.

［136］ 张玉兰，王开发.我国某些蜜源植物花粉形态研究［J］.武汉植物学研究，1991（04）：317–322+409–411.

［137］ 姚宜轩，许方.我国梨属植物花粉形态观察［J］.莱阳农学院学报，1990（01）：1–8.

［138］ 周丽华，韦仲新.国产蔷薇科蔷薇亚科的花粉形态［J］.云南植物研究，1999，21（4）：455–460.

［139］ 周丽华，韦仲新.国产蔷薇科绣线菊亚科的花粉形态［J］.云南植物研究，999，21（3）：303–308.

［140］ OLLERTON J，WINFREE R，TARRANTS.How many flowering plants are pollinated by animals?［J］.Oikos，2011，120（3）：321–326.

［141］ Ollerton J. Pollinator diversity：distribution，ecological function，and conservation［J］.Annual Review of Ecology，Evolution，and Systematics，2017，48（1）：353–376.

［142］ 童泽宇，徐环李，黄双全.探讨监测传粉者的方法［J］.生物多样性，2018，26（5）：433.

［143］ Roubik D W. Pollination of cultivated plants in the tropics［J］. Food & Agriculture Org.，1995，118.

［144］ 张丽珠，陈稳宏.蜜蜂油茶花蜜中毒的预防与救治［J］.中国蜂业.2013，64：36–37.

［145］ FRIAS B E D，BARBOSA C D，LOURENÇO A P. Pollen nutrition in honey bees（Apis mellifera）：impact on adult health［J］.Apidologie，2016，47（1），15–25.

［146］ FAEGRI K，VAN DER PIJL L. The Principles of Pollination Ecology[MJ]，3rd ed.Oxford：Pergamon Press，1979.

［147］　WESTERKAMP C，CLASSEN-BOCKHOFF R. Bilabiate flowers： the ultimate response to bees?［J］. Annals of botany，2007，100（2）：361-374.

中文名索引

Z

拉丁名索引

编写人员名单表

承担内容	编写人			编写单位
大纲编写与讨论	姬 星	杨 阳		武汉市伊美净科技发展有限公司
大纲编写与讨论	刘胜祥			华中师范大学
大纲编写与讨论	黄大钱			湖北后河国家级自然保护区管理局
大纲编写与讨论	吴育平			湖北五峰土家族自治县农业农村局
大纲编写与讨论	王传雷			湖北通城县人民政府
大纲编写与讨论	方元平			湖北黄冈师范学院
大纲编写与讨论	孟 丽			河南科技学院
编写样章设计	姬 星			武汉市伊美净科技发展有限公司
湖北自然环境概况	童 芳			武汉市伊美净科技发展有限公司
湖北蜂产业历史与现状	杨 阳			武汉市伊美净科技发展有限公司
湖北蜂产业历史与现状	杨 华	张力清	余 巍	湖北省农业农村厅
湖北蜜源植物资源概述	姬 星	童善刚		武汉市伊美净科技发展有限公司
传粉生物学	吴凌云			华中师范大学
蜜蜂	刘 浩			武汉市伊美净科技发展有限公司
松科	杨 丽			武汉市伊美净科技发展有限公司
柏科	刘小芳			武汉市伊美净科技发展有限公司
三尖杉科	刘胜祥			华中师范大学
红豆杉科	罗汉文			武汉市伊美净科技发展有限公司
杨柳科	郭 磊	胡 闽		武汉市伊美净科技发展有限公司
杨梅科	胡 闽			武汉市伊美净科技发展有限公司
胡桃科	罗汉文			武汉市伊美净科技发展有限公司
桦木科	刘 浩			武汉市伊美净科技发展有限公司
壳斗科	晏 启			武汉市伊美净科技发展有限公司
壳斗科	刘胜祥			华中师范大学
榆科	胡 闽			武汉市伊美净科技发展有限公司
桑科	童 芳			武汉市伊美净科技发展有限公司
荨麻科	王 敏			武汉市伊美净科技发展有限公司
蓼科	冯 杰			武汉市伊美净科技发展有限公司

承担内容	编写人	编写单位
苋科	童善刚	武汉市伊美净科技发展有限公司
马齿苋科	冯 杰	武汉市伊美净科技发展有限公司
睡莲科	杨 丽	武汉市伊美净科技发展有限公司
莲科	杨 丽	武汉市伊美净科技发展有限公司
连香树科	刘胜祥	华中师范大学
芍药科	童 芳	武汉市伊美净科技发展有限公司
毛茛科	谢贵模	武汉市伊美净科技发展有限公司
木通科	谢贵模	武汉市伊美净科技发展有限公司
五味子科	童善刚	武汉市伊美净科技发展有限公司
樟科	雷 波	江西省环境科学研究院
罂粟科	胡 闽	武汉市伊美净科技发展有限公司
白花菜科	刘小芳	武汉市伊美净科技发展有限公司
十字花科	肖志豪	长江勘测设计院环境公司
十字花科	刘胜祥	华中师范大学
十字花科	姬 星 李晓艳	武汉市伊美净科技发展有限公司
木犀科	谢贵模	武汉市伊美净科技发展有限公司
伯乐树科	刘小芳	武汉市伊美净科技发展有限公司
景天科	刘 浩	武汉市伊美净科技发展有限公司
虎耳草科	罗汉文	武汉市伊美净科技发展有限公司
绣球花科	陶全霞	武汉市伊美净科技发展有限公司
金缕梅科	刘 浩	武汉市伊美净科技发展有限公司
悬铃木科	王 敏	武汉市伊美净科技发展有限公司
蔷薇科	桂柳柳 李鹏琪	武汉市伊美净科技发展有限公司
豆科	杨 阳	武汉市伊美净科技发展有限公司
酢浆草科	喻 媖	湖北省襄阳市第四中学
牻牛儿苗科	冯 杰	武汉市伊美净科技发展有限公司
芸香科	王 敏	武汉市伊美净科技发展有限公司
苦木科	刘胜祥	华中师范大学
楝科	冯 杰	武汉市伊美净科技发展有限公司
远志科	胡 闽	武汉市伊美净科技发展有限公司
大戟科	刘胜祥	华中师范大学
黄杨科	刘 浩	武汉市伊美净科技发展有限公司
马桑科	冯 杰	武汉市伊美净科技发展有限公司
漆树科	刘胜祥	华中师范大学

承担内容	编写人	编写单位
冬青科	张 垚	山西省阳泉市林业局
省沽油科	童 芳	武汉市伊美净科技发展有限公司
瘿椒树科	胡 闽	武汉市伊美净科技发展有限公司
无患子科	童善刚	武汉市伊美净科技发展有限公司
无患子科	刘胜祥	华中师范大学
清风藤科	刘胜祥	华中师范大学
凤仙花科	郑 伟	武汉市伊美净科技发展有限公司
鼠李科	张 垚	山西省阳泉市林业局
鼠李科	肖志豪	长江勘测设计院环境公司
葡萄科	刘胜祥	华中师范大学
杜英科	郑 伟	武汉市伊美净科技发展有限公司
椴树科	郑 伟	武汉市伊美净科技发展有限公司
锦葵科	刘 浩	武汉市伊美净科技发展有限公司
梧桐科	童善刚	武汉市伊美净科技发展有限公司
猕猴桃科	谢贵模	武汉市伊美净科技发展有限公司
五列木科	刘胜祥	华中师范大学
山茶科	童 芳	武汉市伊美净科技发展有限公司
金丝桃科	刘 浩	武汉市伊美净科技发展有限公司
柽柳科	刘胜祥	华中师范大学
大风子科	郭 磊	武汉市伊美净科技发展有限公司
旌节花科	李晓艳	武汉市伊美净科技发展有限公司
瑞香科	刘胜祥	华中师范大学
胡颓子科	罗汉文	武汉市伊美净科技发展有限公司
千屈菜科	刘胜祥	华中师范大学
蓝果树科	刘胜祥	华中师范大学
柳叶菜科	刘胜祥	华中师范大学
五加科	童善刚	武汉市伊美净科技发展有限公司
伞形科	童 芳	武汉市伊美净科技发展有限公司
桤叶树科	喻 媄	湖北省襄阳市第四中学
山茱萸科	童 芳	武汉市伊美净科技发展有限公司
杜鹃花科	郑 伟	武汉市伊美净科技发展有限公司
紫金牛科	喻 媄	湖北省襄阳市第四中学
报春花科	刘小芳	武汉市伊美净科技发展有限公司
柿树科	刘胜祥	华中师范大学

承担内容	编写人	编写单位
山矾科	童 芳	武汉市伊美净科技发展有限公司
安息香科	刘小芳	武汉市伊美净科技发展有限公司
马钱科	冯 杰	武汉市伊美净科技发展有限公司
龙胆科	冯 杰	武汉市伊美净科技发展有限公司
萝藦科	冯 杰	武汉市伊美净科技发展有限公司
旋花科	王 敏	武汉市伊美净科技发展有限公司
紫草科	喻 嫄	湖北省襄阳市第四中学
马鞭草科	冯 杰	武汉市伊美净科技发展有限公司
唇形科	严 慕	武汉市伊美净科技发展有限公司
茄科	刘胜祥	华中师范大学
玄参科	陶全霞	武汉市伊美净科技发展有限公司
紫葳科	刘胜祥	华中师范大学
列当科	陶全霞	武汉市伊美净科技发展有限公司
葫芦科	罗汉文	武汉市伊美净科技发展有限公司
茜草科	刘胜祥	华中师范大学
车前科	刘胜祥	华中师范大学
桔梗科	刘 浩	武汉市伊美净科技发展有限公司
忍冬科	刘胜祥	华中师范大学
五福花科	刘胜祥	华中师范大学
川续断科	刘胜祥	华中师范大学
败酱科	刘小芳	武汉市伊美净科技发展有限公司
小檗科	陶全霞	武汉市伊美净科技发展有限公司
菊科	徐哲超	武汉市伊美净科技发展有限公司
禾本科	郑 伟	武汉市伊美净科技发展有限公司
棕榈科	喻 嫄	湖北省襄阳市第四中学
雨久花科	胡 闽	武汉市伊美净科技发展有限公司
百合科	刘小芳	武汉市伊美净科技发展有限公司
芭蕉科	刘小芳	武汉市伊美净科技发展有限公司
兰科	刘胜祥	华中师范大学
参考文献	童善刚	武汉市伊美净科技发展有限公司
中文索引	童善刚	武汉市伊美净科技发展有限公司
拉丁文索引	童善刚	武汉市伊美净科技发展有限公司
统稿编排	李晓艳	武汉市伊美净科技发展有限公司
主审人员	吴金清	中国科学院武汉植物园

承担内容	编写人			编写单位
主审人员	黄双全			华中师范大学
照片拍摄人员	曹永军	邓发辉	樊海东	桂柳柳
	郭 磊	何文军	黄大钱	姬 星
	简继群	李鹏琪	李 胜	李晓艳
	林承博	刘胜祥	刘 松	刘小芳
	潘延宾	庞爱佳	裴启会	乔 娣
	宋 杰	孙冬梅	谭安建	唐纯均
	童 芳	王士兵	王武琼	王正香
	向波涛	向端生	徐海洲	薛 军
	鄢仁喜	晏 启	杨继平	杨 平
	杨 阳	尹胜立	游华群	张成洲
	张华锋	甄爱国	郑 炜	周 霁
	周火明	邹 龙		
照片审核人员	杨 阳 晏 启			武汉市伊美净科技发展有限公司
制图人员	谢贵模			武汉市伊美净科技发展有限公司